高性能钠离子电池电极材料的碳修饰

刘肖杰　夏　缘　著

中国石化出版社
·北京·

内容提要

本书主要阐述了几种高性能钠离子电池用电极材料的碳修饰行为。分别介绍了溶胶－凝胶法、水热法及静电纺丝等手段引入碳材料对电极材料性能的改性，并重点分析了改性后电极材料的结构特征和性能提升及两者之间的关系。

本书可供材料领域的研究人员参考，特别是从事电池和材料合成领域的科研与技术人员参考。

图书在版编目(CIP)数据

高性能钠离子电池电极材料的碳修饰/刘肖杰，夏缘著．—北京：中国石化出版社，2024.3
ISBN 978－7－5114－7474－2

Ⅰ．①高…　Ⅱ．①刘…②夏…　Ⅲ．①钠离子－电池－电极－材料－研究　Ⅳ．①TM912

中国国家版本馆 CIP 数据核字(2024)第 062957 号

中国石化出版社出版发行

地址:北京市东城区安定门外大街 58 号
邮编:100011　电话:(010)57512500
发行部电话:(010)57512575
http://www.sinopec-press.com
E-mail:press@sinopec.com
北京艾普海德印刷有限公司印刷
全国各地新华书店经销

*

710 毫米×1000 毫米 16 开本 14 印张 267 千字
2024 年 3 月第 1 版　2024 年 3 月第 1 次印刷
定价:68.00 元

前　　言

近年来，钠离子电池成为中国相关企业竞相研究的对象。作为电池行业的风向标，宁德时代于2021年发布钠离子电池，并表示将在不久的将来实现钠离子电池产业化，其他企业如亿纬锂能、赣锋锂业等也在积极研发钠离子电池。电极材料是钠离子电池的重要组成部分，从根本上决定了钠离子电池的电势和电化学性能。

具有钠超离子导体（NASICON）结构的氟磷酸钒钠［$Na_3V_2(PO_4)_2F_3$］因其具有高工作电压和高比容量，被认为非常有潜力作为钠离子电池的正极材料，但是一方面，由于其结构中的［PO_4］阻断了电子的传导，使得氟磷酸钒钠的本征电子电导率很差，另一方面，由于Na^+动力学缓慢，氟磷酸钒钠材料的钠离子电导率也有待提高。

合金型负极材料因具有较高的理论比容量和安全的工作电位，被科研工作者们视为理想的负极电极材料。然而，合金型材料仍然存在不可忽视的问题，比如动力学较差，电导率较低且电化学循环时存在大量的锂离子脱嵌致使材料体积大幅膨胀，最终影响材料循环过程中结构的稳定性，导致活性材料粉化、剥落。因此，虽然初始电池性能高但随后容量会急剧衰减。

碳材料是目前最常见的商业化修饰材料。它们具有结构稳定、氧化还原电位低和循环寿命长的优点。本书主要阐述了采用溶胶－凝胶法、静电纺丝技术、水热法、共沉淀法等策略对高性能钠离子电池电极的碳修饰。同时，本书对复合电极材料结构进行了详尽的表征，并研究了其在钠离子电池中的电化学行为。

在本书编撰过程中，得到了西北大学王惠教授、王刚教授的指导和大力支持，在此对两位老师表示由衷的感谢。

由于作者知识水平和理解能力有限，文中难免出现错漏之处，敬请各位读者谅解。

目　　录

1　钠离子电池简介

1.1　引言

随着社会的高速发展和科技的日新月异，往往引发使人们不得不正视的问题，比如能源的生产与能源存储。我国《新能源汽车产业发展规划(2021—2035年)》指出，力争经过15年的持续努力，到2035年，公共领域用车全面电动化，这对我国未来能源生产和存储而言是重大的发展机遇。其实在过去很长的一段时间里，从不可再生能源向可再生能源过渡，利用各种能源转换为电能的技术便得到了迅速的发展。有能源的产生，就需要开发出一系列大规模的储能技术系统。目前，大规模储能技术可笼统地划分为电化学储能(电池储能)、物理储能和电磁储能。其中，电化学储能技术应用最广泛，发展最具潜力。电化学储能主要分为铅酸电池、钠硫电池、液流电池和锂离子电池，其中使用最多的是锂离子电池，其在现今的日常生活中扮演着十分重要的角色。图1-1展示了全球各类电池储能技术累计装机容量占

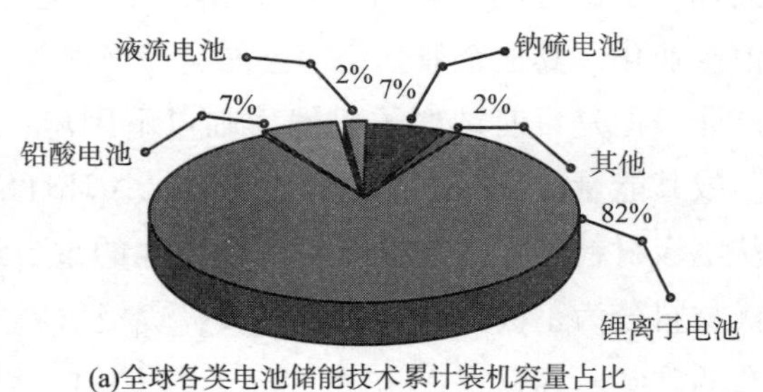

(a)全球各类电池储能技术累计装机容量占比

(b)近年来电化学储能累计装机容量

图1-1　全球各类电池储能技术累计装机容量占比和近年来电化学储能累计装机容量

比和近年来电化学储能累计装机容量。从图 1 – 1(a) 中可以看出，锂离子电池全球累计装机容量占比 82%，远远超过其他几类电池。图 1 – 1(b) 则展现出电化学储能保持着高增长态势。

但是锂资源的储量有限、开采成本高，这些缺点也限制了锂离子电池在未来的发展，使得研究者们不得不寻找锂离子电池的替代品。与锂离子电池相比，具有相同工作原理和类似电池构造的钠离子电池引起了研究者们的广泛关注。首先，钠(Na)和锂(Li)同属于碱金属，具有相似的物理化学性质。其次，就资源储量来讲，钠的储量约是锂的 43 倍，并且钠主要以氯化钠的形式广泛存在于海水里，因此使得钠的开采成本大大降低，远低于锂的开采成本。再次，钠离子电池具有比锂离子电池更为优异的高低温性能和安全稳定性。最后，钠离子电池的正负极可以使用铝箔作为集流体，并可以使用低浓度电解液，使得成本大幅降低。因此，钠离子电池可以在未来的电化学储能中扮演重要的角色，成为锂离子电池有益的补充技术。

近年来，中国企业对于布局钠离子电池展现出很高的热情。作为电池行业的风向标，宁德时代于 2021 年发布钠离子电池，并表示在不久的将来实现钠离子电池产业化，其他企业如亿纬锂能、赣锋锂业、欣旺达等也在抓紧布局钠离子电池产业，但是目前钠离子仍然面临以下困境：①由于钠离子半径大于锂离子半径，故其能量密度较锂离子电池低；②循环性能有待提高。而解决这两个问题有望从电极材料着手，电极材料作为电池的重要组成部分，关乎整个电池的性能。电极材料分为正极材料和负极材料，负极材料发展较成熟，容量高(如宁德时代公布的硬碳，容量在 $350mA \cdot h \cdot g^{-1}$ 以上)，对正极材料会产生不小的压力；正极材料的容量较低，技术困难，发展空间更大。所以，亟须开发出低成本、高性能的正极材料，以提高钠离子电池的能量密度和循环性能，为电化学储能技术发展提供更有力的支持，以应对科技的快速发展和满足人民日益增长的需求。

1.2 钠离子电池概述

1.2.1 钠离子电池的组成和工作原理

钠离子电池的主要组成部分如图 1 – 2 所示，与锂离子电池相似，由正极材料、电解液、隔膜、集流体和负极材料等组成。类似于锂离子电池，钠离子电池的正极材料也基于插层反应，主要包括层状过渡金属氧化物和聚阴离子型化合物，比如焦磷酸盐、磷酸盐、氟硫酸盐，以及普鲁士蓝类似物。正极材料的选择决定整个钠离子电池的工作电压，从而影响电池的能量密度。钠离子电池的负极材料要求在低质量下能够容纳大量的钠离子，并且具有良好的循环稳定性，以及低成本和不溶于电解液。在研究了许多负极材料后，可将负极材料划分为碳基材料、转化材料、转化-合金材料、合金化合物和有机化合物。电解液是钠离子电池组成中非常关键的一部分，承载着钠离子的运输，连接正极和负极，并决定钠离子电池的安全性能。电解液的成本占钠离子电池总成本的26%，其组成为电解质盐和有机溶剂，在使用过程中，将电解质盐溶解在有机溶剂中，经过一定的配比形成电解液。电解液需要在较宽的电压范围内具有稳定性，并能保证钠离子的快速迁移。隔膜则是用来避免正负极直接接触而引发安全事故，在电池运行过程中保证钠离子的通过而不造成电子的转移。一般来说，隔膜材料通常使用玻璃纤维，这种材料能够耐电解液的腐蚀且具有一定的机械性能。集流体可以使用廉价的铝箔，而不是铜箔，进一步降低成本。

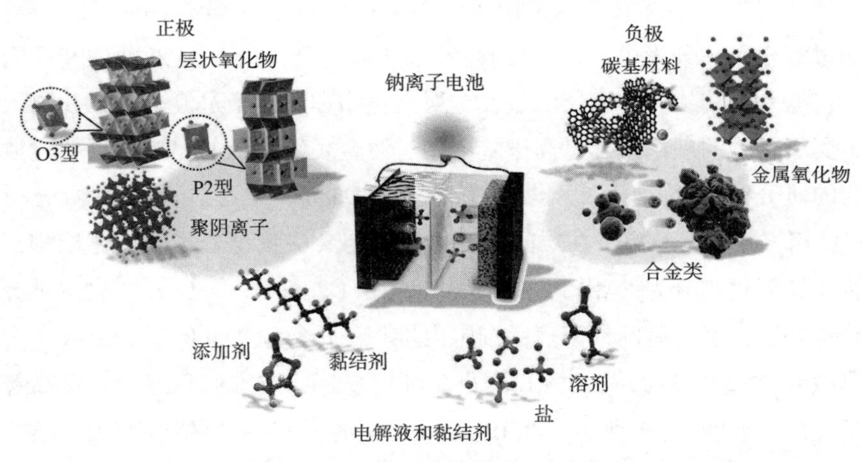

图1-2　钠离子电池的结构示意图

钠离子电池工作原理和锂离子电池具有相同的“摇椅”机制，其核心在于 Na^+ 在电池的正极材料和负极材料的反复脱嵌。充电时，Na^+ 在外接电压下从正极材料中脱离，通过电解液和隔膜到达负极，电子则从外电路由正极转移到负极，保持电极的电中性，并且 Na^+ 到达负极后嵌入负极材料中，放电过程则相反。

1.2.2 钠离子电池正极材料

钠离子电池正极材料是很重要的组成部分，决定了钠离子电池的工作电压。正极材料占整个电池成本的26%，甚至比负极高出10%左右，而且正极材料的比容量通常为80～150mA·h·g^{-1}，这就需要正极提供高的质量负载。另外，电池循环稳定性十分重要，锂离子电池一般能稳定循环5000圈左右，具有良好的循环稳定性，既然钠离子电池作为锂离子电池的补充技术，就要求钠离子电池也能够提供良好的循环稳定性。而在整个钠离子电池的循环过程中，通常会发生容量的快速衰减，这是因为电极材料发生了不可逆的结构变化。所以，开发出低成本、高性能的正极材料十分必要。目前，可将正极材料分为以下三种类型。

1. 过渡金属氧化物

过渡金属氧化物是目前报道的具有高体积能量密度的钠离子电池正极材料，该类化合物由二维和三维晶体结构组成，并且具有合成方法简单、成分可调、能量密度高等优点。过渡金属氧化物的一般化学式为：Na_xMO_2（M为Co^{3+}和Ni^{3+}以外的过渡金属，分为单一、二元或多个金属元素），由MO_6八面体和层间Na^+构成。根据晶体结构可分为层状过渡金属氧化物和隧道型过渡金属氧化物，层状过渡金属氧化物的理论比容量高于隧道型过渡金属氧化物的。对于层状过渡金属氧化物的研究最早开始于20世纪80年代，Delmas等通过高温固相法制备了Na_xCoO_2相，并根据碱离子在层间的叠加顺序定义层状化合物的晶体结构，将层状过渡金属氧化物分为P相(P2和P3)和O相(O2和O3)。O和P表示碱金属元素的配位环境，字母后的数字表示细胞内堆积的重复氧单元的最小层数。

典型的P2型材料如Na_xMnO_2因具备环境友好、成本低和理论容量高等优点被广泛关注。如图1-3所示，当$0<x\leqslant0.44$时，其呈现隧道型(3D)结构，当$0.44<x\leqslant1$时，由隧道型转化为层状(2D)结构。由于Mn^{3+}具有姜-泰勒效应，会导致$Mn^{3+}O_6$长程有序排列，降低了晶体结构的稳定性。为了增强含Mn^{3+}的Na_xMnO_2在循环过程中的结构稳定性，常常会在Mn位掺杂一些其他金属（如Mg^{2+}、Ni^{2+}等），并且在掺杂后一般会增加Na^+含量。Bucher等采用燃烧合成法制备了Co^{3+}取代部分Mn^{3+}的$Na_xCo_yMn_{1-y}O_2$（$y=0$、0.1）材料，发现10%的共掺杂抑制了$Na_xCo_{0.1}Mn_{0.9}O_2$因姜-泰勒效应引起的结构转变，并抑制了Na^+的有序化，增强了Na^+动力学，所以掺杂的$Na_xCo_{0.1}Mn_{0.9}O_2$比未掺杂的Na_xMnO_2具

有更好的循环稳定性。Ti^{4+}掺杂同样可以抑制姜-泰勒效应和电解液中锰离子的溶解，Fang 等用 Ti^{4+} 替代部分金属合成了 P2 - $Na_{0.86}Co_{0.475}Mn_{0.475}Ti_{0.05}O_2$，$Ti^{4+}$ 的取代可以有效抑制充放电过程中 Mn-O 八面体结构的扭曲。将其作为电极材料取得了良好的循环稳定性，循环 200 圈后容量保持率达 81.1%。

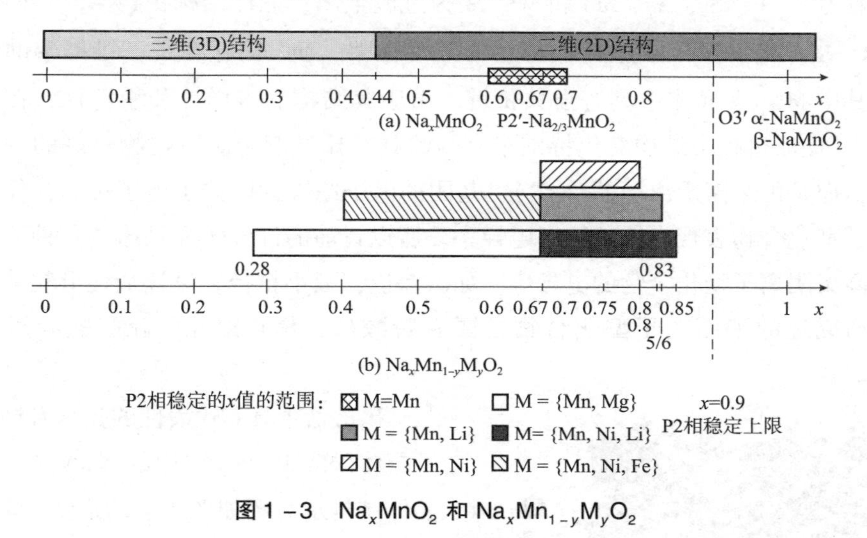

图 1-3 Na_xMnO_2 和 $Na_xMn_{1-y}M_yO_2$

Na_xFeO_2 相也作为钠离子电池的正极材料被研究，P2 结构的 Na_xFeO_2 具有比 O3 结构的 Na_xFeO_2 更优的循环稳定性，但具有 O3 结构的 Na_xFeO_2 比容量更高。此外，Na_xNiO_2、Na_xCuO_2、Na_xVO_2、Na_xCrO_2 等也被用作钠离子电池正极材料。

隧道型过渡金属氧化物中，$Na_{0.44}MnO_2$ 被认为是最有前景的正极材料，其具有 $Na_4Mn_9O_{18}$的契约结构和正交晶格结构。其空间结构由四方锥[MnO_5]和八面体[MnO_6]构成，所有的 Mn^{4+} 和一半的 Mn^{3+} 位于八面体[MnO_6]位置，另一半的 Mn^{3+} 位于四方锥[MnO_5]位置。四方锥[MnO_5]和八面体[MnO_6]构成了一个由四排 Na^+ 稳定的大 S 形隧道和由一个 Na^+ 稳定的较小隧道，可以使 Na^+ 在隧道中快速脱嵌。Doeff 等首次将 $Na_{0.44}MnO_2$ 作为钠离子电池正极材料，并提出其空间结构。Ferrara 等采用燃烧法合成 $Na_{0.44}MnO_2$ 材料，在 5C 的电流密度下可以提供 78mA · h · g^{-1} 的比容量，经过 200 次循环后，合成材料的容量保持率仍为 75.7%。Liu 等在使用水热法合成 $Na_{0.44}MnO_2$ 的过程中添加了碳纳米管，取得了良好的电化学性能。另外，也有研究在 Mn 位进行掺杂，如在 Mn 位掺杂 Ti^{4+}，发现 Ti^{4+} 不具备电化学活性，充放电前后化学价没有变化。与未取代的阴极材料相比，Ti^{4+} 取代的阴极材料的放电容量虽然略有衰减，但其稳定性有所提高。

2. 聚阴离子型化合物

聚阴离子型化合物因其高工作电压，较稳定的晶体结构和优越的安全性能受到了研究者们的广泛关注。聚阴离子型化合物的一般化学式为：$Na_xM_y(XO_4)_n$，X 一般为 S、P、Si、As、Mo 和 W；M 为过渡金属；晶体结构由$(XO_4)^{n-}$四面体和 MO_x 多面体共享角或边构成稳定的三维框架，Na^+则存在于三维框架的间隙中，其中 MO_x 多面体中具有强共价键。由于其结构的多样性和稳定性，在 Na^+ 的插入/提取过程中结构变化特别小，因此具有比过渡金属氧化物更好的循环稳定性，但是由于聚阴离子的$(XO_4)^{n-}$基团的电子绝缘性阻碍了电子传递，使得聚阴离子型化合物表现出低的固有电导率。所以目前的许多研究是通过各种改性策略提高聚阴离子型化合物的电导率。如碳涂层，减小粒径，设计最佳形貌等。目前，研究过的聚阴离子型化合物主要有磷酸盐、焦磷酸盐、硫酸盐和氟代磷酸盐。

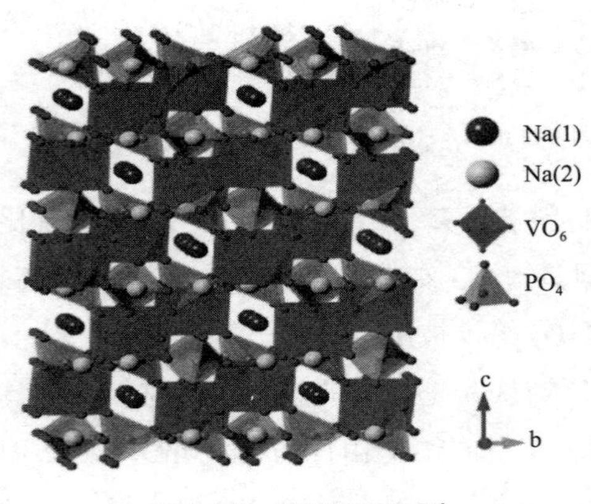

图 1-4 NASICON 型 $Na_3V_2(PO_4)_3$ 的晶体结构

磷酸盐中具有代表性的是具有钠超离子导体(NASICON)结构的 $Na_3V_2(PO_4)_3$，晶体结构示意图如图 1-4 所示，其结构中$[VO_6]$八面体和$[PO_4]$四面体以一种共享角的方式相互连接，形成了可以供 Na^+ 迁移的较大三维框架。虽然 $Na_3V_2(PO_4)_3$ 具有高的理论能量密度($400W \cdot h \cdot kg^{-1}$)和高的 Na^+ 电导率，但其电导率很低，研究者们一般通过合成策略的优化，导电碳基材料的复合以及掺杂提高电子电导率。最典型和最早的材料为 $NaFePO_4$，有橄榄石型和水镁石型两种不同的结构，并且水镁石型不具备 Na^+ 扩散通道，不具备电化学活性；但是水镁石型 $NaFePO_4$ 是热力学稳定的，容易合成，橄榄石型 $NaFePO_4$是热力学不稳定的，需要使用化学/电化学交换法将 $LiFePO_4$ 的 Li^+ 置换成 Na^+ 合成。

焦磷酸盐有 $NaMP_2O_7$(M 为 Ti、V、Fe)，$Na_2MP_2O_7$(M 为 Fe、Mn、Co)和 $Na_4M_3(PO_4)_2P_2O_7$(M 为 Fe、Co、Mn)三种，其中 $Na_2FeP_2O_7$ 因其性能最好而最受关注。$Na_2FeP_2O_7$ 最早被报道是在 2012 年，其结构由$[Fe_2O_{11}]$二聚体构成，二

聚体由角共享的[FeO_6]八面体和[P_2O_7]基团通过边共享和角共享产生，形成三维框架，这个三维框架具有(001)晶面，可供 Na^+ 迁移，但 $Na_2FeP_2O_7$ 只能提取一个 Na^+，仅提供 90mA·h·g^{-1}左右的比容量。

硫酸盐的一般化学通式为：$Na_2M(SO_4)_2 \cdot nH_2O$(M 为过渡金属元素 Fe、Co、Ni、Cu、Cr、Mn，$n=0$、2、4)，其中，$Na_2Fe(SO_4)_2$ 具有最高的比容量和最高的工作电压。Chen 等通过简单冷冻干燥法制备了一种氧化石墨烯(GO)涂层的 $Na_2Fe(SO_4)_2$ 复合材料，该复合材料可以提供接近于 3.8V 的工作电压，并且具有较高的比容量(0.1C 下可提供 107.9mA·h·g^{-1}的比容量，10C 下可提供 75.1mA·h·g^{-1}的比容量)和循环稳定性(循环 300 圈的容量保持率为 90%)。氧化石墨烯提高了电导率，高工作电压归因于硫酸根离子的强电负性。

氟代磷酸盐是指在磷酸盐中引入强电负性的 F^- 取代部分磷酸根，最早的研究开始于 2007 年，由 Nazar 小组通过溶胶－凝胶法制备了铁基氟代磷酸盐(Na_2FePO_4F)。Na_2FePO_4F 作为钠离子电池的正极材料，能提供约 135mA·h·g^{-1}的比容量。另一种典型的氟代磷酸盐为 $Na_3V_2(PO_4)_2F_3$，因其高工作电压和高理论比容量被广泛研究。

3. 普鲁士蓝及其类似物

普鲁士蓝及其类似物的化学通式可以写为 $Na_xM[M'(CN)_6]_{1-y} \cdot \square_y \cdot nH_2O$，其中 M 通常为过渡金属，如 Co、Cu、Mn、Ni 等，M′通常被 Fe 占据，$0<x<2$，$0<y<1$，□表示[$M'(CN)_6$]的丢失以及配位水和间隙水的占据所引起的空位。该类化合物的结构如图 1－5 所示，主要在单斜、菱斜、立方和四方之间演变，根据其缺陷、晶体水、客体离子含量以及外部环境(如温度)而变化。其中具有 $[Fe(CN)_6]^{4-}$ 的普鲁士蓝化合物因结构稳定且制备工艺简单，而最受研究者的青睐。最早关于将含 $[Fe(CN)_6]^{4-}$ 的普鲁士蓝化合物应用于钠离子电池正极材料的报道是在 2012 年由 Qian 等发表的。随后，他们又发表了一篇利用沉淀法合成 $Na_2Fe[Fe(CN)_6]$ 用于钠离子电池正极材料的研究成果。2015 年，Wang 等合成了一种具有少量 $Fe(CN)_6$ 空位的脱水空气稳定的 $Na_{1.92}Fe_2(CN)_6$ 材料，将其作为钠离子电池正极材料，具有优良的循环稳定性，循环 1000 圈后容量保持率在 80%。另外，普鲁士蓝及其类似物也具有一定的局限性，如导电性差、热稳定性差。提高热稳定性最主要的方法是去除普鲁士蓝及其类似物中的水分子，其他的常用方法，如增强材料的结晶程度、元素掺杂、形貌设计等。

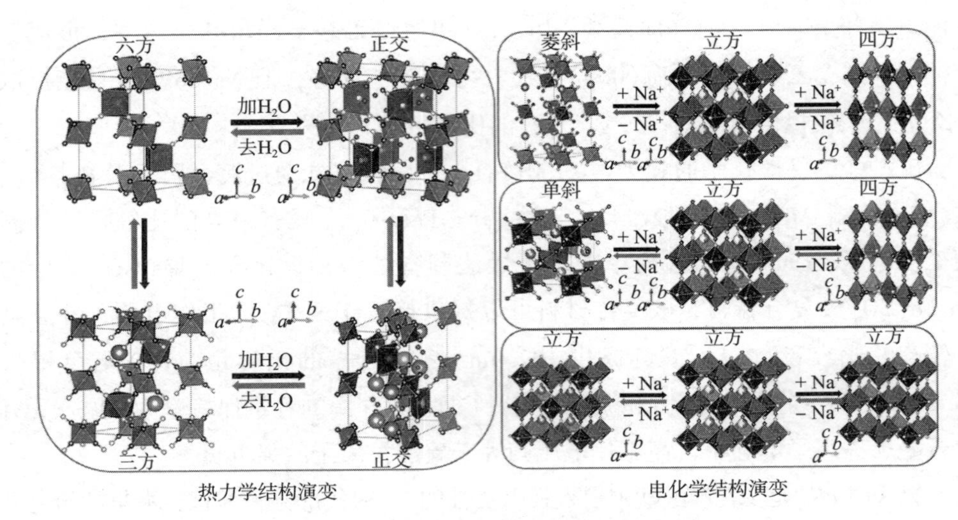

图 1 – 5　普鲁士蓝的结构示意图

1.2.3　钠离子电池负极材料

在电池的能量密度、循环周期和安全性能上，负极材料发挥着重要作用。其中部分锂离子电池负极材料适用于钠离子电池，这归因于 Na 和 Li 处于同一主族，化学性质相似。但 Na 的半径比 Li 的大，容易导致动力学缓慢、可逆性差等问题，因此急需寻找合适的负极材料满足高性能电池的需求。目前根据储钠机理，负极材料可分为以下三种类型。

1. 嵌入型材料

嵌入型材料在嵌/脱钠过程中，晶体结构未发生明显变化，这保证了电极的结构和循环稳定性；然而，由于嵌钠位点有限，不可避免地造成较低的比容量。碳材料和钛基氧化物作为嵌入型材料，被研究者们广泛研究。碳材料因具有成本低、结构稳定等优势，被视为潜在的负极材料。图 1 – 6 展示了不同维度的碳材料。石墨作为一种成熟的商业化锂电负极材料，可以提供 372mA · h · g^{-1}的理论比容量，然而由于钠半径大，石墨作为钠电负极时只有 35mA · h · g^{-1}的可逆容量；而硬碳的比容量较高(约 300mA · h · g^{-1})、结构无序，可以提供大量反应活性位点，并且电位较低(几乎为 0)，被视为较理想的嵌入型材料。Ding 等设计将聚丙烯腈与极性分子(三聚氰胺)的反应产物纺丝碳化制备硬质碳纳米织物 s – HCNF，如图 1 – 7 所示，独特的硬碳具有高度无序的结构，层间距增大，并

且其在 Na^+ 嵌入/脱出后仍保持优良的弹性及循环稳定性，具体表现在 $1A \cdot g^{-1}$ 下循环 1200 圈后比容量仍稳定在 $200mA \cdot h \cdot g^{-1}$。

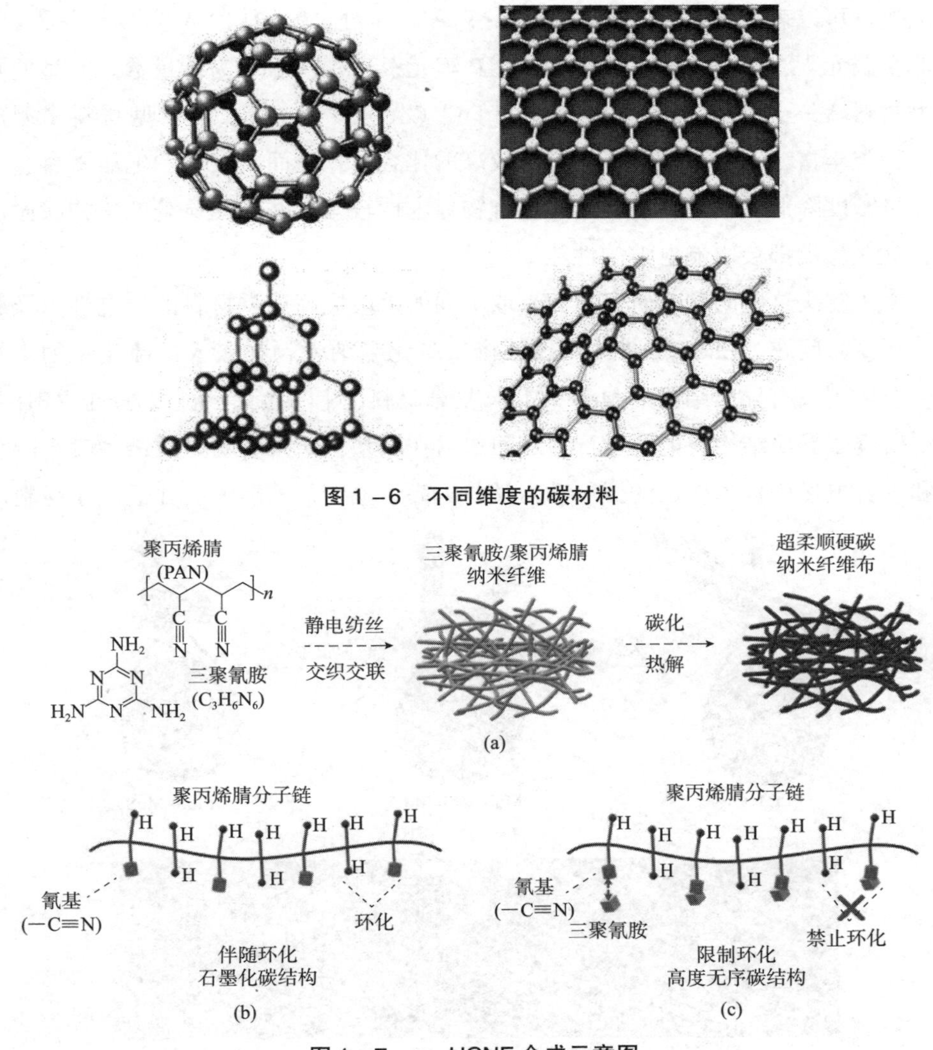

图 1-6　不同维度的碳材料

图 1-7　s-HCNF 合成示意图

此外，钛基氧化物由于其低电压和低成本特性，正逐渐被研究者们关注。Zhang 等通过原位合成法，将硫掺杂二氧化钛锚固在大面积碳片上，从而制备出 $S-TiO_2$/CS负极材料。得益于杂原子 S 的掺杂效应、纳米颗粒尺寸的协同作用以及碳片导电衬底，该材料展现了优异的性能：在 0.5℃ 下循环 140 圈后比容量为 $293.5mA \cdot h \cdot g^{-1}$，即使在 30℃ 下循环 5000 圈后仍能稳定在 $100.5mA \cdot h \cdot g^{-1}$。

2. 转化型材料

与嵌入型材料储钠机理不同，转化型材料在与钠反应时将金属置换出来，其反应机理可以表示为：$A_aB_b + (bz)Na \longleftrightarrow aA + bNa_zB$。其中 A 为金属元素，B 为非金属元素，一般为 O、S、Se、N、P 等元素，a、b 和 z 为计量数。典型的转化型材料 A 一般为过渡金属元素，如 Fe、Co、Ni、Mo 等。转化型材料来源广泛、种类丰富，制备工艺简便且具有较高的比容量，然而其较高的电压平台会导致能量密度降低。此外，过渡金属化合物导电性较差，并伴随显著的体积膨胀问题，这些弊端都会影响电池的性能。

为了解决这些问题，研究者们采取不同的手段提高该类材料的导电性以及解决体积膨胀问题。Chen 等通过水热法将二氧化锰纳米颗粒嵌入二硫化钼纳米片中，合成了具有异质结构的 $MnS-MoS_2$ 复合材料(图 1-8)。通过非原位 XRD 和透射研究了异质结构与电化学行为之间的内在联系，结果表明异质结构带来的相变和内置电场增强了 Na^+ 的插层动力学，提高了电荷传输能力，并适应了材料的

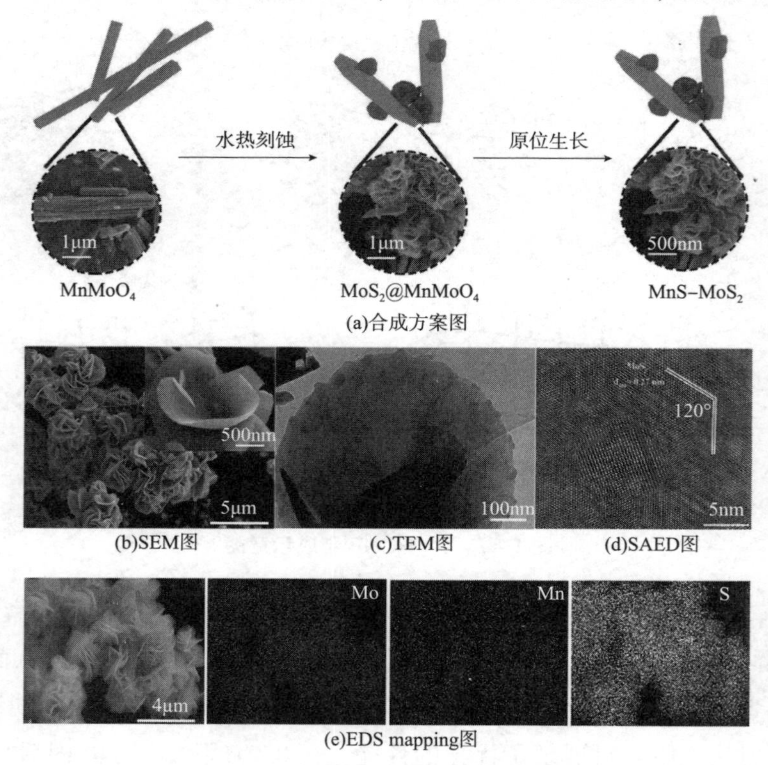

(a)合成方案图
(b)SEM图
(c)TEM图
(d)SAED图
(e)EDS mapping图

图 1-8　$MnS-MoS_2$ 异质结构图

体积膨胀。因此，$MnS-MoS_2$ 电极在钠离子半电池中表现出了出色的性能，即在 $1A\cdot g^{-1}$ 下循环 500 圈后仍可维持 $214mA\cdot h\cdot g^{-1}$ 的优异比容量。

3. **合金型材料**

近年来，合金型材料因高理论比容量和安全的工作电压被研究者广泛研究。其储钠机理表示为：$M + xNa^+ + xe^- \longleftrightarrow Na_xM$，其中 M 为金属单质或化合物，主要包含第Ⅳ和Ⅴ主族元素，如 Sn、Sb、Bi、Si、Ge 等。然而，合金型材料在充放电过程中体积变化剧烈，导致电极材料破碎，影响电池性能。

Sn 拥有较高的理论比容量（$847mA\cdot h\cdot g^{-1}$），以及高导电性和低成本，因此具有很大潜力。Wang 等采用原位透射电子显微镜研究了纳米锡纳米粒子（NPs）钠化过程中的微观结构变化和相变，其结构演化示意图如图 1－9 所示。证明 Sn 经历了两步钠化反应，第一步先生成非晶态 $NaSn_2$；第二步为单相反应，生成非晶态 Na_9Sn_4、Na_3Sn 和晶态 $Na_{15}Sn_4$，表明在可逆的钠化/脱钠过程中，纳米锡具有良好的稳定性。

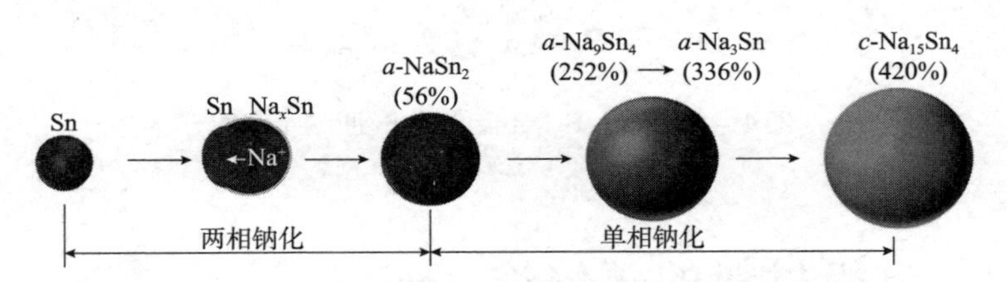

图 1－9 钠化过程中 Sn NPs 的结构演化示意图

除了将合金类材料纳米化外，研究者们还尝试将非活性金属（如 Fe、Co、Ni、Cu 等）引入合金基，组成金属间化合物。由于非活性金属不与 Na 反应，因此它们可以充当缓冲剂，缓冲体积膨胀。此举不仅有助于增强导电性，还能提高其性能。Edison 等通过球磨法制备 $FeSn^{2-}$ 石墨烯复合材料，在 $100mA\cdot g^{-1}$ 下，在 200 次循环中提供了超过 $400mA\cdot h\cdot g^{-1}$ 的容量，缓解了 Sn 金属容量快速衰减的问题。

另外，将两种活性金属结合组成金属间化合物也有助于电池性能的提高。一方面，由于两个金属均有储钠功能，对电极的总容量有贡献；另一方面，由于两者具有不同的钠化电位，两个金属会交替充当缓冲剂，有效抑制体积的膨胀。Gao 等提出合金化反应机理，将三元镁基前驱体脱合金，制备出多孔纳米 Bi_2Sb_6 合金，其钠化/脱钠过程如图 1－10 所示。Bi_2Sb_6 合金在 $1A\cdot g^{-1}$ 下循环 10000 次仍维持在 $150mA\cdot h\cdot g^{-1}$，容量衰减率低至 0.0072%，这归因于其多孔结构、合金效应和适当的 Bi/Sb。

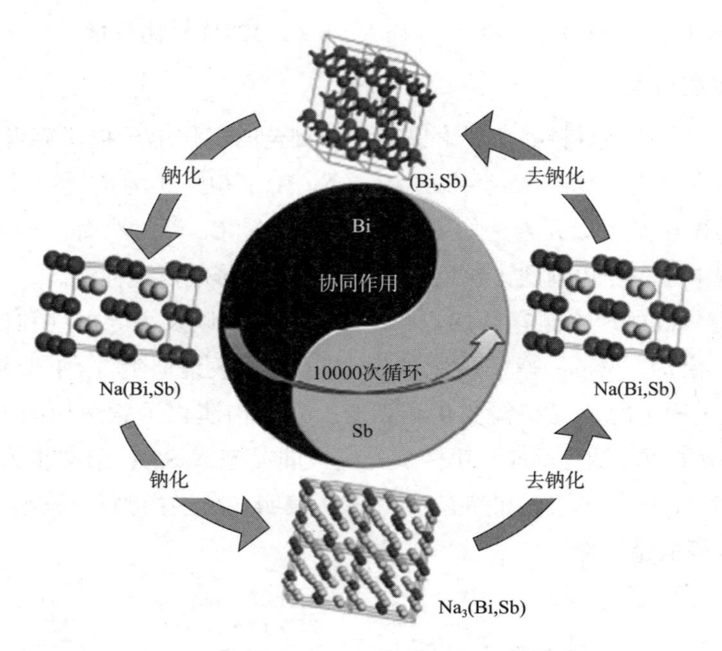

图 1-10 Bi-Sb 合金的钠化/脱钠示意图

1.3 电极材料的碳修饰

碳材料具有良好的导电性、柔韧性和可塑性，不但可以直接用作负极材料，而且可以作为其他电极材料的修饰材料，用以增强主材的稳定性、导电性和界面特性。碳修饰电极材料的主要形式包括碳掺杂、碳复合材料、碳包覆、碳包裹、碳封装等。如果在电极材料的合成过程中直接加入碳源，这也可以直接影响材料的合成效果。对于具有晶体结构的电极材料，碳层的存在可以控制其结晶过程、减少颗粒的团聚和抑制相变等。

本书主要选取了高容量的钠离子电池正极材料氟磷酸钒钠以及负极材料双金属合金作为研究对象，采用溶胶-凝胶法、水热法、静电纺丝等技术，在制备过程中引入碳源。通过先进表征手段，研究了碳修饰材料的结构特征，并详尽地研究了碳修饰后电极材料的性能，分析了碳修饰电极材料的电化学特性和构效关系。

2　三维氟磷酸钒钠复合碳骨架

针对水热体系的探究，本章选取了在 pH 值为 2 的酸性条件下合成的电化学性能最好的 $Na_3(VO_{1-x}PO_4)_2F_{1+2x}(0 \leqslant x \leqslant 1)$(NVPF)进行进一步改性研究，采用低温一步水热法制备了氟磷酸钒钠复合碳骨架(NVPF@3dC)样品，构建三维导电网络提高电化学性能。利用柠檬酸钠烧结制成的碳骨架作为形核基底降低晶体形核功，同时碳骨架有助于抑制单晶的生长、减小产物尺寸。本章首先通过 XPS 和红外光谱表征手段证明合成的材料均为 $Na_3V_2(PO_4)_2F_3$。接着，结合电化学测试结果，说明碳材料的复合对电化学性能的影响。此外，还应用非原位 XRD 和非原位 XPS，对电极反应中晶体转变和钠离子脱入/嵌出过程进行探究。

2.1　氟磷酸钒钠复合碳骨架的合成

2.1.1　碳骨架的制备

本实验部分所加入的碳片选用柠檬酸钠为碳源，将 5g 柠檬酸钠放入管式炉中，以 5℃ · min^{-1}的升温速率加热到 750℃保温 2h；再将烧结产物取出，用研钵研磨之后加入浓度为 2mol/L 的稀盐酸，充分反应 24h，去除多余的钠盐。反应完成后，用去离子水洗涤数次，用抽滤法收集样品。最后，把收集到的样品放入烘箱中，80℃烘干过夜，得到碳骨架。

2.1.2　氟磷酸钒钠复合碳骨架(NVPF@3dC)的制备

首先把 182mg 五氧化二钒和 378.2mg 草酸加入 30mL 去离子水中水浴 70℃搅拌 1h。搅拌过程中，橙黄色浑浊液体变为绿色澄清液体，之后变成蓝色澄清液体，这里发生了五氧化二钒被草酸还原为低价钒溶液的反应。等到水浴后溶液降到室温，加入药品磷酸二氢钠和氟化钠，保持加入样品元素比例为 V：P：F = 2：2：1，不断搅拌 2h 至固体完全溶解。加入 20mg 碳骨架，超声分散 1h，再将悬浮液加入水热反应釜中，在烘箱下 170℃持续加热 8h。待到烘箱自然冷却后，从水热釜中收集得到的产物，洗涤数次收集产物。最后将产物置于烘箱中，80℃烘干过夜，将得到的产物标记为 NVPF@3dC。

同时制备了不加碳片的氟磷酸钒钠作为对比材料，步骤同上，将所得到的产物标记为 NVPF。

本实验研究 NVPF@3dC 在不同反应时间的演变过程，主要是在烘箱中 170℃下反应时间为 0.5h、1h、2h、4h、6h、8h 和 10h 的演变，其余反应条件和实验步骤与上述过程一致。

2.2 氟磷酸钒钠复合碳骨架的结构分析与性能研究

2.2.1 材料的物相和形貌分析

如图 2－1 所示，本章实验的样品 NVPF@3dC 通过简易的水热法制备而成，先利用草酸将五氧化二钒还原为低价钒，再与磷酸根、氟离子、钠离子相互作用，在碳骨架上形核长成片层的氟磷酸钒钠。碳骨架帮助氟磷酸钒钠微晶附着在表面，起到了形核基底的作用，有利于晶核的非自发生长，降低了形核所需要的能量。合成过程中，氟磷酸钒钠微晶在碳骨架上形核再生长，与碳骨架充分结合，晶体与碳材料之间有非常良好的接触，这对于提高电子传输效率起到了重要作用。需要特别注意，实验合成的 NVPF@3dC 是氟磷酸钒钠纳米片复合碳片自组合而成的花朵状结构，这种相互组合的片层结构存在相当大的片层间隙。二维片层结构增大了材料与电解液的接触面积，缩短了钠离子的迁移路径，有利于提高材料的导电性。

图 2－1　氟磷酸钒钠复合碳骨架水热法合成流程图

图 2-2(a)为合成的 $Na_3V_2(PO_4)_2F_3$ 晶体结构示意图，氟磷酸钒钠晶体框架主要由[$V_2O_8F_3$]八面体和[PO_4]四面体组成。晶体结构示意图说明三维框架中存在平行于 ab 平面的 Na^+ 快速转移的开放通道，从结构上看，氟磷酸钒钠适合作为钠离子电池正极材料。图 2-2(b)展示了水热法合成的 NVPF@3dC 和 NVPF 的 XRD 图谱，衍射峰对应于 $Na_3V_2(PO_4)_2F_3$ 的标准 PDF 卡片(No. 01-089-8485)。结果表明合成样品都展示出较高的结晶度，没有其他如磷酸钒钠的杂质峰生成，与空间群为 P42/mnm 的四方相结构有良好的匹配性。不经高温烧结处理，仅通过简单的一步水热法实验，就可以制备氟磷酸钒钠纯相晶体，这大大降低了材料合成制备过程中的能量消耗。根据布拉格方程和晶胞参数公式，通过 XRD 的实验数据得到衍射峰的 2θ 角度，用公式计算出晶面间距 d 值，再根据氟磷酸钒钠晶体 P42/mnm 的四方相，计算出晶体常数 a、b、c，其中 $a=b\neq c$。根据实验结果计算出 NVPF 晶胞参数 $a=b=8.984Å$，$c=10.604Å$，而复合碳骨架的 NVPF@3dC 晶胞参数 $a=b=8.960Å$，$c=10.518Å$，c 值出现收缩且整个晶体体积变小了(由 $855.770Å^3$ 减小到 $844.366Å^3$)。由计算结果可知，在水热环境中加入碳骨架使得晶体的体积减小，碳骨架有利于降低晶粒的尺寸。

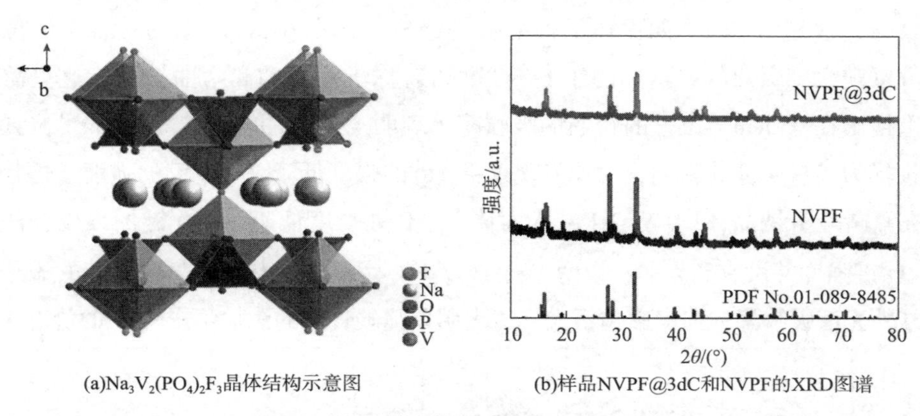

(a)$Na_3V_2(PO_4)_2F_3$晶体结构示意图　　(b)样品NVPF@3dC和NVPF的XRD图谱

图 2-2　晶体结构示意图和 XRD 图谱

本实验中通过 XPS 分析、红外光谱和拉曼光谱测试检测合成样品 NVPF@3dC 和 NVPF 中 V 元素价态。图 2-3(a)为样品 XPS 检测的全谱，可以观察到 Na、V、P、O、F、C 元素的峰值；图 2-3(b)为 V 元素的 2p 精细谱，范围为 513~527eV。从 NVPF@3dC 的 V 元素 2p 精细谱可以看出，在 517.1eV 和 524.2eV 的位置出现的两个主峰，分别对应 V^{3+} 的 V $2p^{1/2}$ 和 V $2p^{3/2}$ 轨道，根据文献报道证实了合成的样品 NVPF@3dC 中 V 元素以 V^{3+} 的形式存在。样品 NVPF 在 516.2eV

和 523.4eV 的位置出现的两个主峰，也同样归因于 V^{3+} 的 V $2p^{1/2}$ 和 V $2p^{3/2}$ 轨道。这里样品 NVPF@3dC 和 NVPF 的 XPS 谱图存在整体偏移的现象，推测可能是碳骨架的加入引起的。

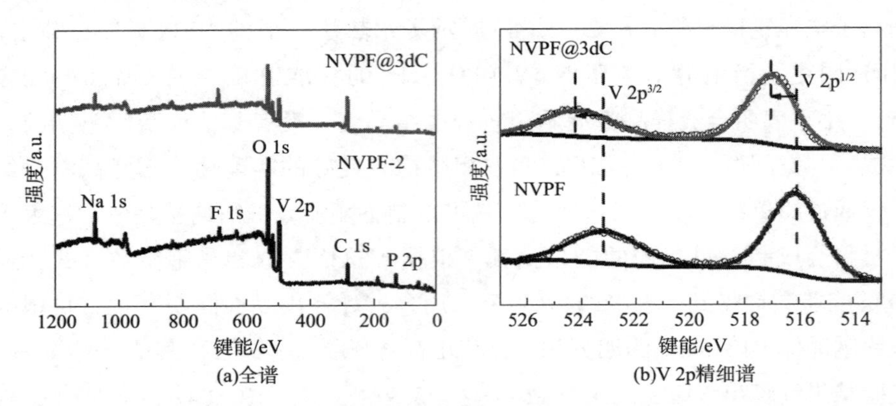

图 2-3　样品 NVPF@3dC 和 NVPF 的 XPS 图谱

实验合成样品 NVPF@3dC 和 NVPF 红外光谱的结果如图 2-4 所示，选取了 500～1400cm^{-1}的谱线范围进行分析。在 1000～1150cm^{-1}位置观察到一个宽泛的吸收峰，这是由 PO_4^{3-} 四面体的伸缩振动造成的，在 675cm^{-1}和 553cm^{-1}的位置也可以观察到吸收峰，这归因于 P—O 键的对称收缩振动和弯曲振动。这里需要着重指出在 950cm^{-1}位置的较弱的吸收峰，表明 V—F 键的存在，921cm^{-1}位置的吸收峰为 V—O 键的影响，对比发现 V—F 键的强度低于 V—O 键的强度，这是因为在氟磷酸钒钠晶体中[$V_2O_8F_3$]八面体 V—F 键强度低于 V—O 键的强度，同时 V—O 键强度并没有高太多，说明 V 元素以 V^{3+} 存在。综上所述，碳骨架的添加对于红外光谱吸收峰的强度影响不大，这表明单纯碳骨架的添加不影响 V 的价态。

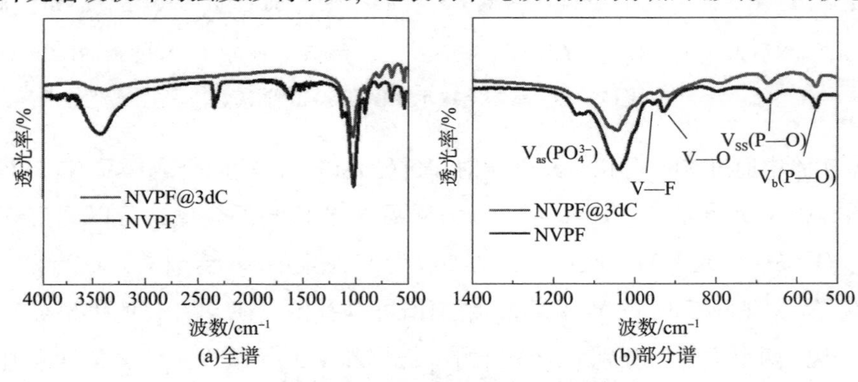

图 2-4　样品 NVPF@3dC 和 NVPF 的红外光谱

样品 NVPF 和碳骨架结合前后拉曼光谱结果如图 2－5(a)所示，选取了 400～2000cm^{-1}的谱线范围分析。NVPF@3dC 拉曼光谱曲线中，在 1350cm^{-1}和 1581cm^{-1}的位置有很明显的 D 峰和 G 峰出现，这表明样品中有碳材料出现。在碳材料的拉曼光谱分析中，一般用 D 峰(无序碳)与 G 峰(石墨化碳)的比值(I_D/I_G)评价碳材料的石墨化程度，NVPF@3dC 的 I_D/I_G 值为 1.31，碳材料偏向无定形状态存在。拉曼光谱的 387cm^{-1}和 539cm^{-1}处分别有两个小峰，归因于磷酸根(PO_4^{3-})四面体基团的振动，而在 942cm^{-1}和 1048cm^{-1}位置出现的峰值，归因于 PO_4^{3-} 中的 P—O 键的振动。

样品的失重曲线如图 2－5(b)所示。利用热重曲线计算出样品 NVPF 和 NVPF@3dC 中的碳含量。空气状态下，温度达到 400℃之前，NVPF 重量保持稳定，这说明水热过程生成的是纯相氟磷酸钒钠晶体，不含有杂质或碳包裹物；450℃以后热重曲线有轻微的上升，这是因为晶体被破坏，钒元素开始被氧化，逐渐由 3 价变为稳定的更高价状态。复合碳骨架的样品 NVPF@3dC 的热重曲线与 NVPF 大致相同，在 440～450℃有一段明显的失重，这是碳在空气中氧化导致的，根据失重结果计算得到 NVPF@3dC 的碳含量为 3.1%。

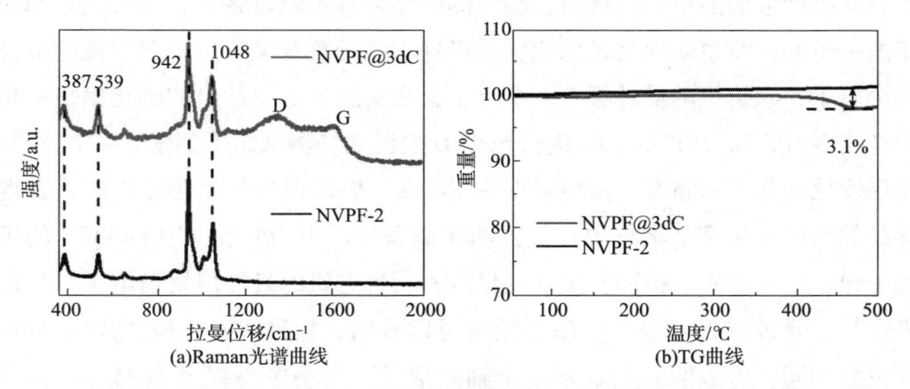

图 2－5 样品 NVPF@3dC 和 NVPF 的 Raman 光谱曲线和 TG 曲线

图 2－6 为样品 NVPF 和 NVPF@3dC 的比表面积测试和孔径分布图，通过 N_2 吸附/脱附测试得出。根据图 2－6(a)的 N_2 吸附/脱附曲线可以看出，结果符合第Ⅳ型滞回线，样品 NVPF 和 NVPF@3dC 都具有介孔结构，计算得出 NVPF@3dC 的比表面积为 19.75$m^2 \cdot g^{-1}$，高于 NVPF 的比表面积(16.10$m^2 \cdot g^{-1}$)。三维碳骨架的添加为晶体提供了更多形核基底，同时也起到分散的作用，在生长的过程中氟磷酸钒钠的片层间距增大。根据孔径分布图 2－6(b)，样品 NVPF 中大部分是直径为 2nm 以内的微孔，而介孔数量较少，但添加三维碳骨架之后，NVPF@3dC 中介孔数量明显增加，而微孔数量相对减少。孔径分布验证了碳骨架的分散作

用。鉴于钠离子的半径比锂离子的半径大，介孔结构促进了循环过程中钠离子的嵌入和脱出。

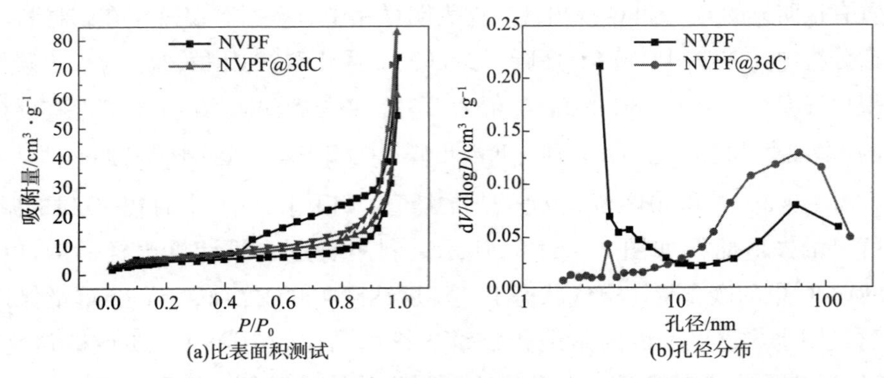

(a)比表面积测试 (b)孔径分布

图2-6 样品 NVPF 和 NVPF@3dC 的比表面积测试和孔径分布图

为了进一步验证本实验所合成的氟磷酸钒钠中 V 的价态，对合成的样品 NVPF 和 NVPF@3dC 进行 SQUID 变温磁场测试和 EPR 电子顺磁共振。磁化率是反映物质磁性强弱的重要物理量，物质的磁性是电子轨道磁矩、自选磁矩和原子磁矩的矢量和，简单来说就是磁化率与最外层电子数有关。由于三价钒的最外层有两个电子，四价钒的最外层有一个电子，在变温下所测量出的磁化率是不相同的。样品 NVPF 和 NVPF@3dC 进行 SQUID 变温磁场测试结果如图 2-7(a)所示，测试温度范围为 2~300K，磁场强度为 1k Oe，根据得到的磁化率作图，发现两个样品的变温磁化率基本一致，其证明了制备样品 NVPF 和 NVPF@3dC 的钒的价态一样。电子顺磁共振同样是通过检测不同价态钒的最外层轨道电子数量的差异来进行。通过图 2-7(b)的 EPR 结果可以看出，样品 NVPF 和 NVPF@3dC 的峰值位置相同，这表明它们显示一个轴向信号，磁场中心强度为 3576gauss。由

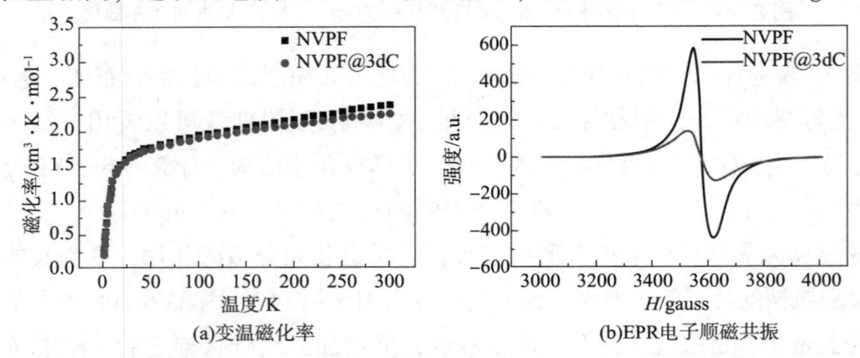

(a)变温磁化率 (b)EPR电子顺磁共振

图2-7 样品 NVPF 和 NVPF@3dC 的变温磁化率和 EPR 电子顺磁共振

此计算得出 $g=1.96$，这个数值低于 2，说明了钒的最外层轨道的电子数量相同。结合磁化率测试证明合成样品 NVPF 和 NVPF@3dC 的钒的价态一致，再联系上文表征结果证实样品 NVPF 和 NVPF@3dC 的钒为三价，化学方程式为 $Na_3(VPO_4)_2F_3$。

图 2-8 是样品 NVPF@3dC 的 SEM 图像和添加的三维碳骨架 SEM 图像。图 2-8(b)表明添加的碳骨架由卷曲堆叠的碳片组成，单个碳片尺寸约为 100nm，卷曲的碳片有利于基底进行异质形核，蓬松的三维碳骨架可以起到分散作用。从图 2-8(a)可以看出样品 NVPF@3dC 由大小 500nm 的氟磷酸钒钠纳米片堆叠而成，相互连接松散的片层和碳骨架一起组成纳米花的形状，片层之间存在较大的间隙。需要特别注意，实验合成的 NVPF@3dC 是氟磷酸钒钠纳米片复合碳片自组合而成的花朵状结构，这种相互组合的片层结构存在相当大的片层间隙。二维片层组成的纳米花结构增大了材料与电解液的接触面积，缩短了钠离子的迁移路径，有利于提高材料的导电性。

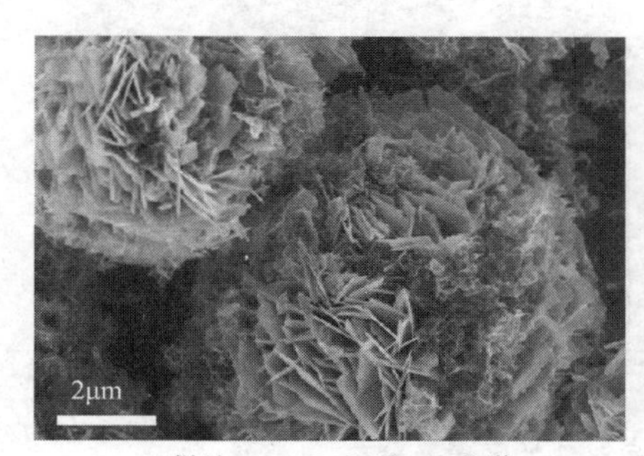

(a)样品NVPF@3dC的SEM图像

(b)添加的三维碳骨架SEM图像

图 2-8 SEM 图像

为了观察 NVPF@3dC 材料的片层形态和碳复合情况，即对其进行了 HRTEM 测试。在图 2-9(a)中可以看出合成的薄纳米片尺寸为 200~300nm，纳米片与碳骨架均匀地分散在一起，这是由于 TEM 制样的离心分散。氟磷酸钒钠的片层尺寸为纳米级别，这样的纳米级片层易与电解液充分接触，从而缩短钠离子在材料内部固态迁移的路径，并提高钠离子迁移速率。在图 2-9(b)中，可观察到样品晶体上出现了清晰的晶格条纹，条纹间距 $d=0.327$nm。这些条纹对应于晶体 NVPF 的(220)面，表明合成样品 NVPF@3dC 具有高度结晶性。图 2-9(b)右下角的小图为选区电子衍射 SEAD 的结果，图像点阵展示了晶体的(220)面和(002)面，点阵分布表明合成样品 NVPF@3dC 为单晶。在晶格条纹之外还可观察到无定形碳材料的存在，这是承载纳米片的碳骨架，相互连接的三维结构有利于提高复合材料的导电性。分析图 2－9(c)中 EDS 能谱的元素比例证明合成的复合材料为 NVPF，V 和 F 的元素比基本符合化学方程式，此外，EDS 元素分布图 2－9(d)进一步说明氟磷酸钒钠纳米片是 Na、V、P、O 和 F 几种元素均匀分布而成，C 元素的碳骨架作为基底。

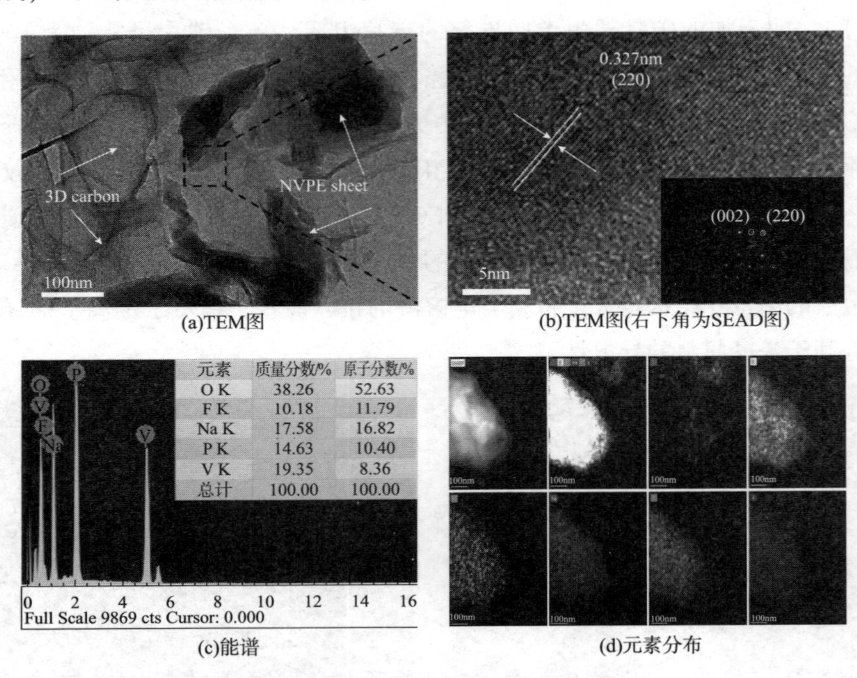

(a)TEM图

(b)TEM图(右下角为SEAD图)

(c)能谱

(d)元素分布

图 2－9　样品 NVPF@3dC 的图像及分布

2.2.2　水热体系 NVPF 的生长机理

为了进一步探究水热体系中氟磷酸钒钠纳米片的形成过程和生长机理，可通过调节反应时间，并借助碳骨架的基底作用分析纳米片的演化过程。样品 NVPF@3dC 水热反应时间为 0.5h、1h、2h、4h、6h、8h、10h 的 XRD 图谱如图 2－10 所示，可以观察到水热反应 2h 之前没有出现晶体峰，说明此时还没晶体形成，从 4h 开始在 28°和 32°位置出现峰值并且强度不高；到达 6h 在 16°、28°和 32°位置都可以观察到明显的氟磷酸钒钠特征峰，8h 后全部峰值都出现了。XRD 数据表明氟磷酸钒钠晶体从 4h 开始形成，直到 8h 晶体已经完全成形，与标准图谱的结果一致，反应 10h 后 XRD 峰值明显，晶体结晶性很好。值得注意的是，16°位置的峰对应 NVPF 晶体的(002)晶面，强度明显低于 28°和 32°位置的峰值，最早出现的 28°和 32°位置的峰对应 NVPF 晶体的(220，222)晶面，结果显示晶体存在择优生长现象，NVPF 晶体的(220，222)晶面优先于(002)晶面。根据之前的研究分析可知在 pH = 2 的酸性水热条件下，F 元素浓度不足导致(002)晶面生长滞后，这造就了纳米片的形貌。根据结果推测，通过控制 pH 值和 F 元素浓度可以调控 NVPF 晶体的(002)晶面的生长速度。

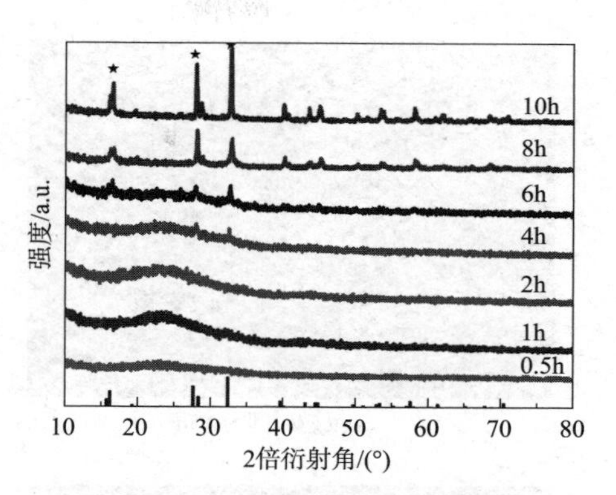

图 2－10 样品 NVPF@3dC 不同时间的 XRD 图谱

图 2－11(a)～图 2－11(g)分别为样品 NVPF@3dC 反应时间为 0.5h、1h、2h、4h、6h、8h、10h 的 SEM 图像。从 SEM 图像 2－11(a)看出从 0.5h 开始，就有氟磷酸钒钠微晶出现在碳骨架的表面，微晶尺寸约为 20nm；1h 后微晶进一步聚集，开始结合生长；2h 后微晶不断结合生长，纳米片逐渐成形。XRD 的结果表明 2h 前形成的微晶属于晶胚，没有形成晶面和晶体也就不存在 XRD 的晶体峰，微晶通过不断结合生长形成晶体。图 2－11(d)是水热反应进行到 4h，碳骨架上看到纳米片出现，纳米片的尺寸大于卷曲的碳片的，其与碳骨架均匀分布呈现纳米花形状。由于微晶聚集形成晶体的行为，氟磷酸钒钠晶体的生长更容易发生在原有的微晶的基础上，优先出现在微晶四周的区域，这导致了出现花朵状的形貌。水热反应 6h 和 8h 后，晶体继续生长，此时仍然保持纳米片聚集的纳米花形状，花朵尺寸为 2～4μm；反应 10h 后，纳米片完全成形，此时片层变厚。通过 SEM 图像可以观察到氟磷酸钒钠纳米片的形成过程，再结合 XRD 的结果分析出晶体从微晶到聚集形核的生长过程。

如图 2－12(a)所示，未添加碳骨架的水热反应釜釜壁上沉积生长了一层厚厚的墨绿色物质，经过测试后为氟磷酸钒钠，这是因为未添加碳基底的晶胞会优先选择水热釜内壁附着生长，附着生长的异质形核所需形核能量远远小于在溶液中的自发形核能量。相比较而言，添加了碳骨架的水热反应釜的内壁没有产物沉积生长，图 2－12(b)中氟磷酸钒钠微晶优先在碳基底上生长，三维碳骨架比光滑的水热釜内壁更适合作为基底。图 2－12(c)展示了水热反应中生成的样品 NVPF 是墨绿色，图 2－12(d)展示了生长在碳骨架上的样品 NVPF@3dC 呈灰黑色。

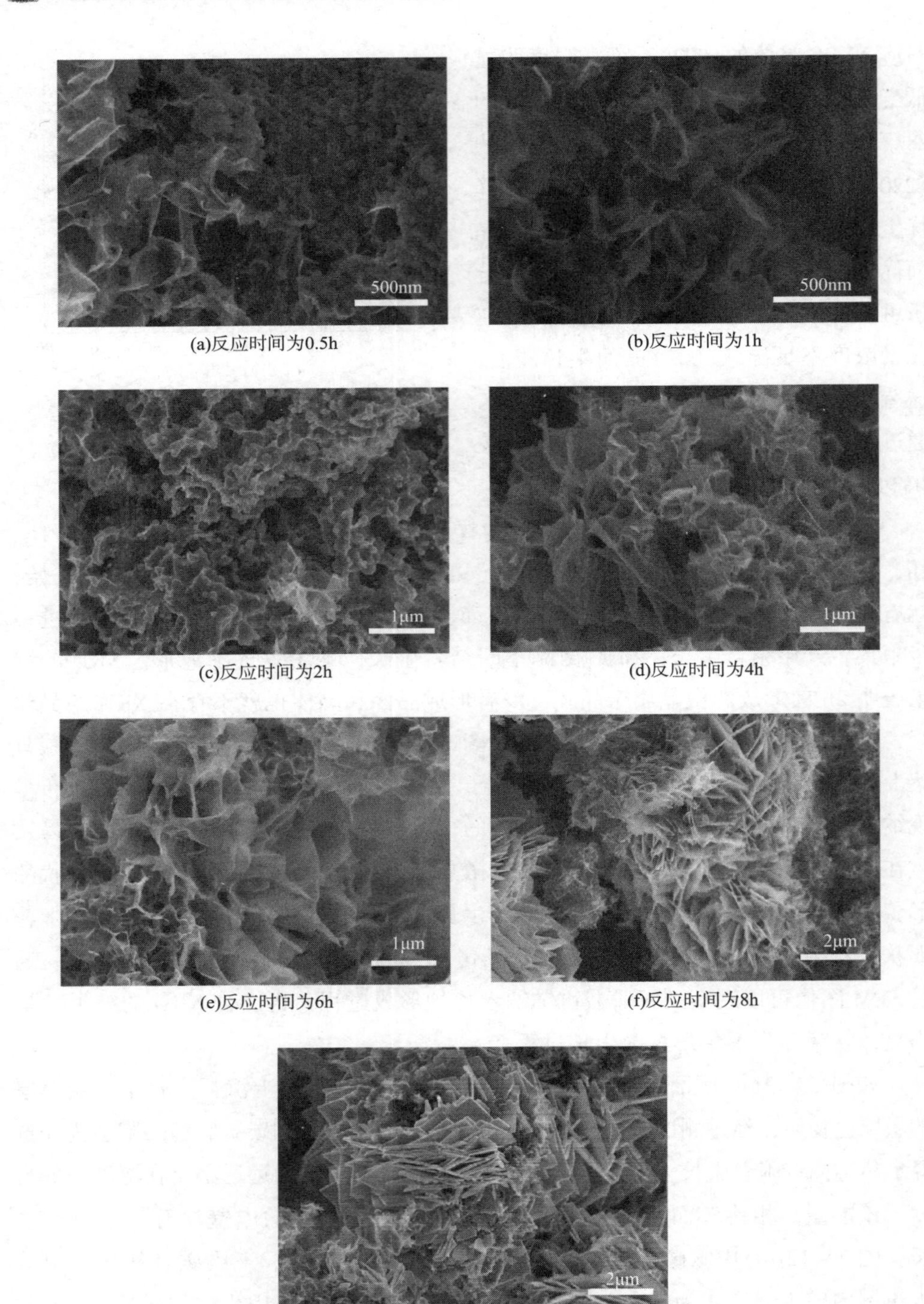

(a)反应时间为0.5h　(b)反应时间为1h

(c)反应时间为2h　(d)反应时间为4h

(e)反应时间为6h　(f)反应时间为8h

(g)反应时间为10h

图 2－11　样品 NVPF@3dC 的 SEM 图像

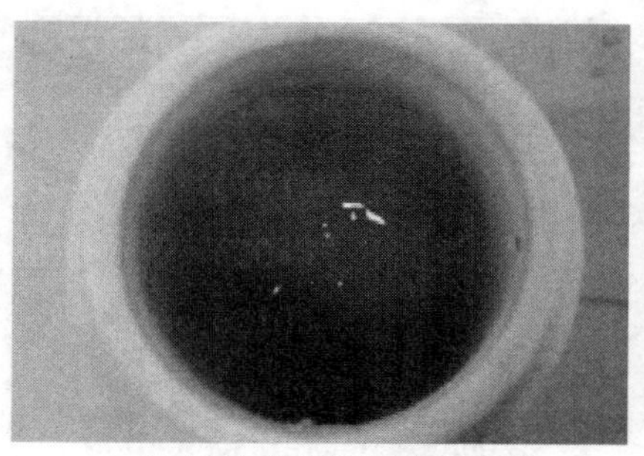

(a)未添加碳骨架的水热釜内壁

(b)添加碳骨架的水热釜内壁

(c)样品NVPF

(d)样品NVPF@3dC

图2-12 不同样品的处理生长图

为了进一步理解氟磷酸钒钠晶体的形成过程和形态信息，研究人员对晶体形成前期的微晶进行了TEM测试。图2-13(a)和(b)分别为水热反应0.5h样品的TEM和HRTEM图像。观察结果显示，在反应0.5h时，微晶已经出现在碳骨架上，尤其是集中在碳骨架的中心和褶皱处。这是因为碳骨架的中心与碳片褶皱处存在弯曲平面，弯曲平面角度小于反应釜内壁光滑平面的角度，所以弯曲平面降低微晶成形所需形核功，碳基底提高了微晶的异质形核可能性，导致微晶更容易出现在碳骨架的中心和碳片褶皱处。碳骨架提高了微晶的异质形核概率，起到了分散结晶、减小晶体尺寸的作用。在高放大倍数下的HRTEM图像[图2-13(b)]中可以看到，单个微晶呈球状，尺寸约为10nm，微晶上没有发现晶格条纹，表明其仍然处于无定形晶胚状态。图2-13(b)右上角小图为选区电子衍射结果，也说明了反应0.5h产物处于无定形晶胚状态。图2-13(c)和图2-13(d)的EDS元素分布说明了C元素作为基底，Na、V、P、O和F几种元素均匀分布共同组成氟磷酸钒钠微晶。

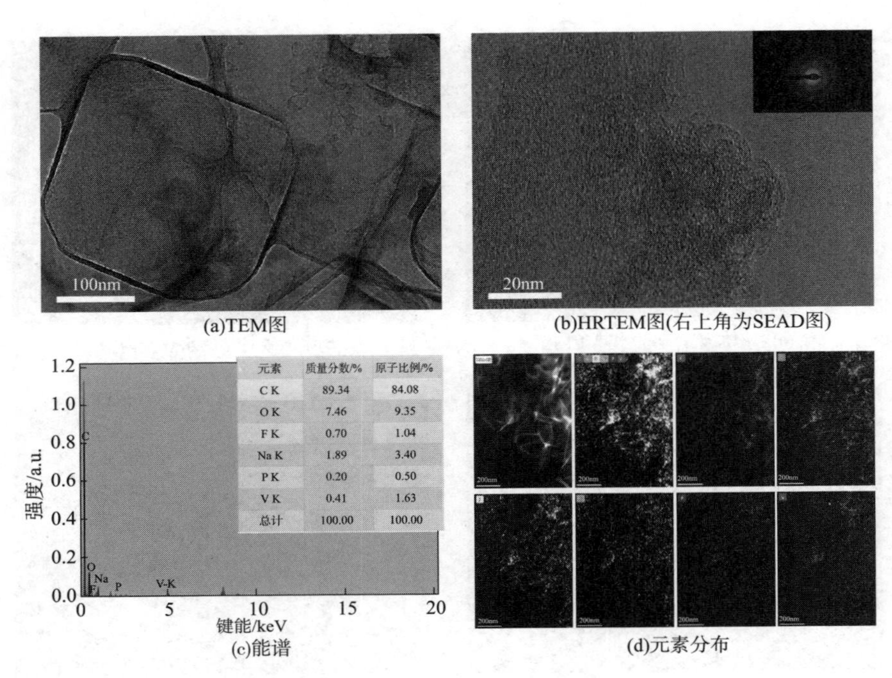

元素	质量分数/%	原子比例/%
C K	89.34	84.08
O K	7.46	9.35
F K	0.70	1.04
Na K	1.89	3.40
P K	0.20	0.50
V K	0.41	1.63
总计	100.00	100.00

(a)TEM图 (b)HRTEM图(右上角为SEAD图) (c)能谱 (d)元素分布

图 2－13　0.5h TEM 测试结果

对比反应中微晶的生长状态，水热反应 1h 样品的 TEM 图像如图 2－14(a) 和图 2－14(b) 所示。反应 1h 微晶大多在碳骨架的中心，而且微晶开始结合成形，相邻的微晶触碰到一起，结合为纳米片。在图 2－14(b) 中可以观察到微晶相互融合，但是没有出现晶格条纹，还处于晶体的形成阶段，图 2－14(b) 插图中的选区电子衍射结果也同样说明晶体还未形成。图 2－14(c) 和图 2－14(d) 的 EDS 元素分布说明了 C 元素作为基底，Na、V、P、O 和 F 几种元素均匀分布。这里着重强调碳骨架作为基底对微晶的收集作用，在晶体未形成阶段，微晶由于尺寸较小且数量少，难以收集分析。在不添加碳骨架的情况下，微晶难以收集，同时由于没有晶体存在，XRD 测试也无法验证收集样品，这增加了晶体前期演变机理的分析难度。在作为基底的碳骨架上形成微晶后可以离心收集，可推测出酸性条件中氟磷酸钒钠纳米片的形成过程：0.5h 先在合适的基底(水热釜内壁或者碳骨架)上以异质形核的方式形成微晶，随着反应时间的增加，微晶相互融合结晶；4h 后开始出现晶体，由于相互融合结晶，产物最终呈现出纳米片或纳米花的形态。随着反应的进一步进行，在反应物足够的情况下随着反应时间的增加，氟磷酸钒钠的纯相晶体会进一步融合生长，尺寸持续增大。

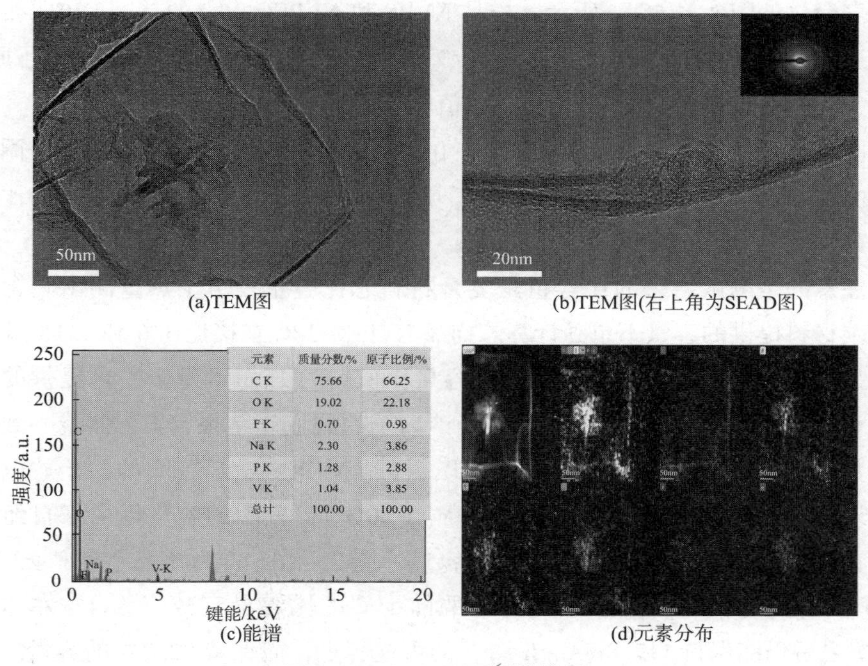

元素	质量分数/%	原子比例/%
C K	75.66	66.25
O K	19.02	22.18
F K	0.70	0.98
Na K	2.30	3.86
P K	1.28	2.88
V K	1.04	3.85
总计	100.00	100.00

图 2 – 14　1h TEM 测试结果

2.2.3　材料的电化学性能研究

图 2 – 15 展示的是样品 NVPF@3dC 和 NVPF 的 CV 曲线，扫描速率为 $0.2mV \cdot s^{-1}$，测试电压区间为 2.5 ~ 4.3V(vs. Na^{+}/Na)。从图 2 – 15(a)可以看出，样品 NVPF@3dC 前 3 圈 CV 曲线基本能够重叠，这说明三维纳米花状结构作为正极材料具有良好的可逆性，稳定的结构减少副反应的发生，有利于增加电池

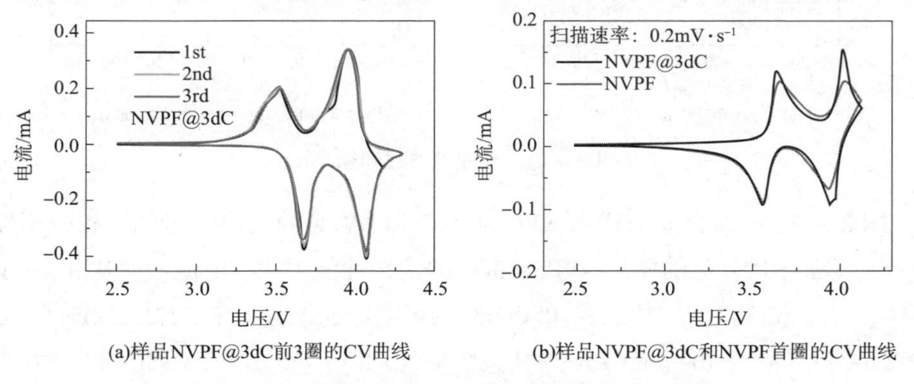

(a)样品NVPF@3dC前3圈的CV曲线　(b)样品NVPF@3dC和NVPF首圈的CV曲线

图 2 – 15　样品 NVPF@3dC 和 NVPF 的 CV 曲线

使用寿命。如图 2－15(b)所示，样品 NVPF 和 NVPF@3dC 的首圈 CV 曲线两对氧化还原峰位于 3.637/3.557V、4.19/3.945V，对应于 V^{3+}/V^{4+} 的氧化还原对，另外，样品 NVPF@3dC 的氧化还原峰值电流高于 NVPF 的。

图 2－16(a)是样品 NVPF@3dC 在 0.2C 下第 1 圈、5 圈、10 圈、100 圈的充放电曲线(根据 NVPF 的理论容量计算，1C＝128mA·h·g^{-1})，其展示的比容量分别为 131.5mA·h·g^{-1}、128.5mA·h·g^{-1}、127mA·h·g^{-1}、120mA·h·g^{-1}。值得注意的是测试结果的比容量是复合材料总比容量，由于热重测出碳含量较少，碳材料提供的容量不单独计算。样品 NVPF@3dC 在接近 3.6 和 4.1V 处有两个明显的充放电平台，两个平台提供容量比值约为 1：1，每个平台提供的容量约为 63.5mA·h·g^{-1}，分别对应一个钠离子的脱嵌，结果与 CV 曲线一致。随着圈数变化可以看出放电比容量的变化，样品 NVPF@3dC 首圈的初始放电比容量接近理论容量，首圈的库伦效率较高(＞80%)，首圈的容量损失来自纽扣电池中在高压下的电解液分解的不可逆容量。图 2－16(b)为样品 NVPF@3dC 和 NVPF 的充放电循环图，NVPF@3dC 的前十圈的比容量衰减仅为 4% 左右，在 150 圈之后仍能保持 117.8mA·h·g^{-1}的可逆容量，能保持 92.7% 的容量。相比较而言，NVPF 仅能保持 107mA·h·g^{-1}的放电比容量，这一结果说明碳骨架组成的纳米花形状有利于容量和循环性能的提升。

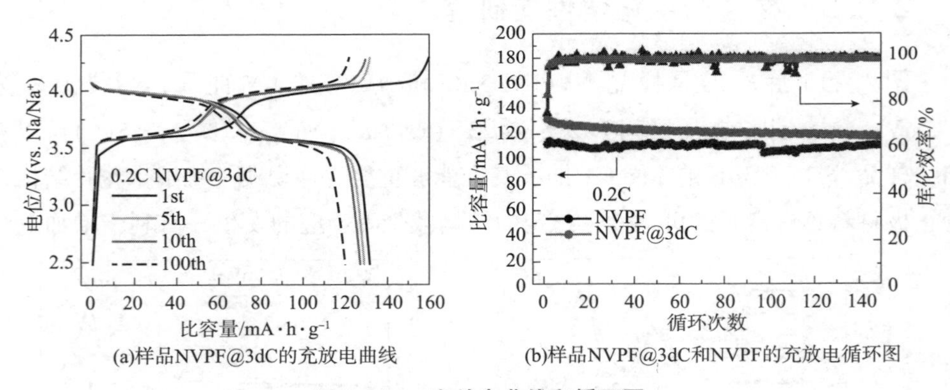

(a)样品NVPF@3dC的充放电曲线　　(b)样品NVPF@3dC和NVPF的充放电循环图

图 2－16　充放电曲线和循环图

图 2－17(a)为合成的样品 NVPF@3dC 和 NVPF 的倍率性能图。相较于样品 NVPF，添加了碳骨架的样品 NVPF@3dC 的倍率性能更优，电流密度从 0.2C 变换到 1C、2C、5C 和 10C，样品 NVPF@3dC 的可逆容量分别维持在 131.5mA·h·g^{-1}、119.6mA·h·g^{-1}、109.7mA·h·g^{-1}、90.6mA·h·g^{-1}、62.1mA·h·g^{-1}，并且当电流密度重新回到 0.2C 时，可逆容量可以恢复到 125.3mA·h·g^{-1}，然而样品

NVPF 在高电流密度下的表现还需要提高，电流密度增大到 5C，可逆容量逐渐衰减到 46.5mA·h·g^{-1}。高倍率下容量表现不佳，这主要是因为晶体的本征导电率差，电子转移速率较慢从而阻碍钠离子的脱嵌。充电过程中钠离子沿 ab 平面的一维通道迁移运动，当电流增大时，许多钠离子未能脱出；在放电过程中晶体中可供嵌入的钠空位减少，材料的放电容量降低。图 2-17(b)为样品 NVPF@3dC 的倍率放电曲线，可观察到在高倍率下样品 NVPF@3dC 仍然存在两个放电平台，平台占比近似 1:1。

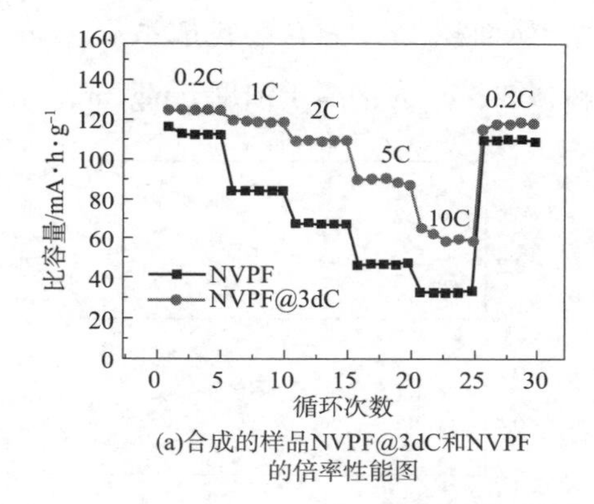

(a)合成的样品NVPF@3dC和NVPF的倍率性能图

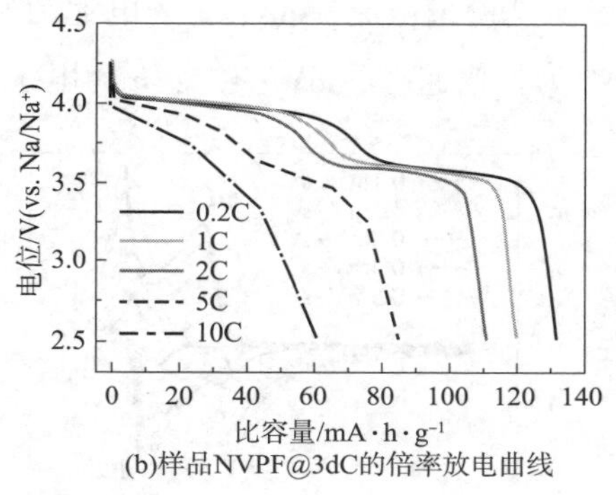

(b)样品NVPF@3dC的倍率放电曲线

图 2-17 倍率性能图和倍率放电曲线

电化学阻抗谱被用于研究样品 NVPF@3dC 和 NVPF 二者的反应动力学过程。图 2-18 为 Nyquist 图和对应的拟合等效电路图，从图 2-18 可以看出阻抗谱是由半圆和一条直线组成，半圆区域的弧线代表电解液界面发生的电荷转移电阻 R_{ct}，在等效拟合电路图中，R_s 是欧姆阻抗，R_{ct} 和 W_1 分别是电荷转移阻抗和 Warburg 阻抗。NVPF@3dC 半圆弧对应直径最小，电荷转移阻抗($R_{ct}=106.8\Omega$)远远低于 NVPF 的阻抗($R_{ct}=139\Omega$)，这表明添加了碳骨架后，样品 NVPF@3dC 电子导电性优于 NVPF 的。

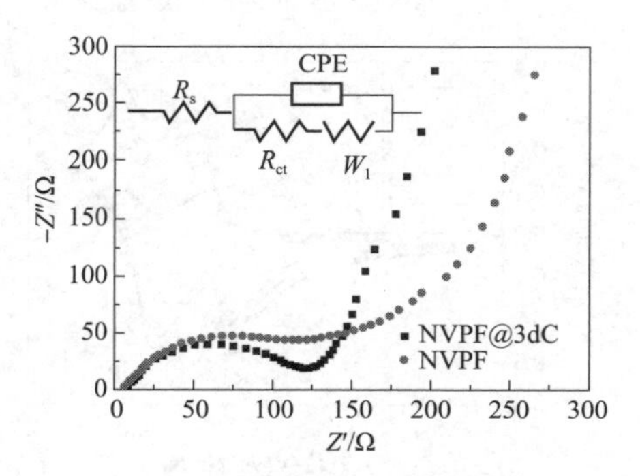

图 2-18 样品 NVPF@3dC 和 NVPF 的阻抗图

图 2-19(a)和图 2-19(c)是样品 NVPF 和 NVPF@3dC 的变扫描速率循环伏安曲线，分别设置扫描速率为 0.1mV·s^{-1}、0.2mV·s^{-1}、0.3mV·s^{-1}、0.4mV·s^{-1}

和0.5mV·s^{-1}，测试的电压范围为2.5～4.3V。钠离子扩散系数(D_{Na^+})可以通过公式(2-1)计算得到。如图2-19(b)和图2-19(d)所示，计算得到样品NVPF@3dC扩散系数D值分别为4.32×10^{-9}cm^2·s^{-1}(O1)、1.19×10^{-8}cm^2·s^{-1}(O2)、3.88×10^{-9}cm^2·s^{-1}(R1)、6.06×10^{-9}cm^2·s^{-1}(R2)，明显高于样品NVPF的扩散系数D值2.61×10^{-9}cm^2·s^{-1}(O1)、4.53×10^{-9}cm^2·s^{-1}(O2)、2.24×10^{-9}cm^2·s^{-1}(R1)、2.48×10^{-9}cm^2·s^{-1}(R2)。

$$i_p = 2.69\times10^5 n^{3/2} A D^{1/2} v^{1/2} c_0 \tag{2-1}$$

式中，i_p为峰值电流，mA；A为电池活性物质面积，cm^2；D为扩散系数，cm^2·s^{-1}；v为扫描速率，mV·s^{-1}；n为电子转移数；c_0为钠离子浓度，mg/mL。

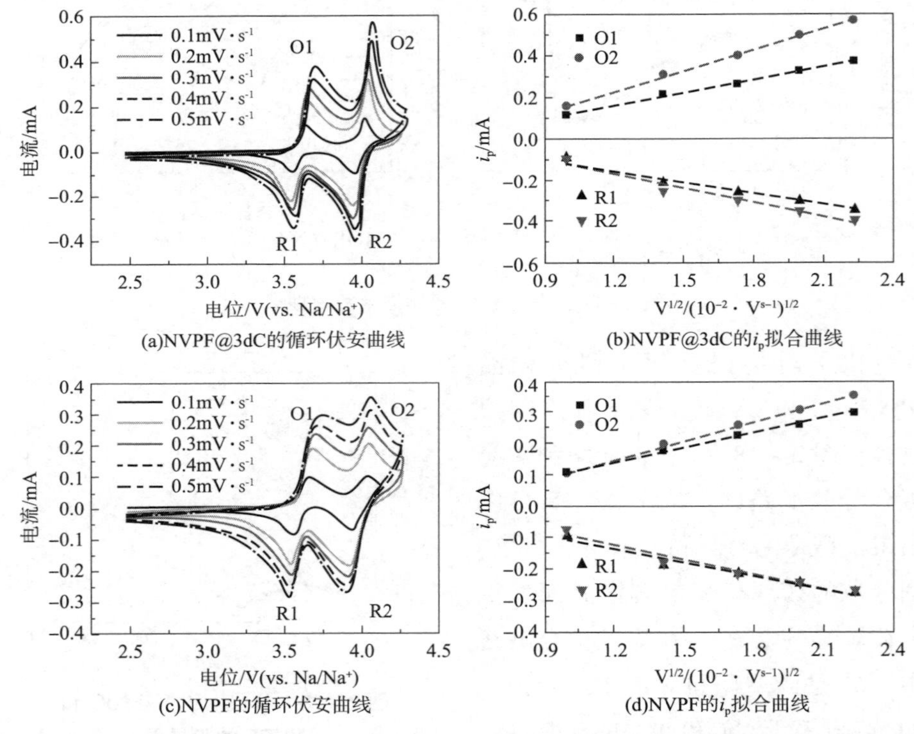

(a)NVPF@3dC的循环伏安曲线　(b)NVPF@3dC的i_p拟合曲线

(c)NVPF的循环伏安曲线　(d)NVPF的i_p拟合曲线

图2-19　样品NVPF和NVPF@3dC的不同扫描速率下的循环伏安曲线和i_p拟合曲线

本实验还采用恒电流间歇滴定技术(GITT)测试样品NVPF@3dC中钠离子的扩散系数，扩散系数按照式(2-2)计算，根据所得到的GITT测试结果，计算得出扩散系数范围如图2-20(b)所示，样品NVPF@3dC的扩散系数范围为$6.0\times10^{-12}\sim10^{-10}$cm^2·s^{-1}。

$$D = \frac{4}{\pi\tau}\left(\frac{n_m V_m}{S}\right)^2\left(\frac{\Delta E_s}{\Delta E_t}\right)^2 \tag{2-2}$$

式中，τ 为设置的弛豫时间，h；ΔE_s 为脉冲引起的电压变化，V；ΔE_t 为恒电流充放电引起的电压变化，V；n_m 为物质的量；V_m 为活性材料的摩尔体积，L/mol；S 为极片的接触面积，cm^2。

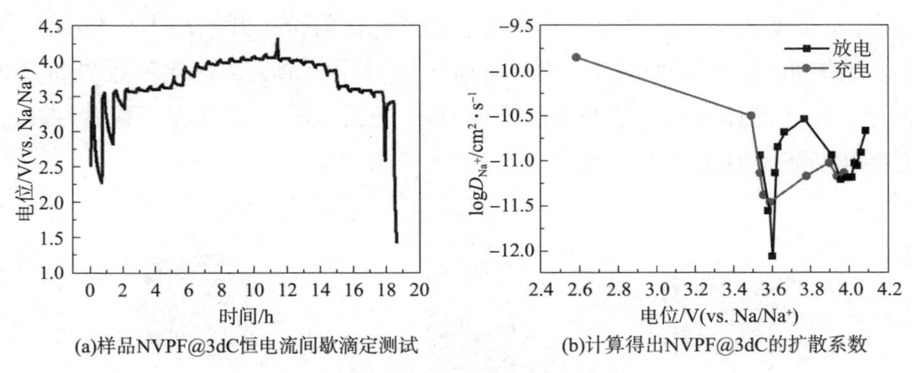

(a)样品NVPF@3dC恒电流间歇滴定测试　(b)计算得出NVPF@3dC的扩散系数

图 2-20　滴定测试结果与扩散系数

为了了解 NVPF@3dC 作为正极材料在电池循环中的结构演变，可采用非原位 XRD 模拟充放电过程。选取样品 NVPF@3dC 在 0.5C 的电流的不同电压(选取充电过程的 3.0V、3.63V、4.01V、4.3V 和放电过程的 3.94V、3.55V)，从图 2-21(a)中可以看出，衍射峰与标准图谱对应，在充放电循环中 NVPF@3dC 的晶体并未发生相变，保持良好的晶体稳定性，有利于增加电池长循环寿命。需要说明的是 38.5°和 44.8°位置出现的峰是集流体铝箔产生的。进一步放大角度为 16.0°~17.0°的区域在图 2-21(b)发现，2θ 角度为 16.7°位置的峰在充电过程中，峰位向更高的角度发生偏移，并且在随后的放电过程中又移回了原位。图

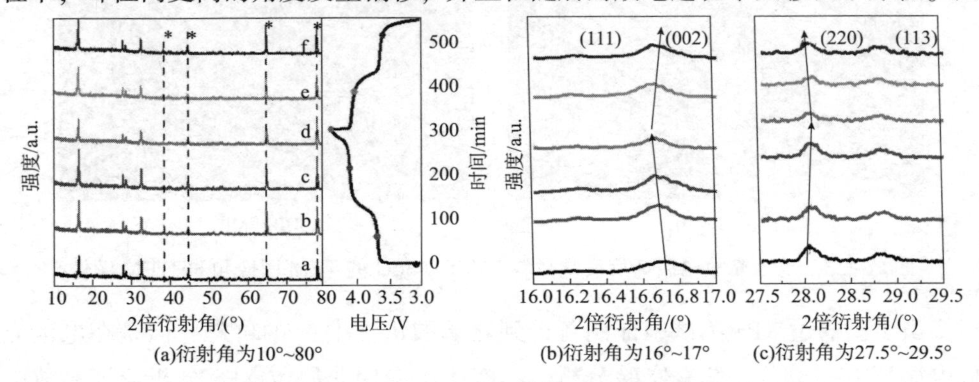

(a)衍射角为10°~80°　(b)衍射角为16°~17°　(c)衍射角为27.5°~29.5°

图 2-21　样品 NVPF@3dC 的 XRD 图谱

2－21(c)在27.5°～29.5°的位置也同样出现了偏移，在充电过程中，峰值向更低的角度发生偏移，并且在随后的放电过程中又移回了原位，整体的晶体结构没有变化，这说明充放电过程中晶体没有发生晶相转变。

钠离子在晶体中的嵌入和脱出的过程中衍射峰发生偏移，这是因为随着钠离子的移动，晶胞参数发生变化。在充电过程中，随着钠离子的脱出，晶胞参数 a 值变小，c 值变大，这是因为随着钠离子脱出，钒的价态开始增大，阳离子半径减小，整体晶胞参数 a 值减小，晶体 c 轴上的排斥力增大，变化示意图如图2－22所示。由于晶体中钠离子的迁移轨道为 ab 平面上的一维轨道，晶胞参数 a 变小更有利于缩短钠离子迁移路径。

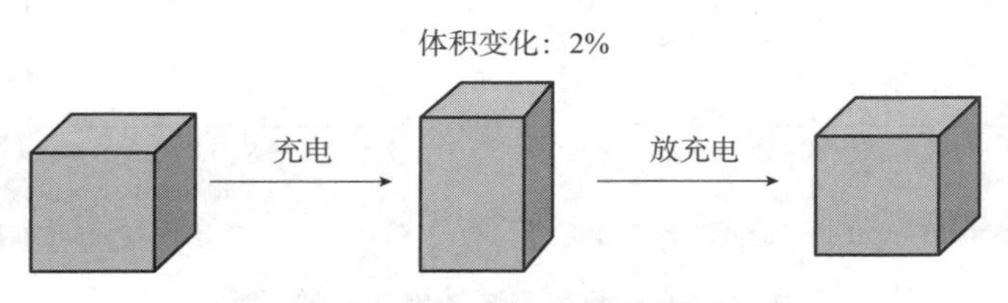

图2－22　晶胞参数变化概念示意图

图2－23(a)为电池充放电循环后活性材料NVPF@3dC的TEM图像，从中可以观察到充放电循环后NVPF@3dC仍然保持三维纳米花结构。在高放大倍数的图像[图2－23(b)]下，可以在晶体中观察到清晰的晶格条纹，右上角的SEAD图也呈现单晶的点阵分布。同非原位XRD测试结果一样，充放电过程中氟磷酸钒钠晶体不发生相变，保持高度的结构稳定性。

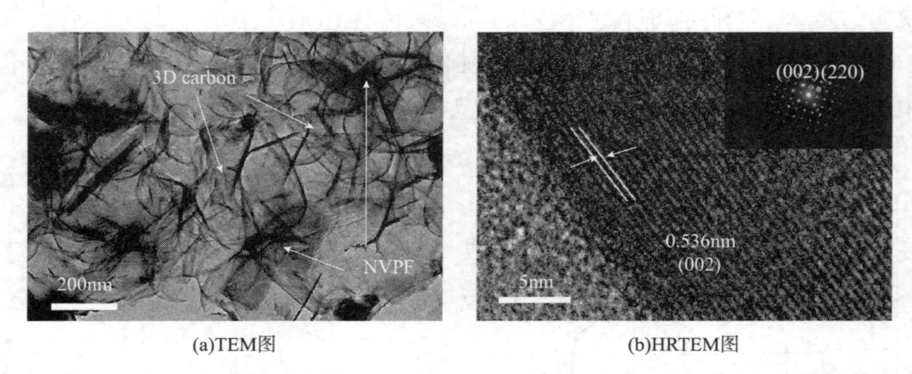

(a)TEM图　　(b)HRTEM图

图2－23　电池充放电循环后活性材料NVPF@3dC的TEM图像和HRTEM图像

虽然已通过XPS测试验证制备得到氟磷酸钒钠中V的价态，但是在电池充放电循环中V的价态鲜有实验分析。本实验中采用非原位XPS分析论证充放电过程中钒的价态，选取初始状态，充电到4.3V，放电到2.5V的电压位点进行XPS测试。V元素的2p高分辨精细谱如图2－24所示，未反应的活性材料在516.9eV位置出峰，对应于V^{3+}；当充电到4.3V时，出峰位置分别对应V^{4+}和V^{3+}，结果证明实际电池循环中不能完全脱出2个钠离子；当放电到2.5V时，出峰位置也是516.9eV，对应于V^{3+}。通过非原位XPS测试结果，同样证明了NVPF@3dC具有高度循环可逆性。样品NVPF@3dC晶体不能完全脱出2个钠离子，材料实际容量不能达到理论容量，有部分活性钠位点不参与反应。可推断出钠离子脱嵌的反应方程式为：

$$Na_3V_2^{III}(PO_4)_2F_3 \rightleftharpoons Na_2V^{III}V^{IV}(PO_4)_2F_3 + Na^+ + e^- \quad (2-3)$$

$$Na_2V^{III}V^{IV}(PO_4)_2F_3 \rightleftharpoons NaV_2^{IV}(PO_4)_2F_3 + Na^+ + e^- \quad (2-4)$$

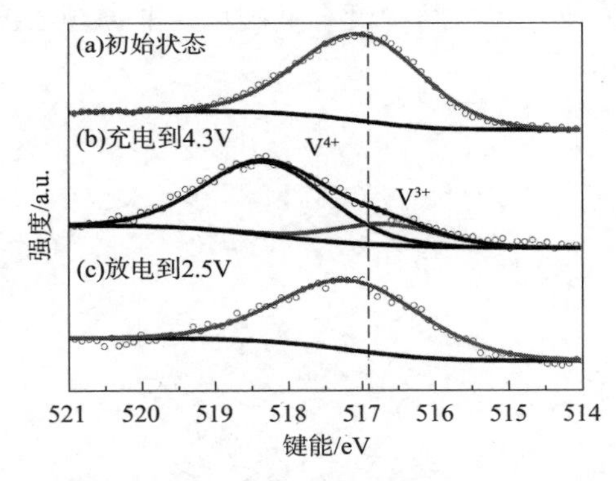

图2－24　样品NVPF@3dC非原位XPS测试

2.3　本章小结

本章是在水热法合成调控氟磷酸钒钠的基础上，将电极材料与碳材料进行复合，采用低温水热法制备了氟磷酸钒钠复合碳骨架(NVPF@3dC)样品，构建三维导电网络提高其导电性。

(1)通过XPS测试的V 2p电子轨道的分析确定了V元素是以V^{3+}的形式存在，红外光谱中的信息可以说明磷酸根以及V—O键和V—F键的存在进一步验证了NVPF@3dC为四方相的NVPF。

(2)碳骨架在晶体生长过程中既作为氟磷酸钒钠微晶的生长基底，降低形核功有利于形成晶胞，又起到了分散结晶和降低纳米片相互聚集的作用。根据收集到生长在碳基底上的微晶，可知晶体在反应 4h 后开始形成，同时晶体是通过微晶相互融合生长形成的，这对低温水热合成法起到补充作用。

(3)碳骨架分散纳米片，在增大比表面积的同时形成导电网络，缩短了钠离子扩散路径，有效地提高材料的导电性能。组成钠离子电池后经过电化学性能测试，用作正极材料的 NVPF@3dC 在 0.2C 下可逆比容量达到 $127mA \cdot h \cdot g^{-1}$，初始库伦效率可以达到 86%。在 5C 下初始可逆比容量为 $81mA \cdot h \cdot g^{-1}$，循环 2500 圈后仍然保留 $51.6mA \cdot h \cdot g^{-1}$ 且库伦效率为 99%，性能远远高于不添加碳的 NVPF。

(4)通过非原位 XRD 结果表明，在充放电过程中钠离子脱嵌时晶体基本不发生相变，且体积变化较小(仅为 2%)。电池循环后的元素分布图中观察到 Na、V、P、O、F 元素均匀地分布，结构没有被破坏。非原位 XPS 实验说明了循环过程中 V^{3+} 和 V^{4+} 的转变。

3 氟磷酸钒钠颗粒碳修饰过程中的离子掺杂

溶胶－凝胶法与固相反应法相比是一种简单且成本低的工艺。与水热法相比，能够保证加入的反应原料全部参与反应，容易实现物质在分子水平上的均匀。该方法在掺杂研究中发挥了巨大的作用，相比其他两种方法，可以实现均匀掺杂。并且因为所有加进去的原料都参与反应，而没有杂质产生。本章采用溶胶－凝胶为 NVPF 提供了碳涂层的同时引进了 Co^{2+} 掺杂，进一步优化了电化学性能。

3.1 氟磷酸钒钠合成制备

$NV_{1-x}Co_xPF/C$($x=0$，0.03，0.05，0.10)样品的制备根据之前报道的溶胶－凝胶法，本文选取的 NVPF 的煅烧温度为300℃下2h、550℃下6h。具体合成步骤如下：将化学计量比的 NaF、NH_4VO_3、$NH_4H_2PO_4$、$Co(CH_3COO)_2\cdot 4H_2O$ 和柠檬酸加入90mL蒸馏水中，高速搅拌直到形成黄色澄清溶液，然后将所得溶液在80℃恒温水浴中连续搅拌，直至蒸干水分以形成均匀的墨绿色湿凝胶，然后将获得的湿凝胶在120℃下的鼓风干燥箱中干燥12h以获得干凝胶前体。将干凝胶前驱体在研钵中研磨至粉末状后转移到磁舟中，之后转移到管式炉中，在氩气气氛下300℃预处理2h，然后在氩气气氛中550℃加热6h，得到 $NV_{1-x}Co_xPF/C$。在合成过程中，柠檬酸的加入量按照 $n(V):n$(柠檬酸)$=4:5$ 的比例进行。通过控制 NH_4VO_3 和 $Co(CH_3COO)_2\cdot 4H_2O$ 的化学计量比，可以获得 Co^{2+} 掺杂不同含量的 $NV_{1-x}Co_xPF/C$($x=0$，0.03，0.05，0.10)样品。

3.2 Co^{2+} 掺杂对样品的形貌和结构影响的分析

Co^{2+} 掺杂不同含量的 $NV_{1-x}Co_xPF/C$($x=0$，0.03，0.05，0.10)样品的制备示意图

如图 3-1 所示。将化学计量比的 NaF、NH_4VO_3、$NH_4H_2PO_4$、$Co(CH_3COO)_2 \cdot 4H_2O$ 和柠檬酸作为反应原料，柠檬酸在整个反应过程中作为螯合剂和碳源。一般来讲，溶胶-凝胶过程是先水解后聚合，然后形成一定空间结构的凝胶。这个凝胶结构中通常会存留一定的水分，所以才需要在煅烧前先在 120℃下干燥 12h 以蒸干材料结构中剩余的水分子。

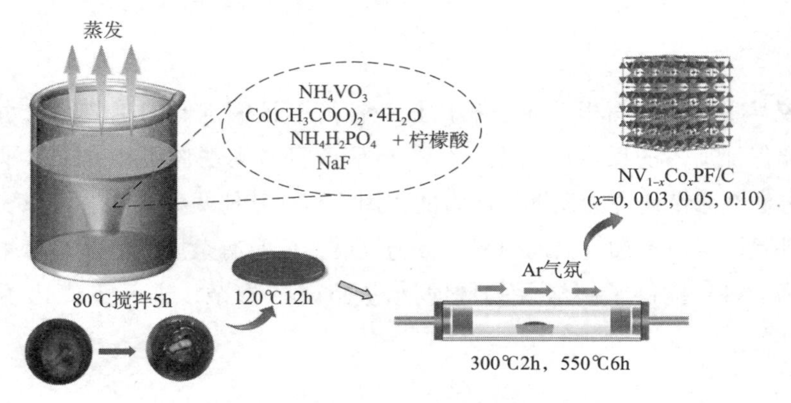

图 3-1　碳复合 $NV_{1-x}Co_xPF/C$ 样品的制备示意图

为了探究凝胶前体的结构，随即对干燥后的前驱体进行了 SEM 测试，结果如图 3-2 所示。前驱体团聚成较大的颗粒，没有规则的形状，分散性不好。在经过高温煅烧后，颗粒有望变小，原因是 300℃低温煅烧时，羧基等基团将转化为别的基团(如羟基)，并且酯、柠檬酸和磷酸盐均被破坏而形成新的配体化合物。

图 3-2　(a，b)$NV_{1-x}Co_xPF/C$(x=0，0.03，0.05，0.10)样品前驱体的 SEM 图

在煅烧之后即对产物进行了低倍数的 SEM 测试，结果如图 3-3 所示。Co^{2+} 掺杂不同含量的 $NV_{1-x}Co_xPF/C$(x=0，0.03，0.05，0.10)样品的颗粒都发生了

团聚，粒径较大，并且不均匀。通过使用 Nano Measurer 软件分别对 Co^{2+} 掺杂不同含量的样品进行了粒径统计，结果如每个 SEM 中的插图所示。Co^{2+} 掺杂不同含量的 $NV_{1-x}Co_xPF/C$（$x=0$，0.03，0.05，0.10）样品的平均粒径分别为 4.22μm、2.97μm、1.61μm 和 2.53μm，可以看出 Co^{2+} 掺杂可以减小颗粒的团聚而且并不随着 Co^{2+} 掺杂含量的增大而单一变化，其变化趋势是先减小后增大，当 Co^{2+} 掺杂含量为 5% 时，平均粒径最小。通过掺杂减小团聚早在文献中有过报道，其主要原因是适量的 Co^{2+} 掺杂可以抑制样品 $NV_{1-x}Co_xPF/C$ 晶体的生长，而过量的 Co^{2+} 掺杂会降低结晶点并促进 $NV_{1-x}Co_xPF/C$ 晶体的生长。

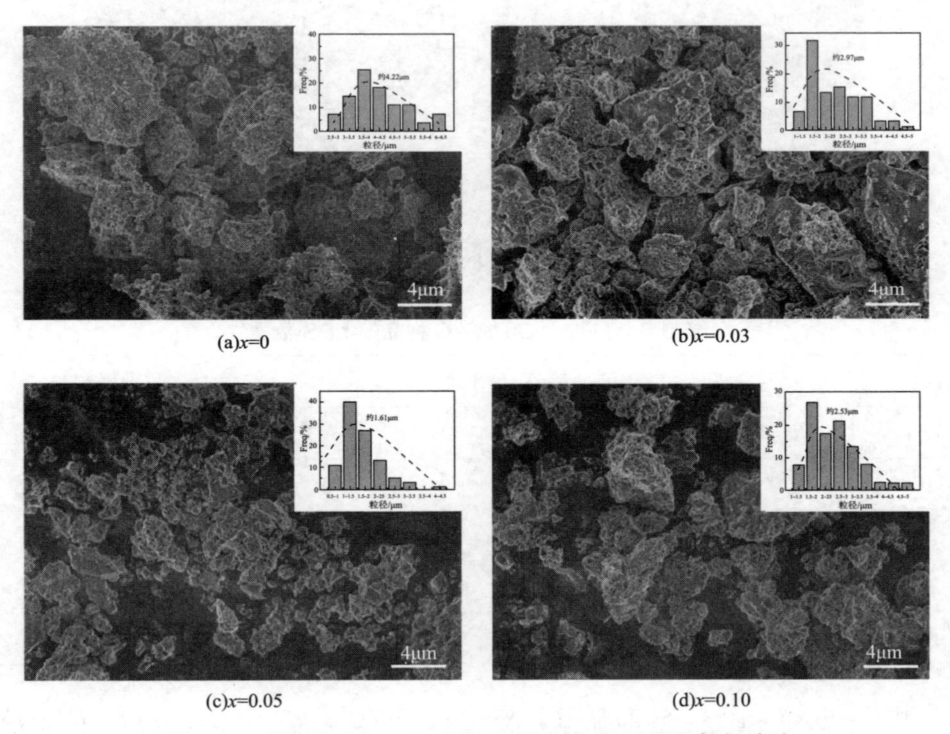

(a)x=0　(b)x=0.03

(c)x=0.05　(d)x=0.10

图 3－3　碳复合 $NV_{1-x}Co_xPF/C$ 样品的 SEM 图和粒径统计

在测试完低倍数的 SEM 后，又进行了高倍数的 SEM 测试，其结果如图 3－4 所示。由图 3－4 可以看出，大颗粒是由许多不规则小颗粒聚集而成的，随着 Co^{2+} 掺杂含量的升高，小颗粒的直径逐渐减小。

$NV_{1-x}Co_xPF/C$（$x=0$，0.03，0.05，0.10）样品的 Co^{2+} 掺杂含量通过 EDS 确认，如表 3－1 所示，经过计算，Co^{2+} 掺杂含量分别为 0、3.03%、4.89% 和 9.61%。这个含量与在合成时加入的比例差别不大，基本符合分子式。

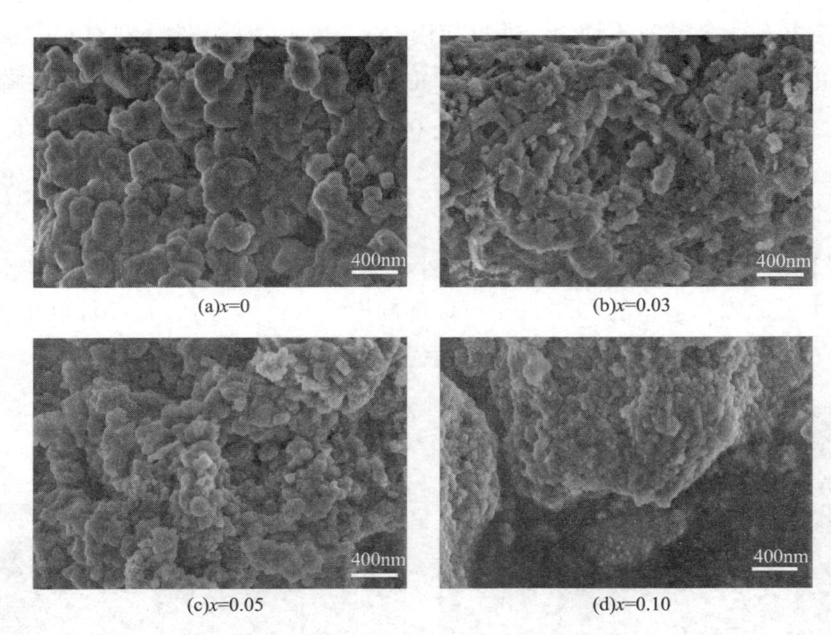

(a)x=0　(b)x=0.03

(c)x=0.05　(d)x=0.10

图 3－4　$NV_{1-x}Co_xPF/C$ 样品的 SEM 图

表 3－1　$NV_{1-x}Co_xPF/C$ 样品的 EDS 数据

	摩尔比						
x	Na	F	V	Co	Co/%	Na/F	Na/(V+Co)
0.00	10.29	10.47	6.7	0	0	0.98	1.54
0.03	10.40	10.81	6.40	0.20	3.03	0.96	1.58
0.05	11.01	11.61	6.81	0.35	4.89	0.95	1.54
0.10	10.84	10.53	6.87	0.73	9.61	1.03	1.43

图 3－5(a)～图 3－5(d)显示了 $NV_{1-x}Co_xPF/C$(x=0，0.03，0.05，0.10)样品的 EDS 模式下的元素分布，表明 Co^{2+} 成功掺杂到了 NVPF 的晶体结构中，并均匀分布，这得益于溶胶－凝胶法的均匀反应。

图 3－6 为 Co^{2+} 掺杂含量为 x=0 和 x=0.05 的透射电镜(TEM)的数据。从图 3－6(a)和图 3－6(d)可以看出，材料并没有固定的形状，由许多初级颗粒聚集成次级颗粒，团聚较严重，与 SEM 数据对应。从图 3－6(b)和图 3－6(e)高分辨率透射电镜图像看出，在初级颗粒的表面具有一层连续且均匀的碳层，这层碳来源于合成过程中添加的柠檬酸。这层碳涂层对材料的结构有一定的保护作用，

并对电子电导率有一定的提升作用。得益于样品的高结晶性，在高分辨率透射电镜图像中观察到了晶格条纹。NVPF/C 晶格条纹的间距 $d = 0.274\text{nm}$，对应于(222)晶面，与图 3－6(c)NVPF/C 的衍射环相对应。$NV_{0.95}Co_{0.05}PF/C$ 的晶格条纹间距 $d = 0.454\text{nm}$，对应于(200)晶面，与图 3－6(f)的衍射环对应。

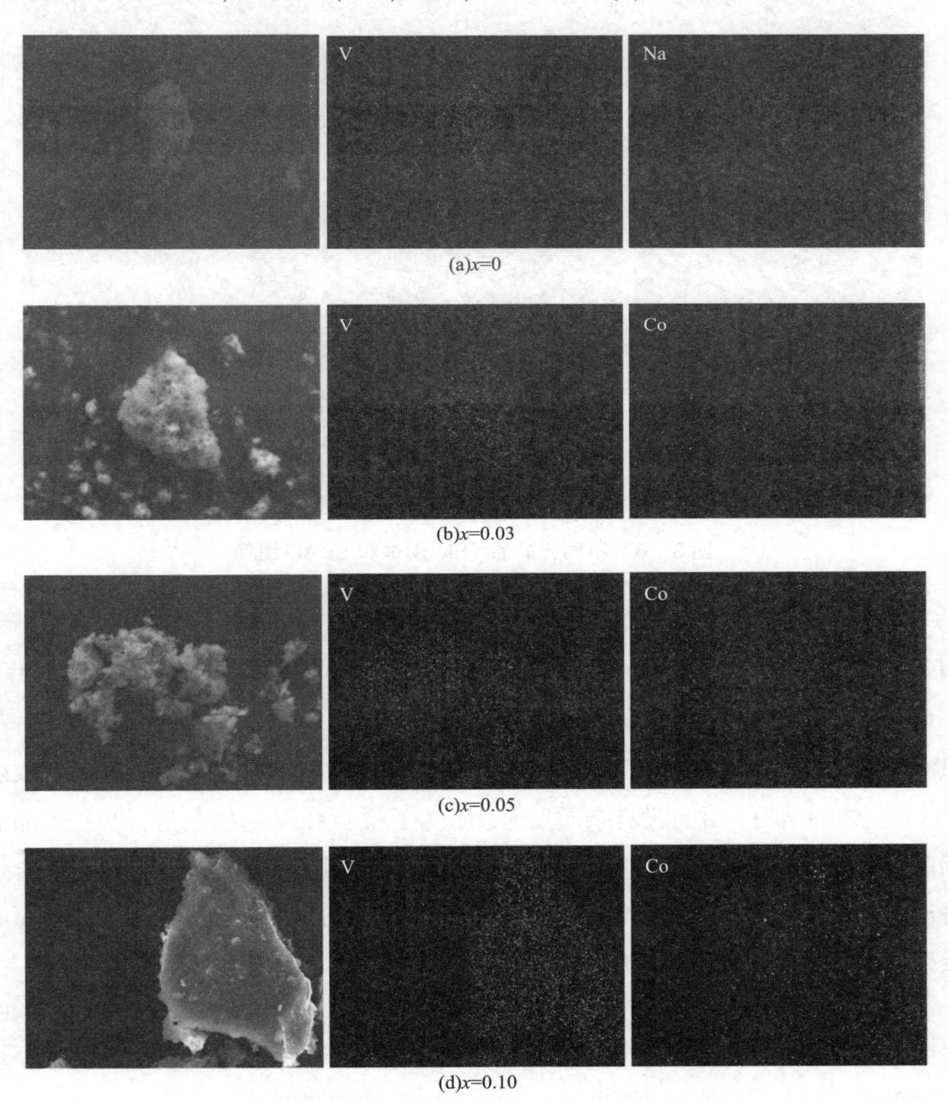

图 3－5 $NV_{1-x}Co_xPF/C$ 样品在 EDS 能谱下的元素分布情况

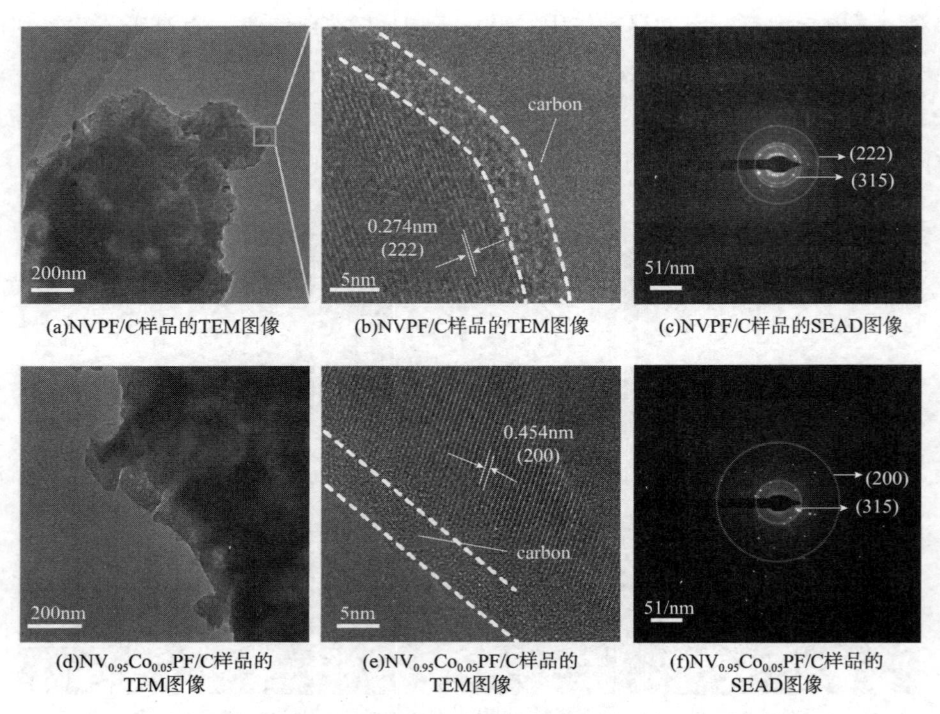

(a)NVPF/C样品的TEM图像　(b)NVPF/C样品的TEM图像　(c)NVPF/C样品的SEAD图像

(d)$NV_{0.95}Co_{0.05}PF/C$样品的TEM图像　(e)$NV_{0.95}Co_{0.05}PF/C$样品的TEM图像　(f)$NV_{0.95}Co_{0.05}PF/C$样品的SEAD图像

图3－6　不同样品的 TEM 图像和 SEAD 图像

$NV_{1-x}Co_xPF/C$($x=0$，0.03，0.05，0.10)样品的 X 射线衍射(XRD)图谱如图3－7所示。从图3－7(a)中可以看出，$NV_{1-x}Co_xPF/C$($x=0$，0.03，0.05，0.10)样品的所有 XRD 反射波都可以对应于 $Na_3V_2(PO_4)_2F_3$ 的标准 PDF 卡片(P42/mnm，ICDD PDF No. 01－089－8485)，这说明少量的 Co^{2+} 掺杂并没有改变 NVPF 晶体的结构，并且没有杂质反射波。为了检验 Co^{2+} 的掺杂是否会扩大晶面间距，检测了在 2θ 为 15°～34°时的 XRD 图谱，如图3－7(b)所示。可以明显地看出，随着 Co^{2+} 含量的增加，代表(111)、(002)、(220)、(113，222)晶面的反射波向小角度移动。根据布拉格方程：

$$2d\sin\theta = n\lambda \tag{3-1}$$

式中，d 为晶面之间的距离，nm；θ 为入射光与反射平面之间的夹角，(°)；n 为衍射阶数；λ 为 x 射线的波长，nm；在测试中 n 和 λ 为常数。

晶面间距 d 与 θ 成反比，可以表明代表(111)、(002)、(220)、(113，222)晶面的反射波向小角度移动是由于晶面间距的增大，这意味着随着 Co^{2+} 的取代，扩大了晶面间隙，更有利于 Na^+ 的迁移。

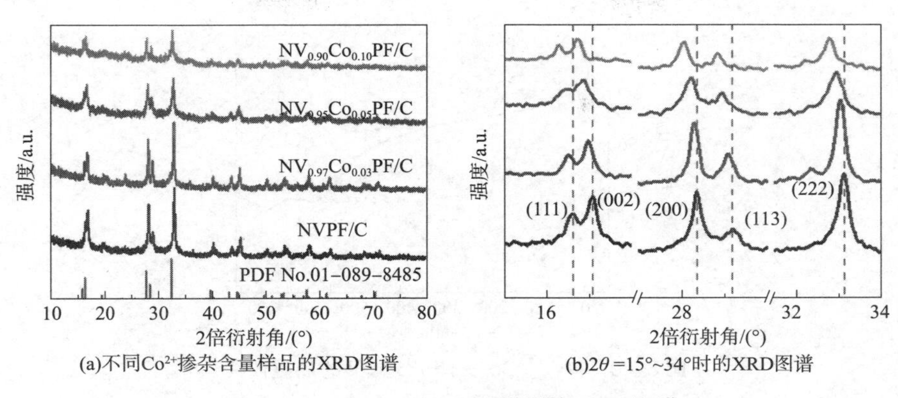

(a)不同Co^{2+}掺杂含量样品的XRD图谱　(b)2θ=15°~34°时的XRD图谱

图 3－7　$NV_{1-x}Co_xPF/C$ 样品的 XRD 图谱

图 3－8(a)为 $NV_{1-x}Co_xPF/C$($x=0$，0.03，0.05，0.10)样品的红外测试数据，测试范围是 400～4000cm^{-1}，用来检测官能团的组成情况。通过图 3－8(a)可以看出，样品的出峰无明显差异，选取了 400～2200cm^{-1}的谱线范围做进一步分析。如图 3－8(b)所示，约在 1631cm^{-1}处的弱吸收带是 C—OH 基团的 O—H 键弯曲振动所引起的，1000～1150cm^{-1}处的宽带可归因于 PO_4^{3-} 四面体的不对称拉伸振动(Vas)，约在 948cm^{-1}处的弱吸收归因于 V—F 键的存在，921cm^{-1}处的吸收可归因于 V—O 键的拉伸振动，675cm^{-1}和 553cm^{-1}处的吸收归因于 P—O 键的对称拉伸和弯曲振动，以及在 556cm^{-1}处是 F_3—PO_4 键的不对称弯曲振动。

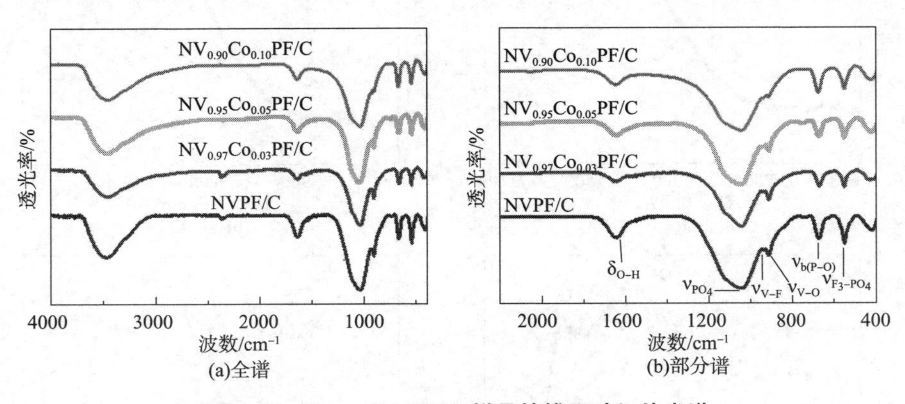

(a)全谱　(b)部分谱

图 3－8　$NV_{1-x}Co_xPF/C$ 样品的傅里叶红外光谱

图 3－9 为 $NV_{0.95}Co_{0.05}PF/C$ 样品的热重曲线，用来检测 C 的含量。在 400℃前的失重为样品中存留的水分的蒸发，在 400～600℃的重量变化为碳的损失。根据热重曲线，可以确定 $NV_{0.95}Co_{0.05}PF/C$ 样品中的碳含量为 4.9%。在 600℃后重量的上升归因于晶体结构破坏后 V 元素被氧化而导致的增重。

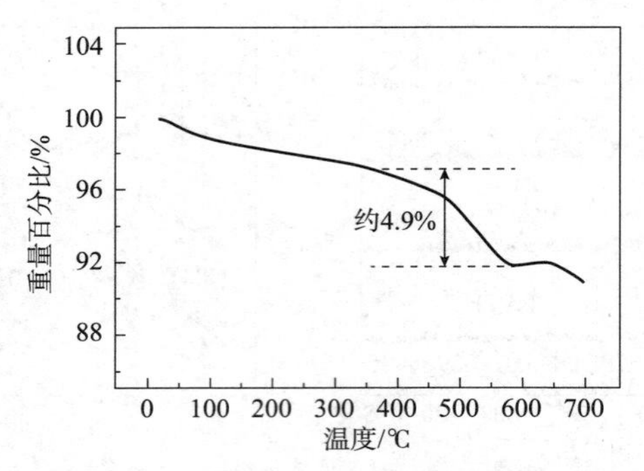

图 3-9 $NV_{0.95}Co_{0.05}PF/C$ 样品的热重曲线

图 3-10 为 $NV_{1-x}Co_xPF/C$（$x=0$，0.03，0.05，0.10）样品的拉曼光谱的测试数据，主要用来检验 C 的存在状态。可以看出的是，4 个样品的拉曼光谱都出现了明显的 D 峰和 G 峰。D 峰表示无序碳（sp3 杂化），G 峰表示石墨化碳（sp2 杂化）。通常用 D 峰和 G 峰强度的比值（I_D/I_G）评价材料中碳的石墨化程度。经计算，$NV_{1-x}Co_xPF/C$（$x=0$，0.03，0.05，0.10）样品的 I_D/I_G 分别为 1.21、1.25、1.26 和 1.26。相近的 I_D/I_G 值，表明样品中碳的石墨化程度相似。

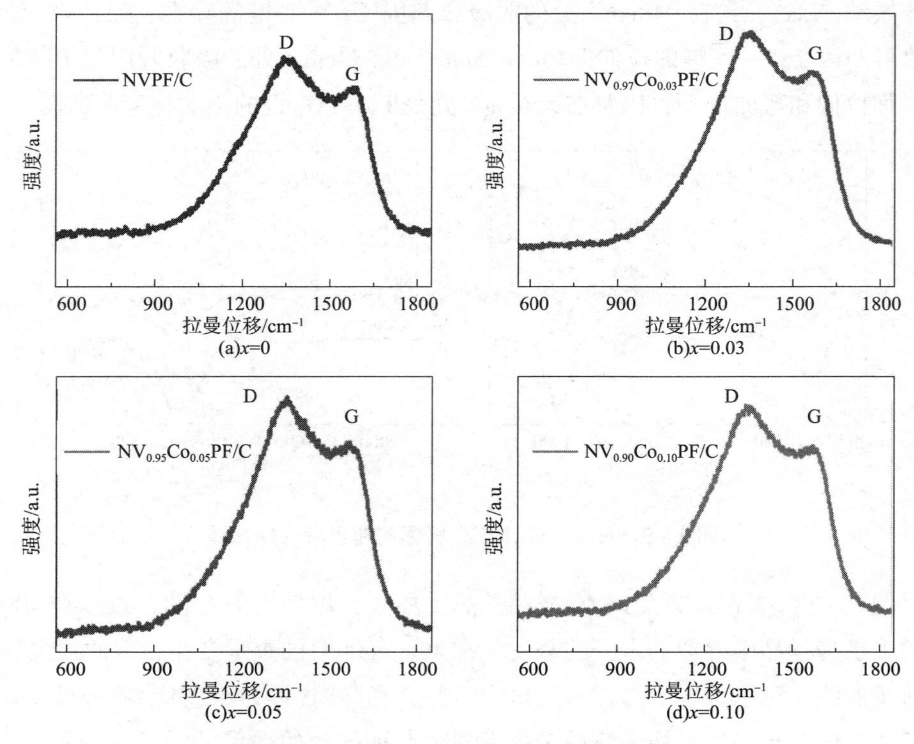

图 3-10 $NV_{1-x}Co_xPF/C$ 样品的拉曼光谱

图 3-11 为 NVPF/C 和 $NV_{0.95}Co_{0.05}PF/C$ 样品的 X 射线光电子能谱（XPS）的测试结果。图 3-11（a）为 NVPF/C 和 $NV_{0.95}Co_{0.05}PF/C$ 样品在 0～1200eV 范围内的全谱，包含 Na、V、P、O、F、Co 和 C 元素的出峰，说明这两者除了 Co^{2+} 外无元素组成上的差别。图 3-11（b）为 $NV_{0.95}Co_{0.05}PF/C$ 样品中 Co 元素 2p 的精细谱，由于含量太少，出峰不是很明显。可将 Co 元素 2p 的精细谱分为 783.9eV 和 798.4eV 的两个峰，分别对应于 Co $2p^{3/2}$ 和 Co $2p^{1/2}$，这两个峰位差值为 14.5eV，对应于 Co^{2+} 的结合能差值。图 3-11（c）为 V 元素 2p 的精细谱，NVPF/C 样品中的 V 2p 的两个峰分别为 516.9eV 和 524.0eV，这对应于 V^{3+} 的结合能。而在 $NV_{0.95}Co_{0.05}PF/C$ 样品中 V 2p 的两个峰为 517.6eV 和 524.6eV，这说明 Co^{2+} 掺杂后出现了 V^{4+}。这是因为在生成 $NV_{0.95}Co_{0.05}PF/C$ 样品的过程中，为了维持样品的电中性，产生了与 Co^{2+} 掺杂量相等的 V^{4+}。

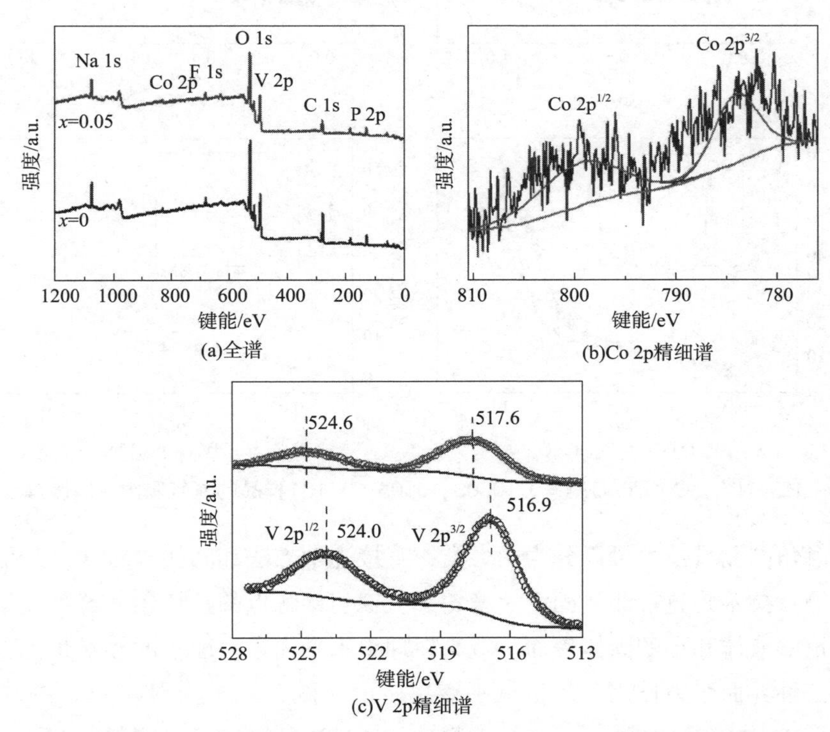

图 3-11　NVPF/C 和 $NV_{0.95}Co_{0.05}PF/C$ 样品的 XPS 图谱

图 3-12 为 $NV_{1-x}Co_xPF/C$（$x=0$、0.03、0.05，0.10）样品的氮气吸附-解吸等温线，可以看出所有样品的 N_2 吸附-解吸附曲线都符合第Ⅳ型滞回线，表明所有样品都具有介孔结构。根据测试结果，得出 $NV_{1-x}Co_xPF/C$（$x=0$，

0.03，0.05，0.10）样品的比表面积分别为 $4.0664m^2 \cdot g^{-1}$、$10.3134m^2 \cdot g^{-1}$、$29.9704m^2 \cdot g^{-1}$和 $21.4210m^2 \cdot g^{-1}$，这说明适量的 Co^{2+} 掺杂有助于 NVPF/C 比表面积的提高。图 3－12 中插图为样品的孔径分布示意图，可以看出未掺杂 Co^{2+} 的 NVPF/C 样品的孔径明显较大，平均孔径为 34.4211nm。而其他三个掺杂了 Co^{2+} 的样品的孔径小于 NVPF/C，按照 Co^{2+} 含量由低到高的顺序平均孔径分别为 12.0579nm、11.0368nm 和 10.2045nm。

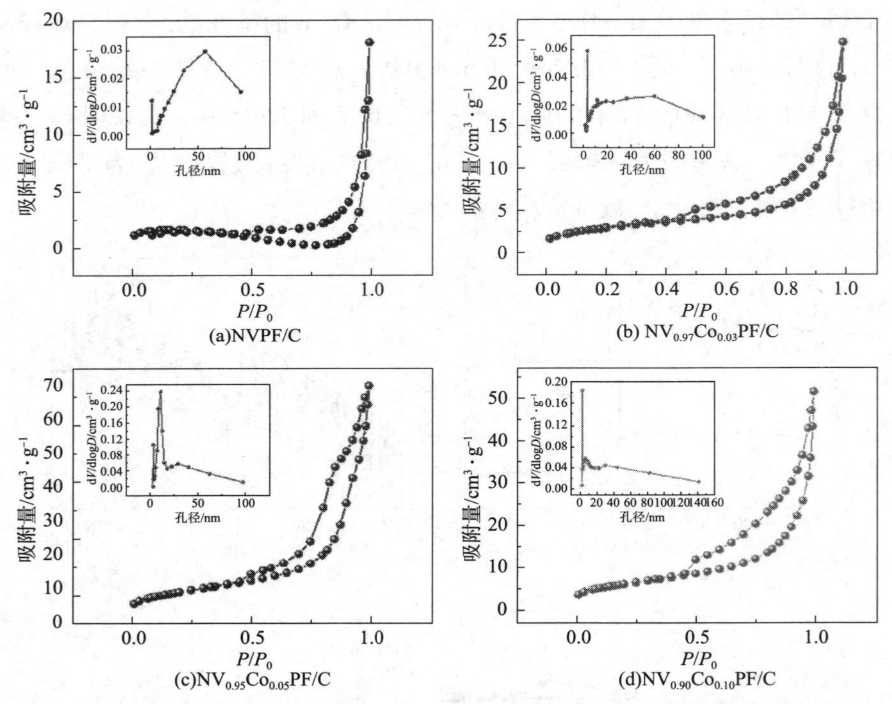

图 3－12　$NV_{1-x}Co_xPF/C$（x=0，0.03，0.05，0.10）样品的氮气吸附－解吸等温线

接触角的测量技术可以分为两大类，直接光学方法和间接力方法。最流行的接触角测量技术是直接测量固定液滴轮廓上三相接触点的正切角。这种光学方法需要少量的液体和小的固体表面。液滴在理想水平固体表面上的接触角是由液滴在液体三种界面张力作用下的机械平衡决定的。图 3－13 为 $NV_{1-x}Co_xPF/C$（x = 0，0.03，0.05，0.10）样品的接触角测试，通过这种测试可以体现电解液和电极材料的浸润能力，并研究了在 $NaClO_4$ 电解液接触样品前和接触样品 1s 后的接触角。可以看出，在电解液与样品接触 1s 后，接触角分别为 41.5°、35.3°、16.9°和 17.5°。这意味着 $NV_{0.95}Co_{0.05}PF/C$ 与 $NaClO_4$ 电解质的接触更好，而良好的接触可以提高材料与电解液的浸润能力，有利于电化学性能的提升。

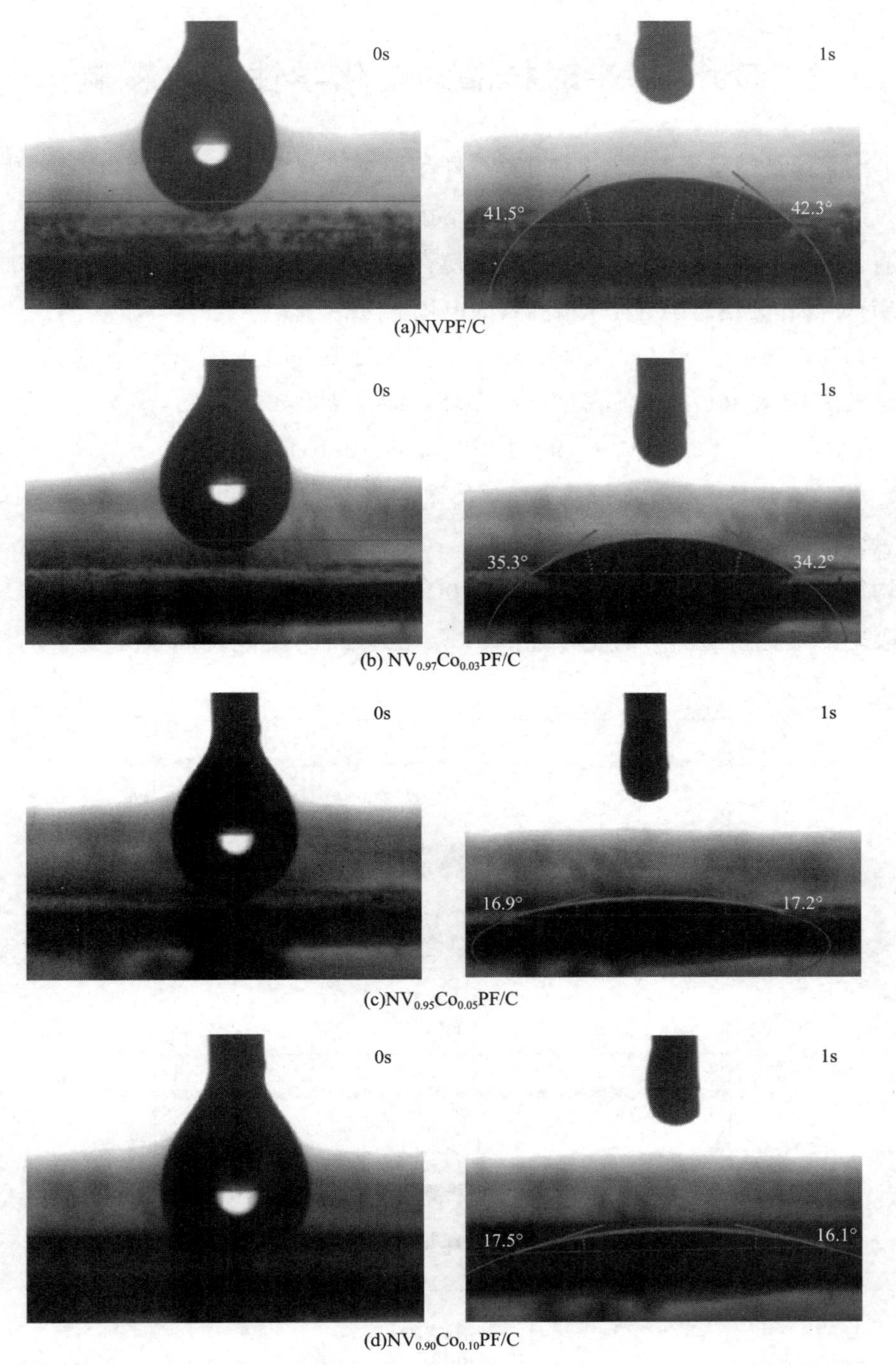

图 3－13　$NaClO_4$ 电解液与 $NV_{1-x}Co_xPF/C$($x=0$，0.03，0.05，0.10)样品的接触角图

3.3 Co^{2+} 掺杂对样品的电化学性能的影响

为了验证适量 K^+ 掺杂的 NVPF/C 样品相对于未掺杂 K^+ 的 NVPF/C 的优势，通过组装[$NV_{1-x}Co_xPF/C$||1M $NaClO_4$溶解在体积比为 EC：PC = 1：1，2%（质量）(FEC)||Na]硬币式电池，测试使用 $NV_{1-x}Co_xPF/C$（x = 0，0.03，0.05，0.10）样品作为钠离子电池正极材料的电化学性能。

首先是测试了 $NV_{1-x}Co_xPF/C$（x = 0，0.03，0.05，0.10）样品作为钠离子电池正极在 1C 和 10C 的电流密度下的循环性能，结果如图 3－14 所示。图 3－14（a）展示了 $NV_{1-x}Co_xPF/C$（x = 0，0.03，0.05，0.10）电极在 1C 下的循环性能和 $NV_{0.95}Co_{0.05}PF/C$ 电极的库伦效率，显然 $NV_{0.95}Co_{0.05}PF/C$ 电极表现出了最高的比容量，首圈放电比容量为 113.91mA·h·g^{-1}，循环 300 圈后容量保持率为 63%，平均每圈仅衰减 0.12% 的比容量。在 10C 的大电流密度下 $NV_{0.95}Co_{0.05}PF/C$ 电极仍表现出最佳的性能，而且掺杂了 Co^{2+} 的样品的性能均高于未掺杂的样品 NVPF/C 的。

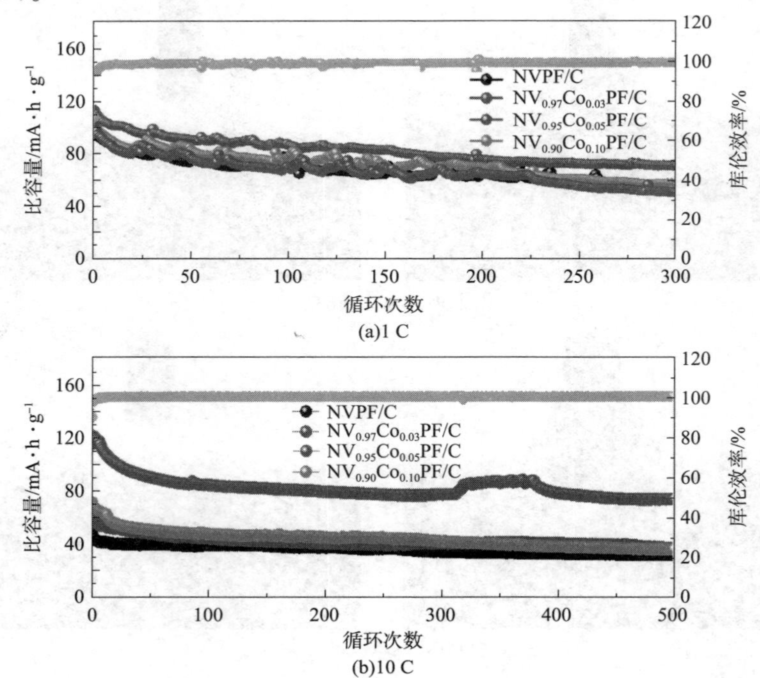

图 3－14　$NV_{1-x}Co_xPF/C$（x=0，0.03，0.05，0.10）样品的循环性能

图 3－15 为 $NV_{1-x}Co_xPF/C$（$x=0$，0.03，0.05，0.10）样品的倍率性能测试，充放电的倍率分别为 1C、2C、4C、6C、8C、10C、8C、6C、4C、2C、1C。由图 3－15 可以看出所有样品的可逆比容量都会随着放电倍率的增大而减小，再随着放电倍率的减小而增大。掺杂 Co^{2+} 的样品的倍率性能高于未掺杂的 NVPF/C 的，而且 $NV_{0.95}Co_{0.05}PF/C$ 表现出了最佳的倍率性能。

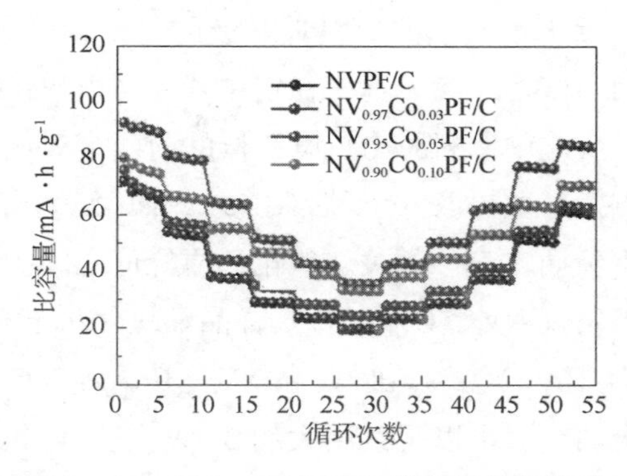

图 3－15 $NV_{1-x}Co_xPF/C$ 样品的倍率性能

通过电化学性能发现 $NV_{0.95}Co_{0.05}PF/C$ 的倍率性能和循环性能最好，为了研究电化学反应动力学，选取 NVPF/C 和 $NV_{0.95}Co_{0.05}PF/C$ 作为研究对象。在 $0.3mV\cdot s^{-1}$ 的扫描速率下，在 2.5～4.3V（vs. Na^+/Na）的电势窗口中进行样品的循环伏安法（CV）测试。如图 3－16（a）、图 3－16（b）所示，所有 CV 曲线都

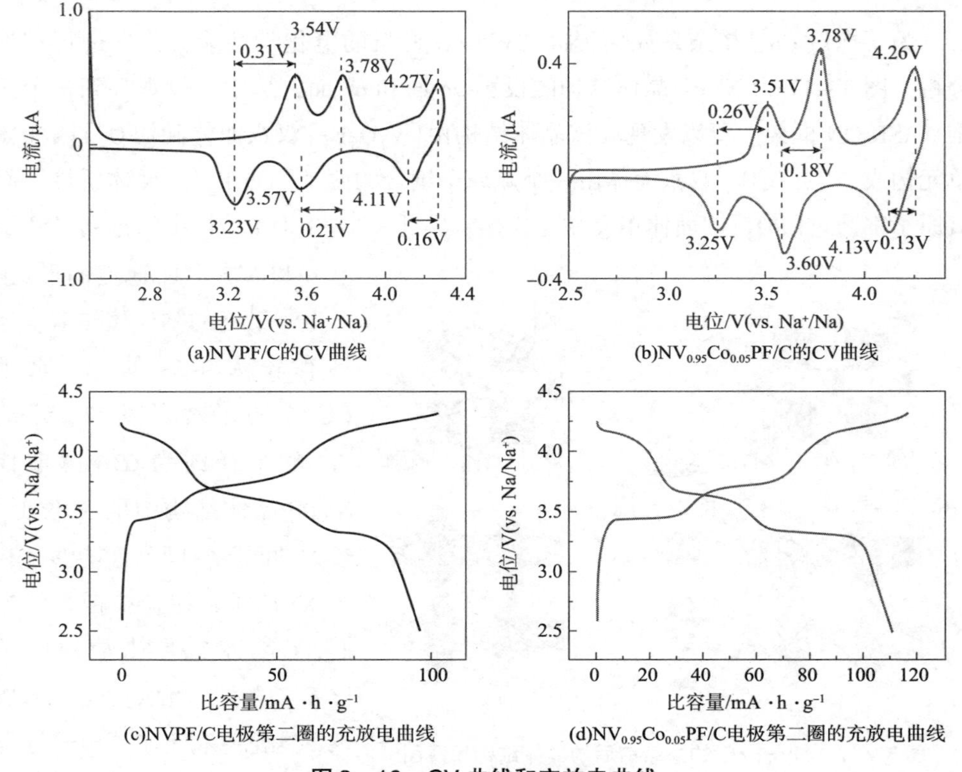

(a)NVPF/C的CV曲线

(b)$NV_{0.95}Co_{0.05}PF/C$的CV曲线

(c)NVPF/C电极第二圈的充放电曲线

(d)$NV_{0.95}Co_{0.05}PF/C$电极第二圈的充放电曲线

图 3－16 CV 曲线和充放电曲线

显示出了典型的 NVPF 电极的三对氧化还原峰，这与先前文献中报道的类似。因为 Na(2)离子远离稳定位置，所以 Na(2)离子比 Na(1)离子更不稳定，在电化学反应中率先脱出。电压低的前两个氧化还原峰可归因于分两步过程从 Na(2)位点第一次提取/重新插入 Na^+，而第三个氧化还原峰与从 Na(1)位点第二次提取/重新插入 Na^+相关。氧化还原峰值之间的差值越小，表明极化越小，通过比较可以发现 $NV_{0.95}Co_{0.05}PF/C$ 样品的极化小于未掺杂的 NVPF/C 的。图 3－16(c)、图 3－16(d)为 NVPF/C 和 $NV_{0.95}Co_{0.05}PF/C$ 样品在 1C 的电流密度下第二圈的充放电曲线，可以观察到大约 3.4V、3.7V 和 4.2V 的三对电位平台，对应于具有两个 Na^+提取/插入反应的 V^{3+}/V^{4+}氧化还原电对，这与 CV 测试结果匹配。

通过电化学性能的分析发现 Co^{2+}的掺杂确实能够提高 NVPF/C 材料的循环性能和倍率性能，通过 CV 分析发现掺杂的样品比 NVPF/C 具有更小的极化。

3.4　Co^{2+}掺杂对材料动力学的研究

为了探讨 Co^{2+}掺杂是如何提高 NVPF/C 材料的电化学性能，首先进行理论分析。图 3－17 为 NVPF 晶体结构的投影 *ab* 面和 *ac* 面，从中可以观察到一个三维 NASICON 框架。可以发现，该晶体结构由[$V_2O_8F_3$]双八面体和[PO_4]四面体单元构成。[$V_2O_8F_3$]双八面体由一个氟原子键合的两个[VO_4F_2]八面体桥接，而氧原子都通过[PO_4]四面体单元相互连接。因此，NASICON 结构中的排列导致了沿 *a* 和 *b* 方向的通道的形成，产生了最终的钠迁移隧道。当具有较大半径的 Co 原子(Co^{2+}的半径约为 74.5pm，V^{3+}的半径约为 63pm)取代 NVPF 晶体结构中的 V 位时，较大的间隙空间预计能够有利于 Na 离子的快速扩散。一方面，Co^{2+}最外层未成对电子比 V^{3+}的多，可以实现 n 型掺杂，这也有利于本征电子导电性的增强；另一方面，通过

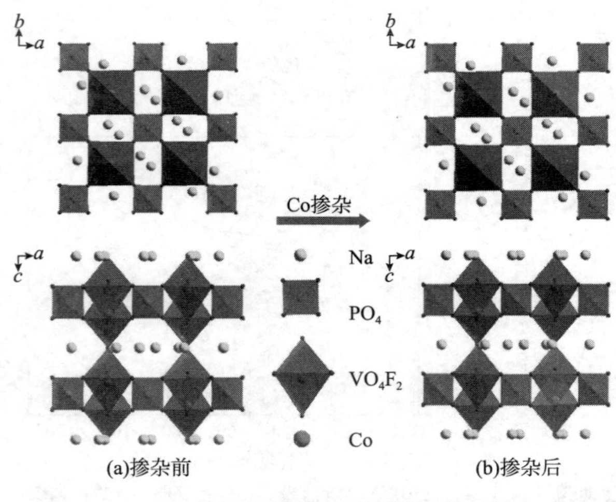

图 3－17　NVPF/C 的掺杂前后的晶体结构示意图

3.3 节得知，适当的 Co^{2+} 掺杂对降低晶粒和粒径有重要作用，电极材料中的 Na^+ 扩散特性时间常数(τ)可计算为 $\tau \propto l^2/D$，其中 l 为扩散长度，D 为扩散系数。小颗粒(l 较短)有利于减少扩散时间尺度，这具有提高基于 NVPF 的钠离子电池的放电容量和倍率性能的潜力。

进行完理论分析后，进一步对 $NV_{1-x}Co_xPF/C$($x=0$，0.03，0.05，0.10)电极进行了电化学交流阻抗测试(EIS)，结果如图 3－18(a)所示。在所有 $NV_{1-x}Co_xPF/C$($x=0$，0.03，0.05，0.10)样品的电化学阻抗谱图中可以明显观察到高频区的半圆和低频区的直线。Z' 轴上的半圆直径值可近似为电荷转移电阻 R_{ct}，归因于 Na^+ 通过颗粒表面层和电解质之间界面的迁移。通过图 3－18(a)中的等效电路图来拟合界面电荷转移电阻，其中 R_s、CPE1 和 W_1 分别代表电解质电阻、界面常数相位元件(通常用来描述非理想的电双层电容的行为)和与电极中 Na^+ 扩散相关的 Warburg 阻抗，拟合之后所求得的 $NV_{1-x}Co_xPF/C$($x=0$，0.03，0.05，0.10)样品的 R_{ct} 分别为 223.5Ω、208.5Ω、181.8Ω 和 195.8Ω。可以看出电荷转移电阻 R_{ct} 随着 Co^{2+} 掺杂含量的增大呈现先减小后增大的趋势，这与倍率性能的变化趋势有关。电荷转移电阻涉及电化学氧化还原反应，如果电化学反应是动力学的迟缓，电荷转移电阻 R_{ct} 会较大。此外，Na^+ 扩散系数(D_{Na^+})也是影响电极速率能力的一个重要因素。Co^{2+} 掺杂的 NVPF/C 和未掺杂 NVPF/C 电极的 D_{Na^+} 是由电化学阻抗谱的低频 Warburg 贡献决定的。基于电化学阻抗谱响应的 D_{Na^+} 方程可以写为：

$$D_{Na^+} = \frac{R^2T^2}{2A^2n^4F^4C^2\sigma_w^2} \tag{3-2}$$

$$Z' = R_e + R_{ct} + \sigma_w \omega^{-1/2} \tag{3-3}$$

式中，R 是气体常数，取值为 $8.314 J \cdot mol^{-1} \cdot K^{-1}$；$T$ 为室温，取值为 298.15 K；A 为活性正极材料的面积，取值为 $1.13 cm^2$；n 为充放电过程中脱/插离子的数量，取值为 2；F 为法拉第常数，取值为 $96485.4 C \cdot mol^{-1}$；C 为电解液中的钠离子物质的量浓度，取值为 $1\times10^{-3} mol \cdot mL^{-1}$；$\sigma$ 是与 Z' 相关的 Warburg 因子，可根据式(3－3)求得。

在低频区域的 Z' 与频率的倒数平方根 $\omega^{-1/2}$ 之间的关系如图 3－18(b)所示，斜率即是 σ。$NV_{1-x}Co_xPF/C$($x=0$，0.03，0.05，0.10)样品的 σ 分别为 $81.4\Omega \cdot s^{-0.5}$、$67.14\Omega \cdot s^{-0.5}$、$44.3\Omega \cdot s^{-0.5}$ 和 $64.06\Omega \cdot s^{-0.5}$，所算得的 D_{Na^+} 分别为 $2.20\times10^{-13} cm^2 \cdot s^{-1}$、$3.23\times10^{-13} cm^2 \cdot s^{-1}$、$7.42\times10^{-13} cm^2 \cdot s^{-1}$ 和 $3.55\times$

$10^{-13}cm^2 \cdot s^{-1}$。相比之下，$Co^{2+}$掺杂样品的 Na^+ 扩散系数高于纯 NVPF/C，证明 Co^{2+}掺杂可以增加钠离子的扩散，改善电化学性能。有趣的是，$NV_{0.95}Co_{0.05}PF/C$ 样品具有最高的 Na^+ 扩散系数和最小的电荷转移电阻 R_{ct}，并且 Na^+ 扩散系数的变化趋势与之前报道的相似。

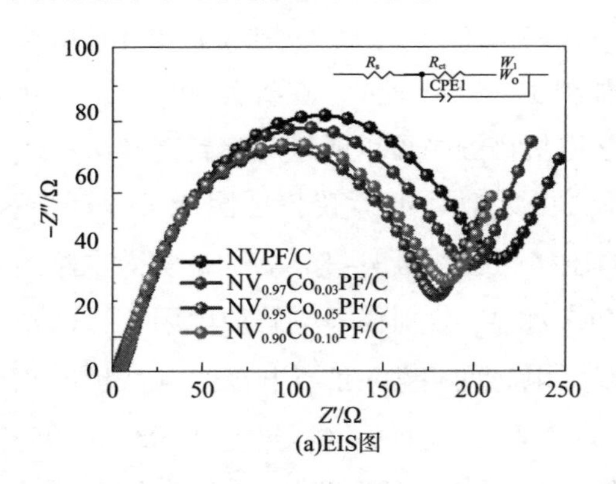

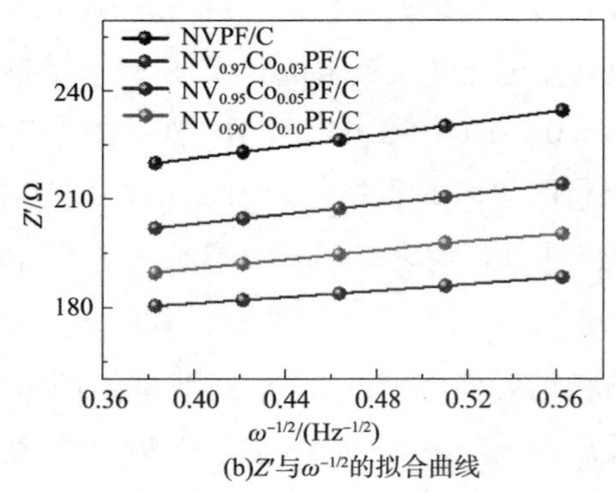

图 3－18 $NV_{1-x}Co_xPF/C$ 样品的 EIS 图和拟合曲线

图 3－19 为 $NV_{1-x}Co_xPF/C$（$x=0$，0.03，0.05，0.10）样品的电子电导率测试数据，测试条件为：25℃，10MPa。$NV_{1-x}Co_xPF/C$（$x=0$，0.03，0.05，0.10）样品的电子电导率分别为 $1.20\times10^{-5}S\cdot cm^{-1}$、$1.94\times10^{-5}S\cdot cm^{-1}$、$4.32\times10^{-5}S\cdot cm^{-1}$ 和 $4.01\times10^{-5}S\cdot cm^{-1}$，这样的变化趋势与电荷转移电阻 R_{ct} 的变化趋势一样。这种电导率的变化可以解释为：因为 Co^{2+} 比 V^{3+} 具有更多的未成对电子，属于 n 型掺杂，能够在禁带中引入新的电子能级，使得电子从最高填充轨道向导带的跃迁更容易，所以掺杂 Co^{2+} 的样品的电子电导率均高于未掺杂的 NVPF/C 的。而这种电子电导率先增大后减小可归因于：①$x=0.10$ 样品的粒径较大，使得表面积小于 $x=0.05$ 的样品的；②掺杂量较大会发生严重的晶格畸变，导致相分离。

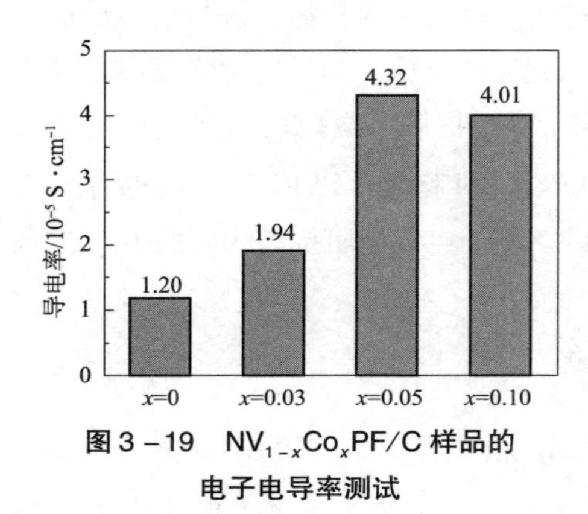

图 3－19 $NV_{1-x}Co_xPF/C$ 样品的电子电导率测试

为了进一步分析 $NV_{1-x}Co_xPF/C$（$x=0$，0.03，0.05，0.10）电极的传输动力学，选取 NVPF/C 和 $NV_{0.95}Co_{0.05}PF/C$ 作为研究对象，测试了在 $0.5mV\cdot s^{-1}$、$0.7mV\cdot s^{-1}$ 和 $1.1mV\cdot s^{-1}$ 扫描速率下的 CV 曲线，测试结果如图 3－20 所示。

通过峰值拟合来研究电池反应的动力学，如公式(2-1)所示。

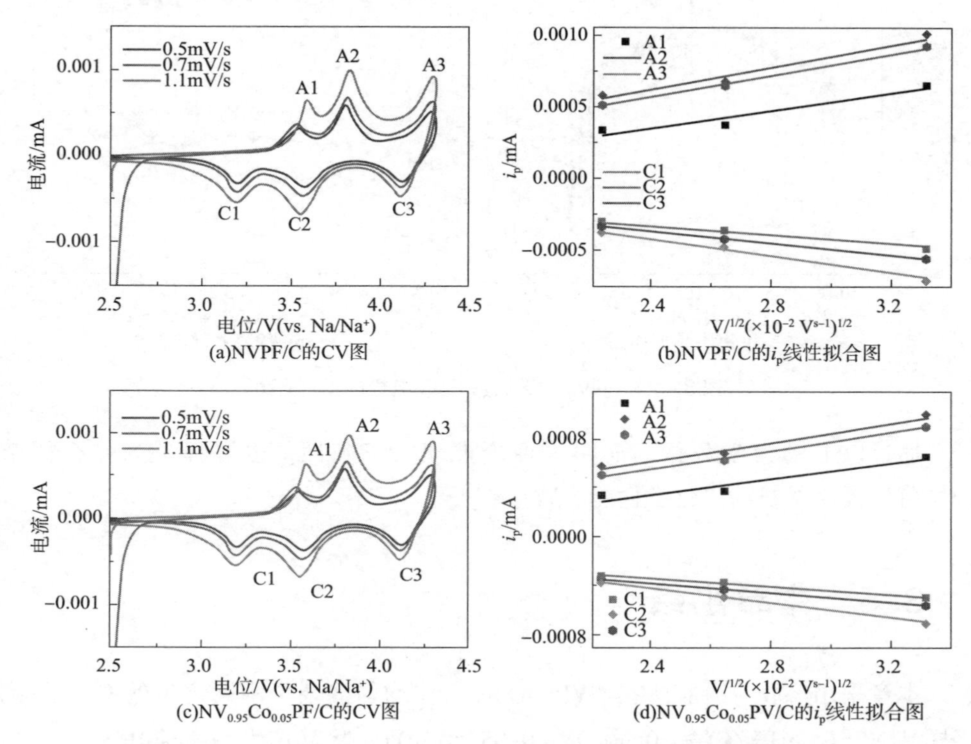

图3-20　NVPF/C和$NV_{0.95}Co_{0.05}PF$/C电极的CV图和线性拟合图

根据变扫描速率曲线，计算出NVPF/C的扩散系数D值为$2.41\times10^{-10}\sim1.10\times10^{-9}cm^2\cdot s^{-1}$，而$NV_{0.95}Co_{0.05}PF$/C的扩散系数$D$值为$2.7\times10^{-10}\sim1.3\times10^{-9}cm^2\cdot s^{-1}$，可见$Co^{2+}$掺杂后钠离子扩散系数$D$值升高，与理论分析和EIS测试结果一致。

此外，也采用恒流间歇滴定技术(GITT)评估$NV_{0.95}Co_{0.05}PF$/C样品的Na^+扩散系数。施加恒定电流密度0.5C，电压范围为2.5~4.3V，弛豫时间30min。$NV_{0.95}Co_{0.05}PF$/C电极的电压-时间图如图3-21(a)所示。扩散系数计算公式如下：

$$D_{Na^+}=\frac{4}{\tau\pi}\left(\frac{m_B V_M}{M_B S}\right)^2\left(\frac{\Delta E_s}{\Delta E_t}\right)^2 \tag{3-4}$$

式中，τ为设置的弛豫时间，min；ΔE_s和ΔE_t分别为脉冲引起的电压变化和恒流充放电的电压变化，V。

根据GITT的计算结果如图3-21所示，$NV_{0.95}Co_{0.05}PF$/C样品的D_{Na^+}范围是$2.60\times10^{-10}\sim2.97\times10^{-9}cm^2\cdot s^{-1}$，测试结果与CV曲线拟合出的$Na^+$扩散系数相似。

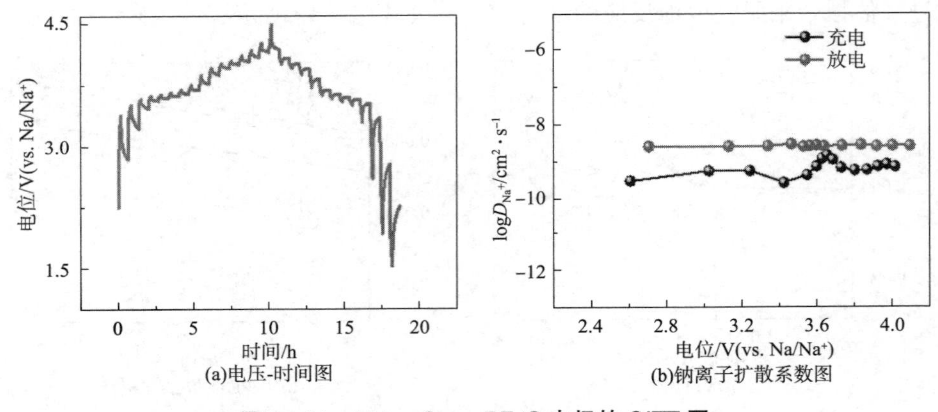

图 3－21　$NV_{0.95}Co_{0.05}PF/C$ 电极的 GITT 图

通过以上动力学分析，证明了理论推理的正确性，也解释了为什么掺杂 Co^{2+} 可以提高材料的电化学性能。

3.5　本章小结

本章采用溶胶－凝胶法在 NVPF/C 的 V 位均匀掺杂了不同含量的 Co^{2+} 得到了样品 $NV_{1-x}Co_xPF/C$($x=0$，0.03，0.05，0.10)，将其作为钠离子电池正极时，发现掺杂 Co^{2+} 可以有效地提高 NVPF/C 的循环稳定性和倍率性能，而且这种掺杂浓度存在一个最佳取代浓度，即 $x=0.05$ 时，电化学性能提升得最多。这种电化学性能的变化得益于以下两个方面：

首先，因为 Co^{2+} 的半径大于 V^{3+} 的，掺杂之后产生比以前更大的间隙空间，能够有利于 Na 离子的快速扩散，通过 EIS、GITT 和变扫描速率 CV 计算出的 Na^+ 扩散系数证明了这一点，而且存在一个最佳掺杂浓度($x=0.05$)，最佳取代浓度的存在与样品的粒径变化有一定的联系。因为电极材料中的 Na^+ 扩散特性时间常数(τ)可计算为 $\tau \propto l^2/D$，其中 l 为扩散长度、D 为扩散系数。而 $x=0.05$ 样品的粒径最小，小颗粒(l 较短)有利于减少扩散时间。

其次，因为 Co^{2+} 比 V^{3+} 具有更多的未成对电子，属于 n 型掺杂，能够在禁带中引入新的电子能级，使得电子从最高填充轨道向导带的跃迁更容易，所以掺杂 Co^{2+} 的样品的电子电导率均高于未掺杂的 NVPF/C 的。而这种电子电导率先增大后减小可归因于以下两点：①$x=0.10$ 样品的粒径较大，使得表面积小于 $x=0.05$ 的样品；②掺杂量较大会发生严重的晶格畸变，导致相分离。

4 碳纳米纤维封装双金属合金复合材料

锡(Sn)因其丰富、成本低和导电性强、理论容量高($990mA \cdot h \cdot g^{-1}$)而被认为是一种有前景的阳极材料；锑(Sb)也是一种著名的SIBs阳极材料，其理论容量为$660mA \cdot h \cdot g^{-1}$，与$Na^+/Na$相比，具有方便的截止电位0.5~0.8V。它们都存在一个严重的问题就是在充放电循环过程中，体积变化较大(Sn高达300%，Sb高达390%)，这会导致颗粒的粉碎和断裂，影响其在实际应用中的倍率性能和循环寿命。

静电纺丝技术具有装置简单、纺丝成本低廉、可纺物质种类繁多、工艺可控等优点，已成为有效制备纳米纤维材料的主要途径之一，而且静电纺纤维材料可作为模板起到均匀分散的作用，防止具有纳米结构的颗粒团聚。本章采用静电纺丝技术及随后的高温碳化还原过程制备了氮掺杂多孔碳纳米纤维封装的Ni-Sn(Ni_3Sn_2@NCNFs)和Ni-Sb(NiSb@NCNFs)合金纳米颗粒复合材料。在热处理过程中，聚丙烯腈(PAN)作为碳源和造孔剂，同时因为碳化过程中生成二氧化碳，最后成为氮源的供给者，从而形成氮掺杂多孔碳纳米纤维，氮原子的掺杂可以改善碳基材料的各种物理化学结构性能，提高钠的吸附能力。过渡金属和碳纳米纤维共掺可以实现M/C双重基质中Sn/Sb组分的协同效应，并且与单一金属Sn/Sb纳米颗粒封装在氮掺杂的碳纳米纤维复合材料相比，Sn/Sb-M-C三元阳极(Ni_3Sn_2@NCNFs或NiSb@NCNFs)能够表现出更强的应变调节和电荷传输能力。

4.1 碳纳米纤维封装双金属合金纳米点复合材料的制备

Ni_3Sn_2@NCNFs通过单喷嘴静电纺丝技术和随后的煅烧合成。图4-1为合成过程的示意图。首先，制备了$SnCl_2$、$NiCl_2$和PAN(相对分子质量=150000)的前驱体溶液。通常，将0.7g PAN溶解于8mL二甲基甲酰胺(DMF)中，在常温下剧烈搅拌 2h 形成均匀透明的溶液。其次，添加 0.5g 氯化亚锡脱水水合物($SnCl_2 \cdot 2H_2O$)和 0.5g 六水合氯化镍(Ⅱ)($NiCl_2 \cdot 6H_2O$)，并搅拌 12h，以获得作为静电纺丝前体溶液的混合物。再次，将所得混合物装入配备有 19 号针头的 5mL 注射器中。通过注射泵(日本 KES－NEU)将溶液流速设置为 $1.0mL \cdot h^{-1}$。通过放置于金属针头前方约 10cm 的铝箔覆盖收集器以收集制备的纳米纤维。在针头和收集器之间施加 15kV 的高压。将收集到的电纺纳米纤维平铺在石英舟中，放到管式炉的正中间，在空气中以 $5℃ \cdot min^{-1}$的升热速率升温到 250℃，保温 2h。最后，在氩气和氢气的混合气体中以 $2℃ \cdot min^{-1}$的升热速率升温到 600℃，其中氩气与氢气的流量比为 90%(体积)：20%(体积)，保温 2h，冷却至室温，取出产物，即获得 Ni_3Sn_2@NCNFs 负极材料。作为对比材料，可以通过调节金属前驱体的量合成不同的纳米纤维。如向透明溶液中添加 0.5g 三氯化锑($SbCl_3$)和 0.5g $NiCl_2 \cdot 6H_2O$ 或仅添加 0.5g $SnCl_2 \cdot 2H_2O$ 或 0.5g $SbCl_3$，并且碳化条件不变，分别得到 NiSb@NCNFs、Sn@NCNFs 以及 Sb@NCNFs 复合材料。

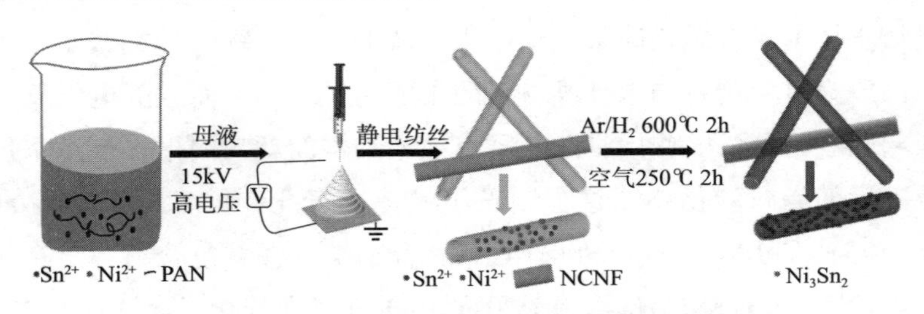

图 4－1　Ni_3Sn_2@NCNFs 纳米复合材料的制备示意图

4.2　碳纳米纤维封装双金属合金纳米点复合材料的表征与性能

4.2.1　纳米复合材料的结构与形貌表征

通过扫描电镜观察了碳纳米纤维的形貌。图 4－2 为静电纺丝得到的碳纳米纤维 NCNFs 复合材料的 SEM 图像，图 4－2(a)为 PAN 原纤维，图 4－2(b)为碳化后的 PAN 纤维。从图 4－2 可以看到 PAN 纳米纤维直径较均一，碳化后除直径有所减小外，并无其他明显的变化。这为之后得到的各种碳纳米纤维复合材料奠定了一定的基础。

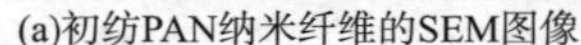
(a)初纺PAN纳米纤维的SEM图像

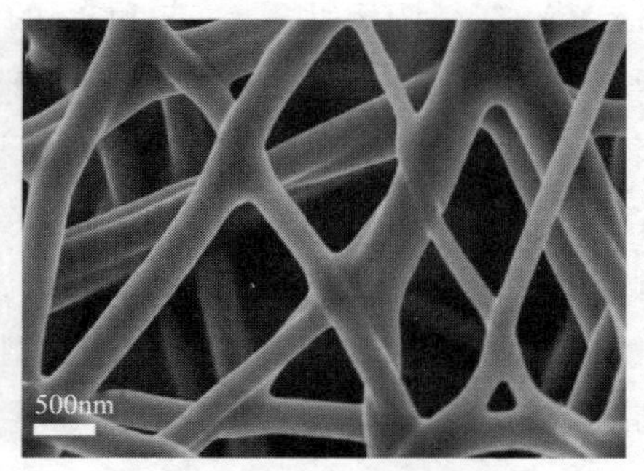

(b)碳化后的PAN纤维图像

图 4-2 NCNFs 复合材料的结构表征

采用 XRD 分析了产物 Sn@ NCNFs 的结构特征，如图 4-3 所示，所有的衍射峰均为具有四方结构的结晶 Sn(JCPDS No. 04-0673)。同时，未观察到其他杂质峰，表明在 H_2 气氛中进行热处理后，Sn^{2+} 完全还原为金属 Sn，没有检测到明显的与碳相关的峰，表明碳的无定形性质。说明用此方法制备的 Sn@ NCNFs 纳米复合材料具有高的纯度和结晶性。

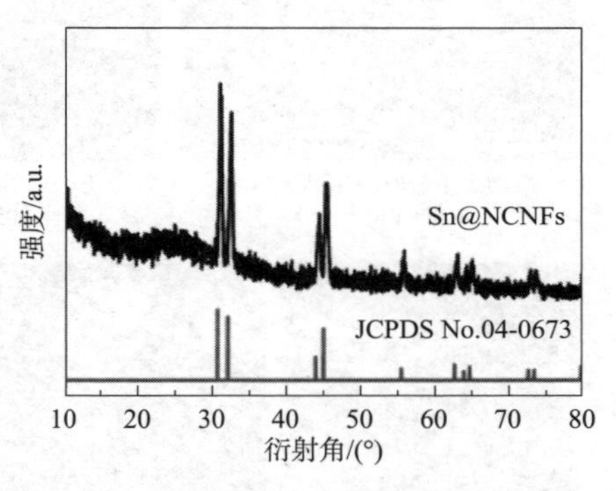

图 4-3 Sn@NCNFs 最终产物的 XRD 图谱

图 4-4 为 Sn@ NCNFs 复合材料的外部微观形貌。图 4-4(a) 显示了从前体溶液制备的电纺 PAN/$SnCl_2$ 纤维的 SEM 图像。纤维长且连续，直径均匀，从 200～300nm 不等。在管式炉中 Ar(90vol%)/H_2(10vol%) 气氛下 600℃ 碳化 2h，最终产物保持了纤维状结构。如图 4-4(b) 和图 4-4(c) 所示，除直径略有增加外，与初纺纤维相比没有明显的结构变化。与电纺碳纳米纤维相比，直径略有变化，而且比碳纳米纤维厚，这可能与含有金属纳米颗粒有关。为了进一步观察单根 Sn@ NCNFs 纳米纤维的 SEM 图像[图 4-4(d)]，进行了能谱分析(EDS)，如图 4-4(e)～图 4-4(g) 所示，可以看到 C、N、Sn 在单根 Sn@ NCNFs 氮掺杂纳米纤维中均匀分布。

为了进一步分析 Sn@ NCNFs 纳米复合材料的内部形貌及结构组成，采用透射电镜对复合材料进行了进一步的观察，如图 4-5 所示。可以看到大小均匀的 Sn 纳米粒子，均匀分布在 NCNFs 内部[图 4-5(a)]，这是在 SEM 图像中没有看到的。图 4-5(b)～图 4-5(e) 为单根 Sn@ NCNFs 光纤的高角度环形暗场

(HAADF)STEM 图像以及 C、N 和 Sn 的元素映射图。如图 4-5(c)~图 4-5(e)所示，Sn 纳米粒子主要分布在碳纳米纤维内，而 C 和 N 元素均匀分布在碳纤维表面，这证实了碳纳米纤维中广泛的 N 掺杂。图 4-5(f)为元素含量分布图，也证实了 N 的掺杂及各元素的含量。图 4-5(g)为高分辨率 TEM 图像，显示 Sn 纳米颗粒的结晶条纹及结晶条纹的放大图像。在图中，可以将两组 2.92nm、2.79nm 和 2.01nm 的结晶条纹分别分配给四方型 Sn 的(101)、(200，211)三个晶面间距。该结果与 XRD 图谱非常吻合，表明 Sn 主要以单质金属态存在于碳纳米纤维内。

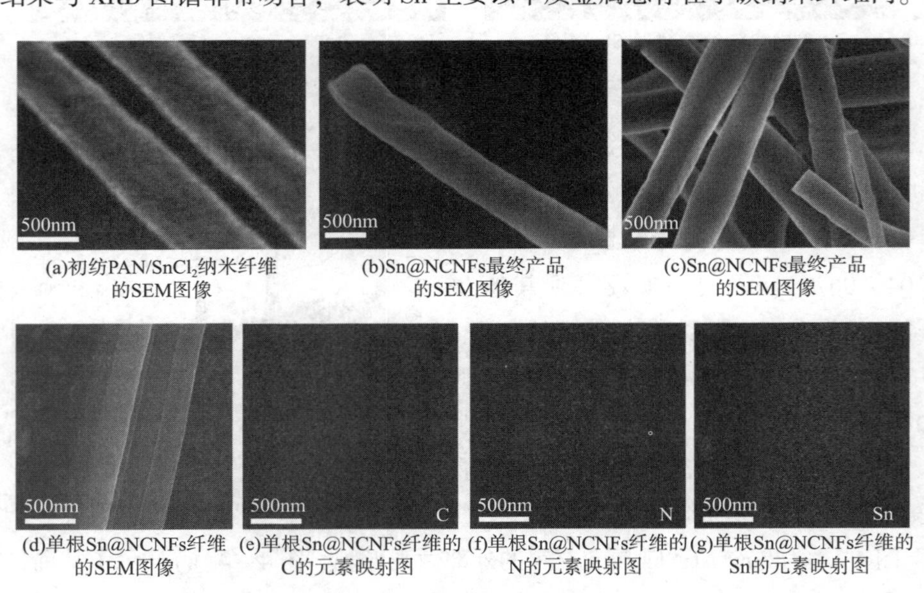

(a)初纺PAN/$SnCl_2$纳米纤维的SEM图像 (b)Sn@NCNFs最终产品的SEM图像 (c)Sn@NCNFs最终产品的SEM图像

(d)单根Sn@NCNFs纤维的SEM图像 (e)单根Sn@NCNFs纤维的C的元素映射图 (f)单根Sn@NCNFs纤维的N的元素映射图 (g)单根Sn@NCNFs纤维的Sn的元素映射图

图 4-4　Sn@NCNFs 复合材料的结构表征

图 4-6 为 Ni_3Sn_2@NCNFs 纳米复合材料的 SEM 图。图 4-6(a)显示了初纺金属间化合物 Ni_3Sn_2 氮掺杂碳纳米纤维的前驱体，与前面两种复合材料没有太大区别，都是长且连续，直径均匀。图 4-6(b)和图 4-6(c)为通过高温碳化氢气还原得到的 Ni_3Sn_2@NCNFs 纳米复合材料在不同放大倍率下的 SEM 图像。从图 4-6(b)可以看到纳米纤维表面由于溶剂挥发和有机物分解而产生的凹凸结构，有一些多孔结构，但始终保持纤维结构没有变化。由图 4-6(c)可以看到纤维表面有一些均匀分散的颗粒。为了进一步研究其结构及颗粒组成，即通过观察局部高倍 SEM 图像[图 4-6(d)单根 Ni_3Sn_2@NCNFs]及元素映射图[图 4-6(e)、(f)]。可以看到 C 和 N 元素均匀分布在碳纤维表面，颗粒主要由 Sn、Ni 元素组成，推测可能是形成了金属间化合物。

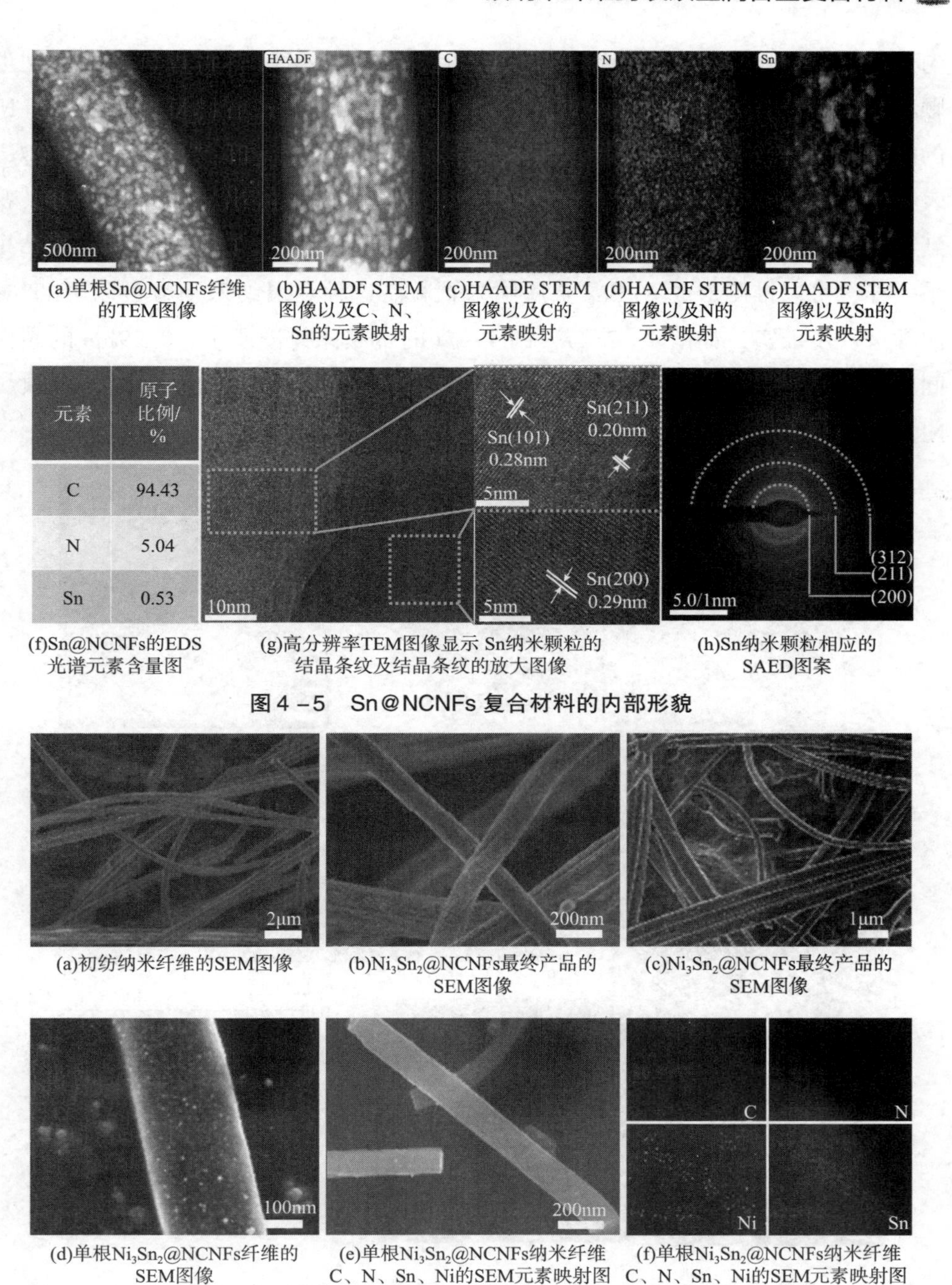

(a)单根Sn@NCNFs纤维的TEM图像　(b)HAADF STEM图像以及C、N、Sn的元素映射　(c)HAADF STEM图像以及C的元素映射　(d)HAADF STEM图像以及N的元素映射　(e)HAADF STEM图像以及Sn的元素映射

(f)Sn@NCNFs的EDS光谱元素含量图　(g)高分辨率TEM图像显示 Sn纳米颗粒的结晶条纹及结晶条纹的放大图像　(h)Sn纳米颗粒相应的SAED图案

图 4 -5　Sn@NCNFs 复合材料的内部形貌

(a)初纺纳米纤维的SEM图像　(b)Ni_3Sn_2@NCNFs最终产品的SEM图像　(c)Ni_3Sn_2@NCNFs最终产品的SEM图像

(d)单根Ni_3Sn_2@NCNFs纤维的SEM图像　(e)单根Ni_3Sn_2@NCNFs纳米纤维C、N、Sn、Ni的SEM元素映射图　(f)单根Ni_3Sn_2@NCNFs纳米纤维C、N、Sn、Ni的SEM元素映射图

图 4 -6　Ni_3Sn_2 @NCNFs 复合材料的 SEM 结构表征

图 4 -7(a)为单根 Ni_3Sn_2@ NCNFs 纳米复合纤维的 TEM 图像，图 4 -7(b)为局部放大的 Ni_3Sn_2@ NCNFs 纳米纤维的 TEM 图像，从中可以看到纳米纤维内均

匀分布一些圆形纳米颗粒。为了确定 Ni 和 Sn 在碳纳米纤维内的分布，即对纳米颗粒进行了元素映射。图 4 - 7(d) 显示了亮场(BF) TEM 图像中 C、N、Sn 和 Ni 的能量滤波 TEM(EFTEM) 映射，其中 Sn 和 Ni EFTEM 图与 STEM 图像匹配良好，表明 Sn 和 Ni 均匀分布在整个粒子中，通过图 4 - 7(e) 元素含量分析图可以看到 Sn 和 Ni 的元素含量比约为 2 : 3，与 SEM 图像元素含量分析得到的结果几乎一样，可以推测形成 Ni_3Sn_2 金属纳米颗粒。这种金属纳米颗粒可以 HRTEM 图像进一步证实，如图 4 - 7(f) ~ 图 4 - 7(h) 晶格条纹图所示，0. 29nm 的晶格间距对应于图 4 - 7(g) 图中所示的 Ni_3Sn_2 的(101)平面。这种金属纳米颗粒 Ni_3Sn_2 也可由图 4 - 7(c) 中的选区电子衍射(SAED) 图案证实。

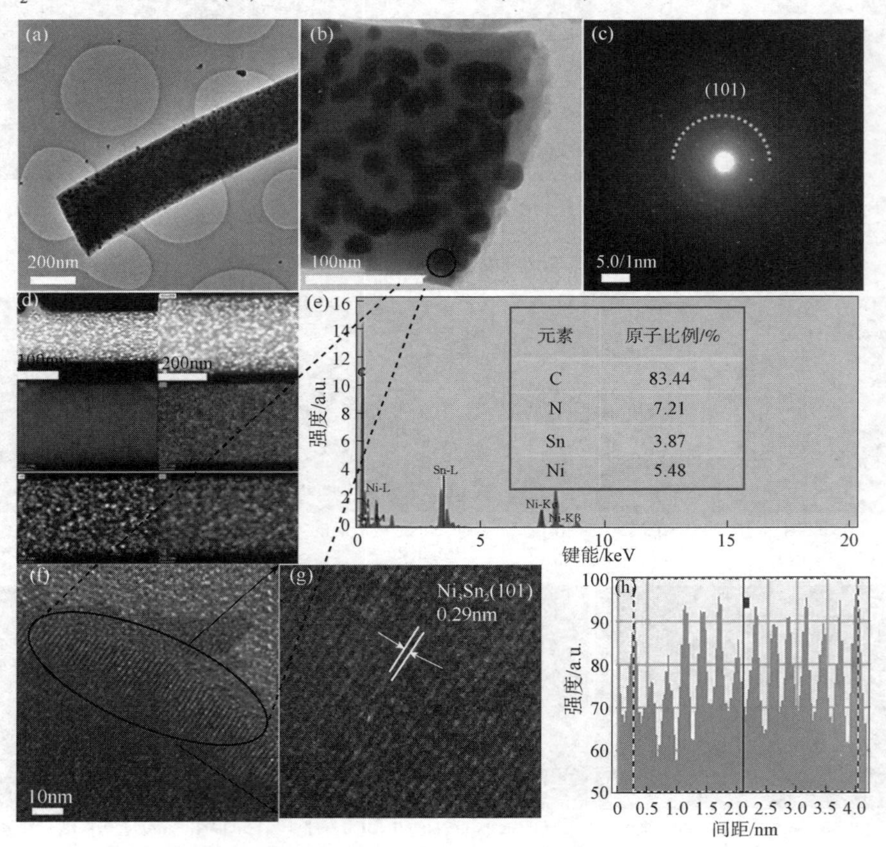

图 4 - 7　Ni_3Sn_2@NCNFs 的图像的相关表征

注：(a) 为单根 Ni_3Sn_2@NCNFs 纳米复合纤维的 TEM 图像；(b) 为局部放大的 Ni_3Sn_2@NCNFs 纳米纤维的 TEM 图像；(c) 为 Ni_3Sn_2 纳米颗粒的 SAED 图；(d) 和(e) 分别为 Ni_3Sn_2@NCNFs 纳米复合材料 HAADF 图像及 C、N、Sn 和 Ni 元素映射关系及含量分布图；(f) 和(g) 分别为单个 Ni_3Sn_2 纳米颗粒的高分辨率 TEM 晶格条纹及晶格边缘放大图像；(h) 为通过分析软件分析 Ni_3Sn_2 纳米颗粒晶格条纹分布区域

Ni_3Sn_2@NCNFs 的晶相及其结构可通过 XRD 图谱(图 4 - 8)检查，Ni_3Sn_2@NCNFs 纳米复合材料的衍射峰主要集中在 30.8°、43.5°、44.5°、55.3°、57.7°、59.9°、63.9°和 73.4°对应于 Ni_3Sn_2(JCPDS No.06 - 0414)的(101)、(102)、(110)、(201)、(112)、(103)、(202，211)点阵图。没有检测到其他杂质峰，表明用此方法制备的 Ni_3Sn_2@NCNFs 纳米复合材料具有高的纯度和结晶性。为了做对比，用同样的方法制备了 Sb@NCNFs 和 NiSb@NCNFs 纳米复合材料。图 4 - 9 为两种对比材料的 XRD 图谱，分别与其标准卡片完全匹配，并且具有良好的纯度与结晶性。

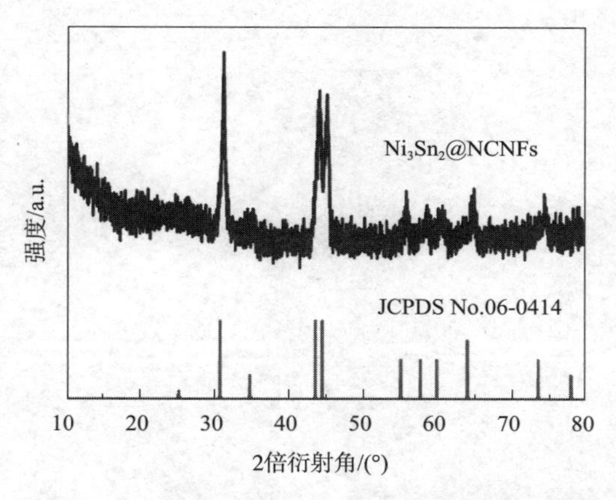

图 4 - 8　Ni_3Sn_2@NCNFs 最终产物的 XRD 图谱

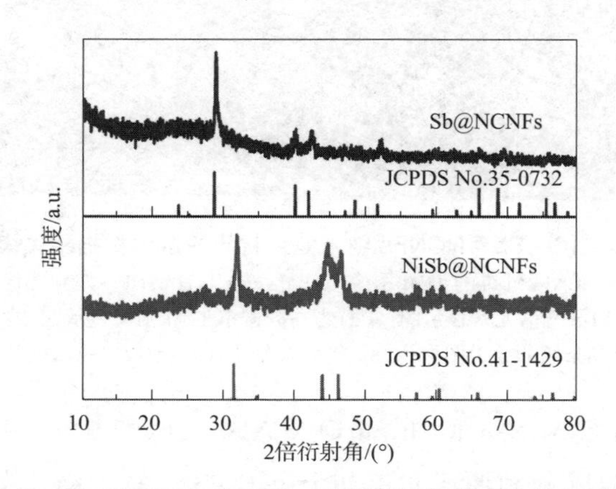

图 4 - 9　Sb@NCNFs 和 NiSb@NCNFs 最终产物的 XRD 图谱

图 4 - 10 和图 4 - 11 分别为 Sb@NCNFs 和 NiSb@NCNFs 纳米复合材料的透射扫描相关表征，根据前面分析可知，各材料具有一定的相似性，但也各自保持

各自的材料特征。如 Ni - Sb 复合物，根据元素含量分析可知，Ni : Sb = 1 : 1 与原始投料比相同，说明金属 Sb 熔点较高，没有挥发。根据这四种物质的制备，可以发现用这种方法制备氮掺杂碳纳米纤维封装单金属纳米颗粒或者双金属合金颗粒都有一些普遍性。只要前体盐化合物选择合适，再调整碳化温度，都可能使金属盐被还原成金属合金纳米颗粒分布在纳米纤维内。当然，如果选择两种或两种以上的前体盐溶液还需考虑盐溶液本身的物理化学性质，如相容性、还原性等。仍需进一步验证。

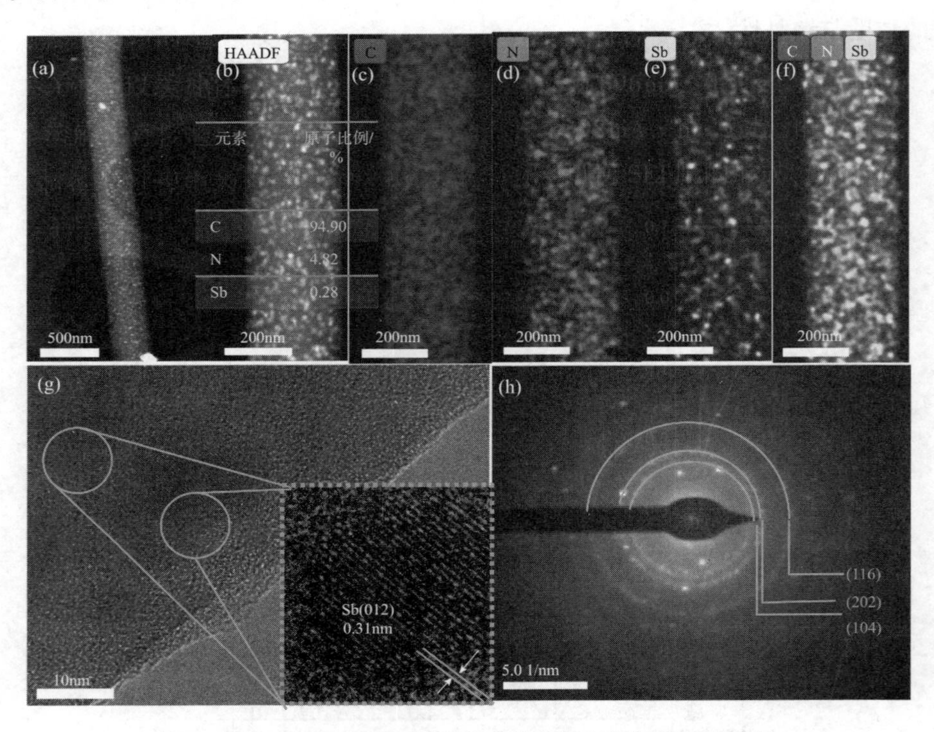

图 4 - 10　Sb@NCNFs 纳米复合材料的透射扫描相关表征

注：(a)为单根 Sb@ NCNFs 纤维的 TEM 图像；(b) ~ (f)为 HAADF STEM 图像以及 C、N、Sb 的元素映射图，插图为 EDS 光谱元素含量图；(g)为高分辨率 TEM 图像显示 Sb 纳米颗粒的结晶条纹及结晶条纹的放大图像；(h)为 NiSb 纳米颗粒相应的 SAED 图案

另外，还对 Sn@ NCNFs 和 Ni_3Sn_2@ NCNFs、Sb@ NCNFs 和 NiSb@ NCNFs 纳米复合材料的化学成分和原子价态进行了 XPS 表征，结果如图 4 - 12 所示。图 4 - 12(a)展示了 Sn@ NCNFs 和 Ni_3Sn_2@ NCNFs 纳米复合材料分别在 0 ~ 1000eV 和 0 ~ 1200eV 范围内的全谱图，可以清楚地看到在 Sn@ NCNFs 复合材料表面主要有 C、N、Sn 三种元素，Ni_3Sn_2@ NCNFs 复合材料表面主要有 C、N、

Sn、Ni 四种元素。可以明显地在宽扫描 XPS 光谱中观察到284eV 处 C1s 峰、400eV 处 N1s 峰、495eV 处 Sn3d 峰和 870eV 处 Ni2p 峰的存在。同样地，图 4－12(b)展示了 Sb@ NCNFs 和 NiSb@ NCNFs 纳米复合材料分别在 0～1000eV 和 0～1200eV 范围内的全谱图，可以清楚地看到在 Sb@ NCNFs 复合材料表面主要有 C、N、Sb 三种元素，NiSb@ NCNFs 复合材料表面主要有 C、N、Sb、Ni 四种元素。O 元素的存在可能是因为复合物与空气接触引起表面部分氧化。可以观察到 284eV 处 C1s 峰、400eV 处 N1s 峰、531eV 处 Sb3d5 峰和 870eV 处 Ni2p 峰的存在。

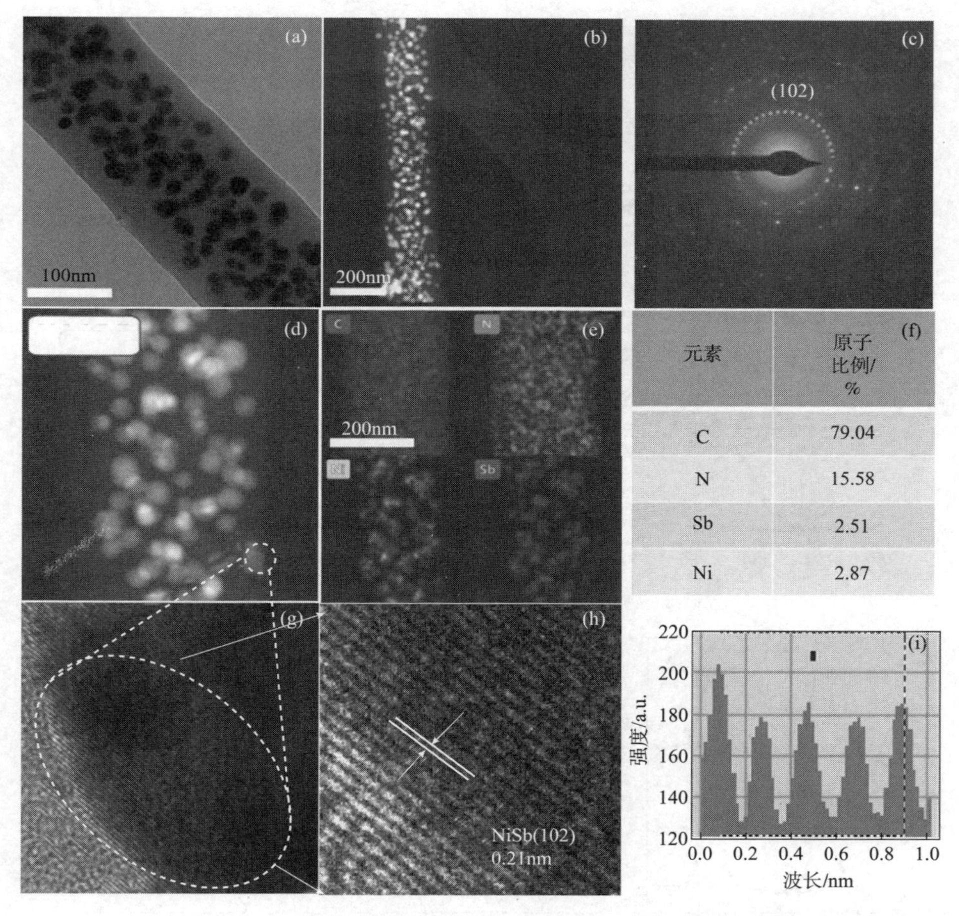

元素	原子比例/%
C	79.04
N	15.58
Sb	2.51
Ni	2.87

图 4－11　NiSb@NCNFs 纳米复合材料的透射扫描相关表征

注：(a)～(b)为单根 NiSb@ NCNFs 纳米复合纤维的 TEM 图像；(c)为 NiSb 纳米颗粒的 SAED 图；(d)～(e)为 NiSb@ NCNFs 纳米复合材料 HAADF 图像及 C、N、Sb 和 Ni 元素映射图；(f)为 NiSb@ NCNFs 纳米复合材料元素含量分布图；(g)～(h)为单个 NiSb 纳米颗粒的高分辨率 TEM 晶格条纹及晶格边缘放大图像；(i)为通过分析软件分析 NiSb 纳米颗粒晶格条纹分布区域

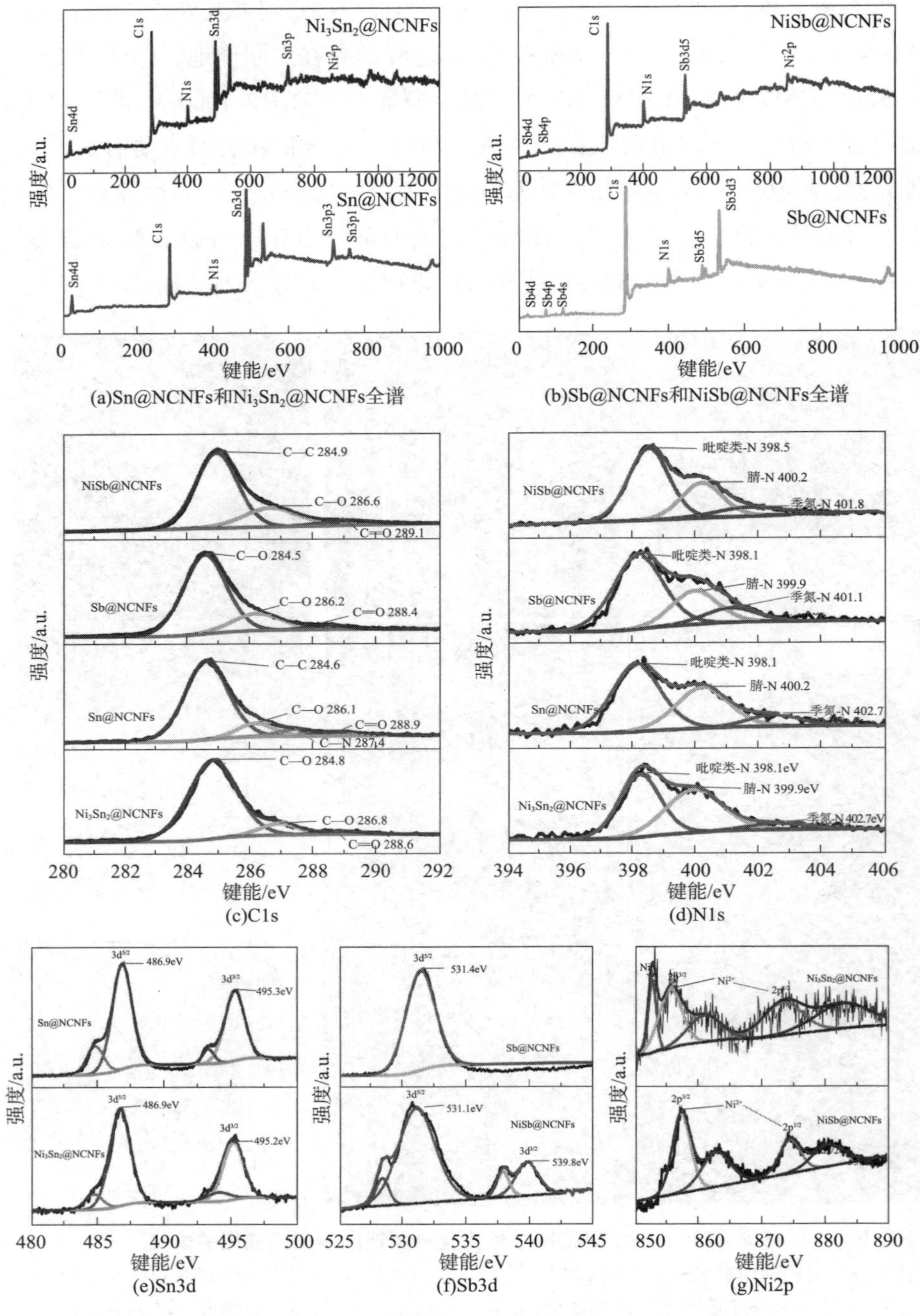

图 4-12 Sn@NCNFs 和 Ni_3Sn_2@NCNFs、Sb@NCNFs 和 NiSb@NCNFs 纳米复合材料的 XPS 谱图对比

图4－12(c)为 Sn@NCNFs、Ni_3Sn_2@NCNFs、Sb@NCNFs 和 NiSb@NCNFs 四种复合材料的 C1s 高分辨 XPS 谱图，位于 284.4～284.9eV 处的强峰对应于 C—C 键，286.1～286.8eV 处的强峰对应于 C—O 键中碳原子的 sp3 杂化，而位于 287.4eV 和 288.4～289.1eV 处的弱峰分别对应于 C—N 键和 C ═O 键。图4－12(d)是 N1s 高分辨的 XPS 光谱图，该峰被拟合成结合能位于 398.1～398.5eV、399.9～400.2eV 和 401.1～402.7eV 的三个分峰，分别对应于吡啶类、腈和季氮。图4－12(e)为 Sn@NCNFs 和 Ni_3Sn_2@NCNFs 复合物中 Sn3d 高分辨 XPS 谱图，Sn3d 光谱表明结合能 495.2eV($Sn3d^{3/2}$)和 486.9eV($Sn3d^{5/2}$)处的峰值对应于 Sn^{2+}。图4－12(f)Sb 3d 光谱表明结合能 539.8eV($Sb3d^{3/2}$)和 531.1eV($Sb3d^{5/2}$)处的峰值对应于 Sb^{2+}。在图4－12(g)中，$Ni2p^{1/2}$(872.0eV)和 $Ni2p^{3/2}$(856.4eV)峰被分配给 Ni^{2+}。

为了进一步研究 Sn@NCNFs 和 Ni_3Sn_2@NCNFs、Sb@NCNFs 和 NiSb@NCNFs 纳米复合材料中碳的结构特征，即对其进行了 Raman 测试，如图4－13所示。由图4－13可以看到，四种材料的拉曼曲线形状大致相同，均在 1355cm^{-1} 和 1593cm^{-1} 处出现了两个较宽的主峰，分别归因于碳材料的缺陷(D 峰)和石墨化碳的程度(G 峰)，但 D 峰与 G 峰的高度有所不同，其中 Sn@NCNFs 和 Ni_3Sn_2@NCNFs 纳米复合材料的 D 峰和 G 峰强度比(I_D/I_G)分别为 1.11 和 1.54，Sb@NCNFs 和 NiSb@NCNFs 纳米复合材料的 D 峰和 G 峰强度比(I_D/I_G)分别为 1.69 和 2.16。该结果表明：双金属合金纳米颗粒封装在纳米纤维内比单金属纳米颗粒封装在纳米纤维内拥有更多的缺陷，会使碳的无序性增大，有利于提高电极材料的电子导电性，进而提高 Na^+ 在活性材料中的扩散速度。

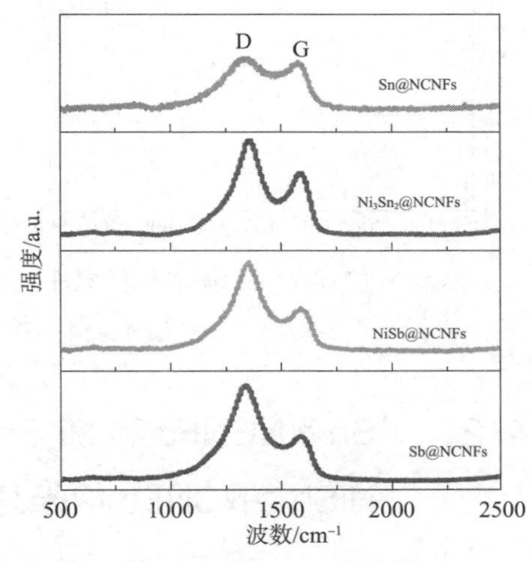

图4－13　Sn@NCNFs 和 Ni_3Sn_2@NCNFs、Sb@NCNFs 和 NiSb@NCNFs 纳米复合材料的拉曼谱图对比

为了确定 Sn@NCNFs、Sb@NCNFs、Ni_3Sn_2@NCNFs 和 NiSb@NCNFs 纳米复合材料无定形碳的含量，随即对这四种材料进行了热重测试，测试条件为：在空气气氛下，加热速率为 10℃·min^{-1}，从室温加热到 1000℃。其热重曲线如

图 4－14 所示。其中图 4－14(a)为单质纳米颗粒填充碳纳米纤维复合材料 TGA 曲线(Sn@ NCNFs、Sb@ NCNFs)，图 4－14(b)为双金属合金纳米颗粒填充碳纳米纤维复合材料 TGA 曲线(Ni_3Sn_2@ NCNFs、NiSb@ NCNFs)。由图 4－14 可以看到这四种物质的 TGA 曲线呈相同下降趋势，主要分为两个失重阶段：第一阶段为 200℃以下水蒸气的蒸发所致，第二阶段为 200～1000℃复合材料中的碳在空气中燃烧生成 CO_2 所致。因此，通过计算可知，Sn @ NCNFs、Sb @ NCNFs、Ni_3Sn_2@ NCNFs 和 NiSb@ NCNFs 纳米复合材料的金属含量分别为 25%、40%、56.2%和 45.95%。

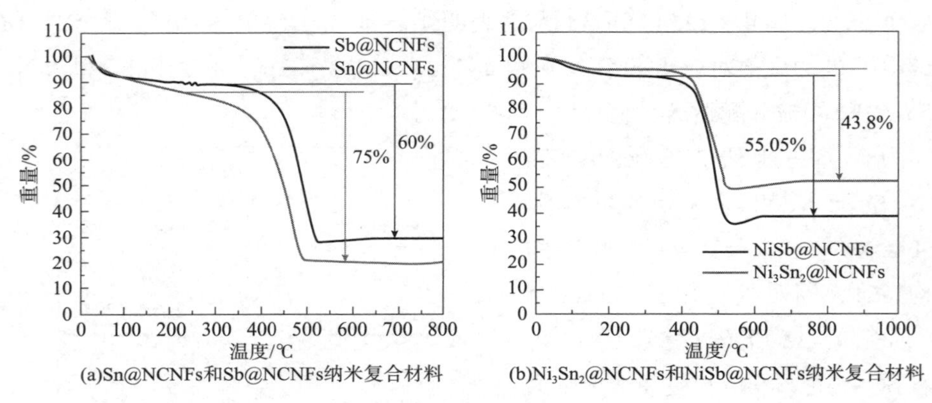

(a)Sn@NCNFs和Sb@NCNFs纳米复合材料 (b)Ni_3Sn_2@NCNFs和NiSb@NCNFs纳米复合材料

图 4－14 TGA 曲线对比

4.2.2 Sn@NCNFs 和 Ni_3Sn_2@NCNFs、Sb@NCNFs 和 NiSb@NCNFs 纳米复合材料电化学性能的研究

为了探究 Ni_3Sn_2@ NCNFs 和 NiSb@ NCNFs 纳米复合材料用作钠离子电池负极材料的电化学性能，首先将其组装成 CR2025 纽扣电池。图 4－15(a)和图 4－15(b)分别展示了 Ni_3Sn_2@ NCNFs 和 NiSb@ NCNFs 纳米复合材料在测试电压范围为 0.005～3.0V，扫描速度为 0.2mV・s^{-1}的 CV 曲线。图 4－15(a)显示了四个峰值，分别位于第一次钠化过程中的 1.13V、0.89V、0.30V 和 0.02V。在随后的循环中，高电压下的两个钠化峰消失，这可能与电解质分解导致的 SEI 膜的形成有关。脱钠过程的特点是在 0.10V 下只有一个明确的峰，可归因于生成 $Na_{15}Sn_4$ 合金化合物。

与 Ni－Sn 合金阳极类似，Ni－Sb 的电化学过程预计也会经历第一个不可逆活化步骤，然后将合金转变成锑镍复合材料。在复合材料中，通常锑的钠化是可逆的。在第一次放电扫描[图4-15(b)]中，NiSb电极显示了以1.10V左右为中心的宽带，这与固体电解质界面(SEI)层的形成有关，导致第一次循环和后续循环之间的明显差异。此外，后续循环的CV曲线几乎重叠，表明NiSb@NCNFs电极具有良好的循环稳定性。0.45V下的强阳极峰对应于从Na_3Sb合金到Sb的脱合金相变。图4-15(c)和图4-15(d)分别为Ni_3Sn_2@NCNFs和NiSb@NCNFs纳米复合材料前3圈循环充放电曲线，测试电压为0.005~3.0V，电流密度为0.2A·g^{-1}。由图可以看到，两电极材料在充放电过程中电压平台与CV曲线中氧化还原峰的位置符合。Ni_3Sn_2@NCNFs和NiSb@NCNFs纳米复合材料的首次放电比容量分别为896mA·h·g^{-1}和745mA·h·g^{-1}，首次充电比容量为460mA·h·g^{-1}和398mA·h·g^{-1}，电极首次库伦效率分别为51.3%和53.4%。这主要是因为不可逆SEI膜的形成、电解液的分解及钠离子未完全嵌入脱出等。

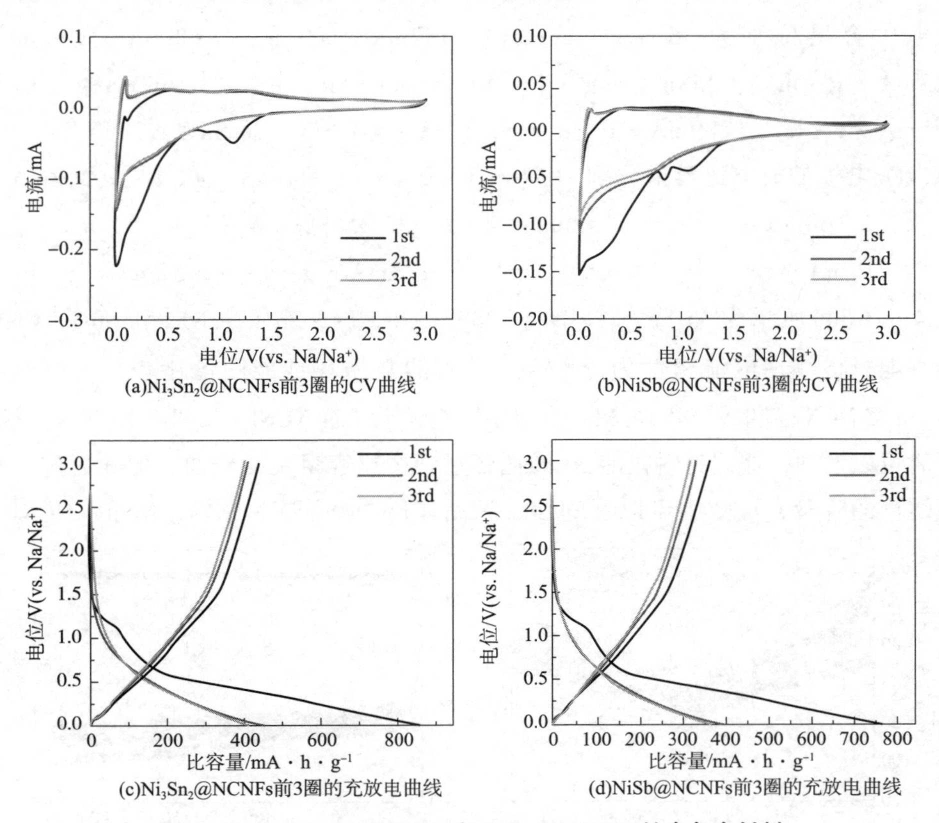

图4-15　Ni_3Sn_2@NCNFs和NiSb@NCNFs纳米复合材料前3圈CV曲线和恒流充放电曲线

为了研究电极材料的电化学性能，分别对四种材料进行了倍率性能和循环性能的比较。图 4－16(a)为 Ni_3Sn_2@NCNFs、NiSb@NCNFs、Sn@NCNFs 和 Sb@NCNFs 四种材料的倍率充放电性能，从中可以清楚地看到，四种材料的变化趋势基本相同，均随着电流密度的增加，比容量有所降低。这主要是因为在较小的电流密度下，快速可逆的电化学反应既可以发生在电极表面也可以发生在电极材料的内部，也就是说活性材料的利用率高；而在较高的电流密度条件下，电化学反应只能发生在电极表面，也就是说活性材料的利用率比较低。同时，由图 4－16(a)可以看到，Ni_3Sn_2@NCNFs 和 NiSb@NCNFs(碳纳米纤维封装双金属合金纳米颗粒)复合材料倍率容量以及循环稳定性比 Sn@NCNFs 和 Sb@NCNFs(碳纳米纤维封装单质金属纳米颗粒)好。在 $0.1A\cdot g^{-1}$、$0.2A\cdot g^{-1}$、$0.4A\cdot g^{-1}$、$0.8A\cdot g^{-1}$、$1.6A\cdot g^{-1}$的电流密度下，Ni_3Sn_2@NCNFs 和 NiSb@NCNFs 电极的放电比容量分别为 $564mA\cdot g\cdot h^{-1}$、$452mA\cdot g\cdot h^{-1}$、$398mA\cdot g\cdot h^{-1}$、$323mA\cdot g\cdot h^{-1}$、$258mA\cdot g\cdot h^{-1}$ 和 $458mA\cdot g\cdot h^{-1}$、$389mA\cdot g\cdot h^{-1}$、$325mA\cdot g\cdot h^{-1}$、$289mA\cdot g\cdot h^{-1}$、$225mA\cdot g\cdot h^{-1}$，而 Sn@NCNFs 和 Sb@NCNFs 电极的放电比容量分别为 $348mA\cdot g\cdot h^{-1}$、$268mA\cdot g\cdot h^{-1}$、$202mA\cdot g\cdot h^{-1}$、$168mA\cdot g\cdot h^{-1}$、$101mA\cdot g\cdot h^{-1}$和 $256mA\cdot g\cdot h^{-1}$、$225mA\cdot g\cdot h^{-1}$、$217mA\cdot g\cdot h^{-1}$、$204mA\cdot g\cdot h^{-1}$、$173mA\cdot g\cdot h^{-1}$、$152mA\cdot g\cdot h^{-1}$。图 4－16(b)所示为 Ni_3Sn_2@NCNFs、NiSb@NCNFs、Sn@NCNFs 和 Sb@NCNFs 四种电极材料在电流密度为 $0.1A\cdot g^{-1}$时的常循环性能图谱比较，可以看到 Ni_3Sn_2@NCNFs 和 NiSb@NCNFs 的循环性能优于 Sn@NCNFs 和 Sb@NCNFs 电极。同时可以发现，这些材料在前 20 圈循环过程中比容量衰减较快，但随后进入衰减缓慢的阶段。从图中可以看到 200 圈循环后 Ni_3Sn_2@NCNFs、NiSb@NCNFs、

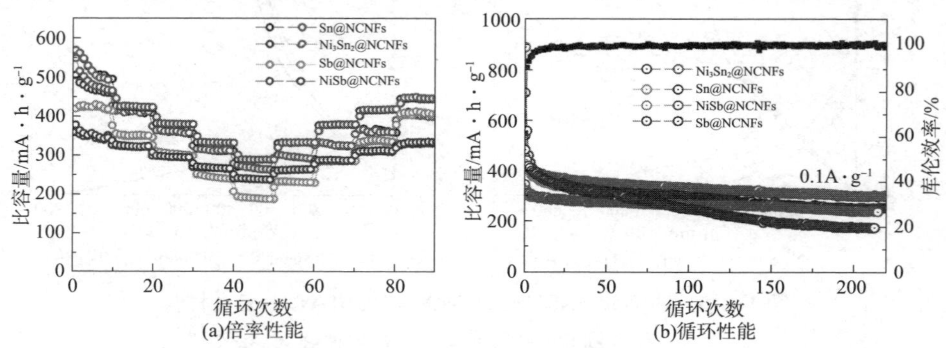

图 4－16　Ni_3Sn_2@NCNFs、NiSb@NCNFs、Sn@NCNFs 和 Sb@NCNFs 纳米复合材料

Sn@ NCNFs 和 Sb@ NCNFs 比容量分别保持在 389mA · g · h^{-1}、322mA · g · h^{-1}、312mA · g · h^{-1}、256mA · g · h^{-1}。可见双金属合金中惰性金属 Ni 的掺杂能很好地降低脱钠过程中的扩散应力和缓冲体积变化，而且也有利于电子的传输，从而提高电化学性能。

为了进一步探究 Ni_3Sn_2@ NCNFs 和 NiSb@ NCNFs 复合材料电化学性能优异的原因，即对 Ni_3Sn_2@ NCNFs、NiSb@ NCNFs、Sn@ NCNFs 和 Sb@ NCNFs 电极的电化学阻抗进行了测试。图 4 – 17 为几种不同电极材料在循环测试前和循环 3 圈后的交流阻抗图谱。四种电极材料的阻抗曲线都是由高频区的半圆弧和低频区的直线组成，高频区半圆弧的直径越大，电荷转移阻力越大，低频区的斜率越大，钠离子的扩散阻力越小。循环后，四种电极材料电荷转移阻抗出现不同程度的降低，这主要是由于电化学反应过程中活化程度的提高。相比之下，Ni_3Sn_2@ NCNFs 和 NiSb@ NCNFs 复合材料比 Sn@ NCNFs 和 Sb@ NCNFs 复合材料的电化学阻抗高频半圆弧的半径小，说明这两种材料具有更小的电荷转移阻抗并且在循环过程中具有良好的结构稳定性。

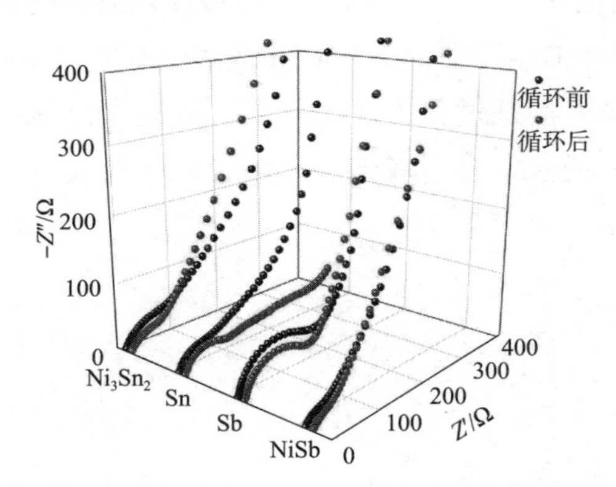

图 4 – 17　Ni_3Sn_2@NCNFs、NiSb@NCNFs、Sn@NCNFs 和 Sb@NCNFs 纳米复合材料循环前和循环 3 圈后的交流阻抗图谱

Ni_3Sn_2@ NCNFs、NiSb@ NCNFs 纳米复合材料作为储钠负极材料，表现出比 Sn@ NCNFs 和 Sb@ NCNFs 电极优异的电化学性能，这主要得益于其特殊的结构设计和非活性金属镍的改性作用。首先，将 Ni – Sn 或 Ni – Sb 合金纳米粒子填入 NCNTs 内可有效地缓解嵌钠/脱钠过程中引起的体积膨胀以及 Ni – Sn 或 Ni – Sb 合金纳米粒子间的团聚，而且非活性金属 Ni 起了很大的作用。其次，大部分的 SEI 膜形成在 NCNTs 的表面而不是单个 Ni – Sn 或 Ni – Sb 合金纳米粒子表面，这样能很好地限制 SEI 膜的生长并且保持材料结构的完整性。最后，NCNTs 结构增

加了纳米复合材料的导电性，提高了合金纳米粒子的利用率及首次库伦效率。

4.3 本章小结

本章首先利用静电纺丝技术将金属前驱体盐包覆在碳纳米纤维内，随后通过高温碳化和氢气还原将金属盐还原成金属纳米颗粒填充在碳纳米纤维内。根据金属盐的选择，分别成功得到 Ni_3Sn_2@ NCNFs、NiSb@ NCNFs、Sn@ NCNFs 和 Sb@ NCNFs 纳米复合材料。随后对四种纳米复合材料的化学组成、结构及微观形貌进行了表征。由 SEM 和 TEM 图谱可知，单分散的 Sn、Sb、Ni_3Sn_2、NiSb 纳米粒子均匀地填充在氮掺杂的碳纳米管内，且无任何团聚现象。当用作钠离子电池的负极材料时，Ni_3Sn_2@ NCNFs、NiSb@ NCNFs 电极在电流密度为 0.1A · g^{-1} 条件下 200 次循环之后，其可逆比容量仍可分别达到 389mA · g · h^{-1} 和 322mA · g · h^{-1}。电化学性能优于 Sn@ NCNFs 和 Sb@ NCNFs，这主要得益于非活性金属镍的改性作用。镍作为电化学非活性金属元素，可以提供额外的机械强度以防止裂纹和断裂，作为扩散屏障抑制了非晶态 Na_xSn 或 Na_xSb 完全钠化为晶态 $Na_{15}Sn_4$ 或 Na_3Sb，可以减轻钠化和脱钠过程中的内应力，抑制体积膨胀并提高电极的机械稳定性，确保 Ni – Sn 或 Ni – Sb 合金比单一 Sn 或 Sb 相具有更好的电化学性能。

5 双金属 SnSb/C 复合纳米颗粒

由于 Sn(锡)和锑(Sb)的合金化/脱合金电位不同，因此 Sb 可以先充当缓冲剂以适应钠化反应期间的体积膨胀；而且，SbSn 合金逐步的钠插入机制可以抑制体积膨胀并提高电极的机械稳定性。此外，Sn 和 Sb 都具有存储钠离子的能力，相比于其他合金材料如 Ni－Sn 和 Ni－Sb，有助于提升整个负极材料的比容量。

本章采用简单的溶胶－凝胶以及退火的方法，使得 Sn 盐和 Sb 盐通过化学缩合以及氧化还原反应形成 SnSb 合金且纳米化，并利用溶胶－凝胶法将其均匀嵌在由柠檬酸碳化的三维碳基底上，制备得到双金属 SnSb/C 复合纳米颗粒。其中纳米化的双金属 SnSb 合金在储钠过程中依靠 Sn 和 Sb 的协同作用，在不同还原电位下发生转换和重建反应，缓冲体积效应，降低嵌钠/脱钠过程中的应变，再结合碳基底的支撑，能够高效地增强储钠性能的耐久性，从而表现出优异的电化学性能。

5.1 双金属 SnSb/C 复合纳米颗粒的合成

5.1.1 SnSb/C 的制备

首先在烧杯中倒入 100mL 的蒸馏水，依次加入 0.288g 的二水合氯化亚锡($SnCl_2 \cdot 2H_2O$)，0.388g 的 $SbCl_3$ 以及 3.435g 的柠檬酸($C_6H_8O_7$)，在 100℃下进行水浴搅拌约 3h，直至烧杯内的溶液呈凝胶状。其次将凝胶状前驱体转移到烘箱中，在 140℃下保温 12h 烘干得到粉末状产物。最后将粉末状产物在还原气氛下(H_2/Ar = 10%/50%)以 5℃·min^{-1}的升温速率升至 700℃煅烧 2h，最终得到产物双金属 SnSb/C。

5.1.2 Sn/C、Sb/C 的制备

对比材料的合成：制备的单相金属 Sn/C，其合成条件与制备 SnSb/C 的一致，除了不加入锑源；Sb/C 的制备方法也与 SnSb/C 的一致，除了加入锡源。

5.2 SnSb/C 的形貌结构分析

双金属 SnSb/C 纳米颗粒的制备过程原理图见图 5－1。首先，采用溶胶－凝胶法制备前驱体，选择 $SnCl_2 \cdot 2H_2O$ 为锡源，$SbCl_3$ 为锑源，在水溶剂中进行水解化学缩合反应，经过了溶液、溶胶、凝胶以及蒸干的过程变化。需要注意的是，$C_6H_8O_7$ 在此过程有两个作用：一是提供碳源；二是作为螯合剂起到分散作用，使得物质能够形成凝胶状。其次，为了使前驱体能够还原为 SnSb 合金且碳化得到碳基底，进行了在还原条件下退火的实验。最终，得到双金属合金 SnSb/C 纳米颗粒。

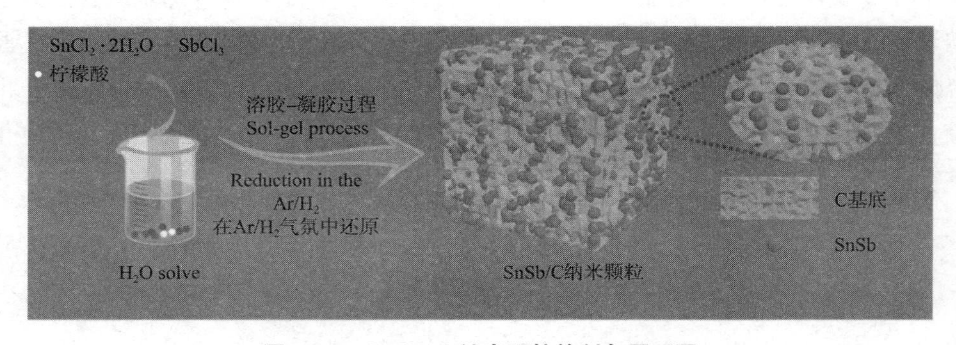

图 5－1 SnSb/C 纳米颗粒的制备原理图

在图 5－2(a)～图 5－2(c)中显示了 SnSb/C 纳米颗粒的微观形貌。从 SEM 图像中可以清楚地看到，SnSb 合金的纳米颗粒均匀地嵌入碳基底中且 SnSb 合金纳米颗粒的直径约为 100nm，表明合金的纳米化且与碳的复合，对钠离子的快速迁移以及结构稳定性都起到了改善作用。此外，在图 5－2(d)～图 5－2(g)中描述了在扫描电镜下测试的 mapping 图像，可明显地观察到 Sn、Sb 与 C 分别均匀地分散在整个材料中，证明了合成材料的均匀性。

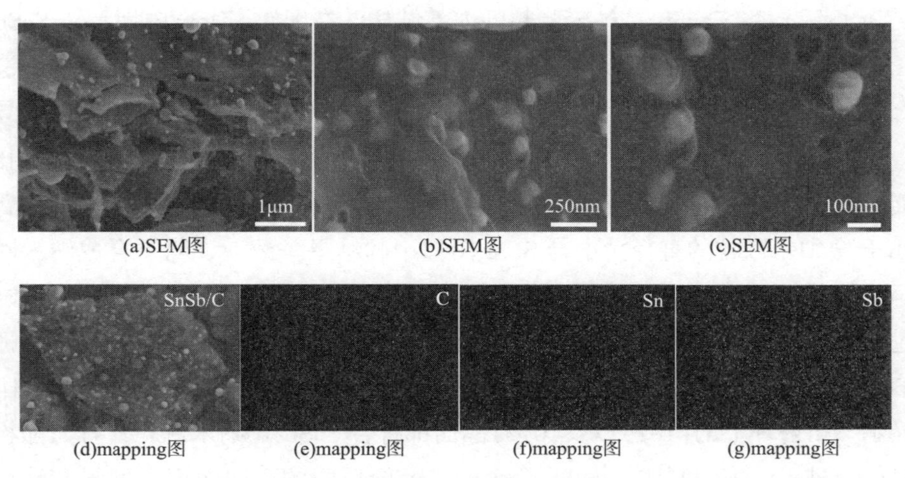

(a)SEM图 (b)SEM图 (c)SEM图

(d)mapping图 (e)mapping图 (f)mapping图 (g)mapping图

图5－2 SnSb/C 纳米颗粒的 SEM 图和 mapping 图

此外，对比材料 Sb/C 的 SEM 图在图 5－3(a)～图 5－3(c) 中显示，通过分析发现 Sb/C 纳米颗粒的直径约为 25nm，颗粒较小，这也同时会导致在充放电过程中由于颗粒过小的原因，在形成稳定的结构状态下容易团聚的现象。不过碳的存在对其循环稳定性有一定的缓解。图 5－3(d)～图 5－3(f) 展示的是 Sn/C 的 SEM 图，其粒径较大，为微米颗粒，且 Sn 的颗粒并没有均匀地嵌入碳基底中，这也是导致后续 Sn/C 储钠性能差的原因之一。

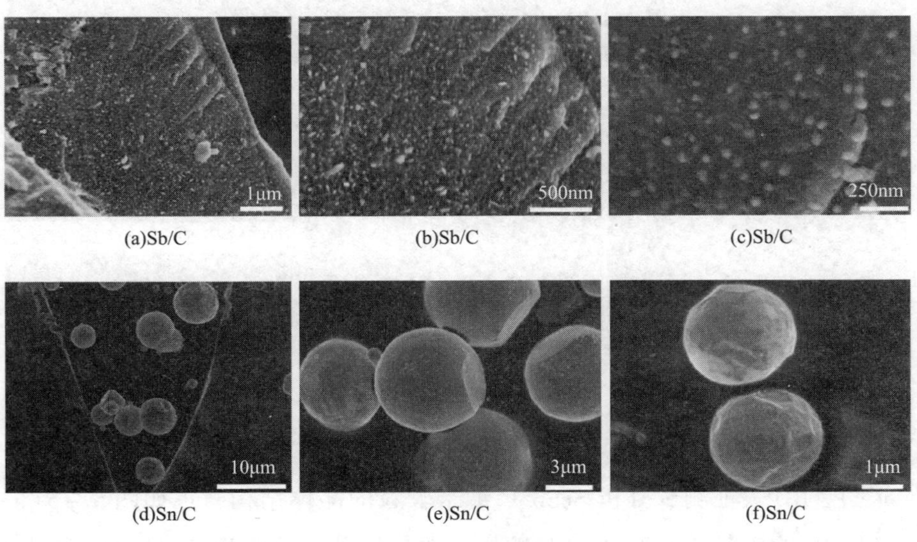

(a)Sb/C (b)Sb/C (c)Sb/C

(d)Sn/C (e)Sn/C (f)Sn/C

图5－3 SEM 图

为了深入探究 SnSb/C 纳米颗粒的内部结构，在图 5－4(a)中展示了 SnSb/C 的 TEM 图，透过碳基底可以观察到许多的 SnSb 合金纳米颗粒，充分证明了 SnSb 合金纳米颗粒与碳的成功复合。碳基底的成功引入不仅可以提高储钠性能的导电性，还可以缓解合金粒子在储钠过程中造成的严重体积效应，有助于提高电化学性能。此外，通过将图 5－4(a)局部放大后，在图 5－4(b)中可以清楚地看到 SnSb 合金纳米颗粒的直径大小与 SEM 图像中的结果一致，说明了合成纳米颗粒大小的均匀性。在图 5－4(c)中为 SnSb/C 合金纳米颗粒的高分辨的晶格条纹，通过分析发现晶格间距为 0.31nm，与 SnSb 合金的(101)晶面匹配，同时也证明了 SnSb/C 的成功制备。选区电子衍射图体现了 SnSb/C 的多晶性，在图 5－4(d)中显示。衍射环上的(101)以及(012)晶面都符合 SnSb/C 纳米颗粒，且与晶格条纹对应，进一步表明制成了 SnSb 合金，二元金属间的协同作用在增强储钠性能上起关键作用。与此同时，图 5－4(e)～图 5－4(i)呈现了在透射显微镜下的 SnSb/C 的元素映射测试图，可明确地看到 Sn、Sb 以及 C 三种元素的均匀分布，而且此结果也与图 5－2(d)～图 5－2(g)对应。

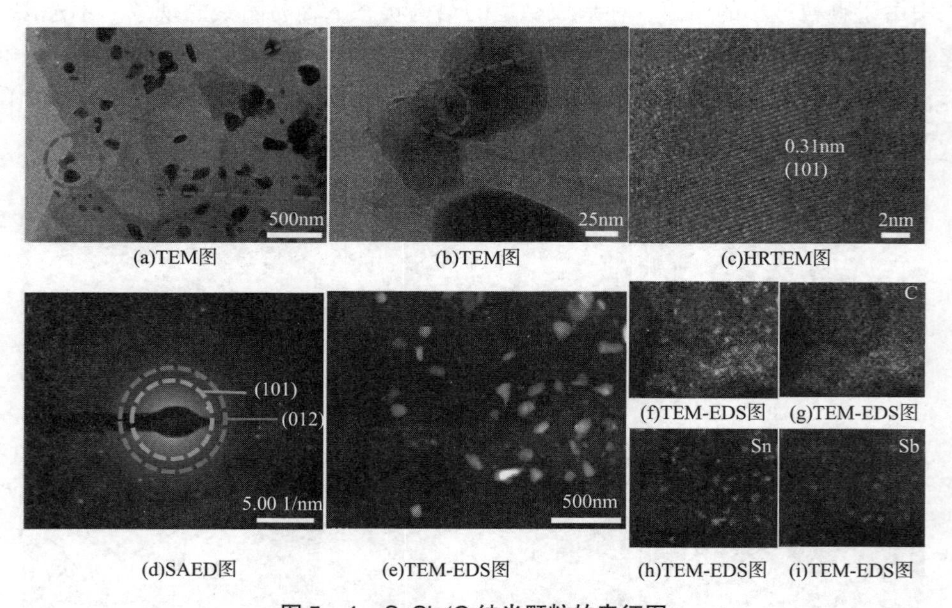

图 5－4　SnSb/C 纳米颗粒的表征图

通过 XRD 表征测试分析 SnSb/C 纳米颗粒的晶体结构，正如图 5－5(a)所示。SnSb/C 的衍射峰与 SnSb 合金的标准卡片(JCPDS No. 33－0118)吻合，无任何杂质峰且存在较高的峰强，表明制备得到了高纯相的物质以及具有良好的结晶性，这也与 TEM 图中分析的结果一致。更多的是，在图 5 -5(b)和图 5 -5(c)中也分别展示了 Sn/C 和 Sb/C 的 XRD 谱图，从图中了解到两种物质的衍射峰分别与标准卡片的峰位一致，证明成功合成了 Sn/C 和 Sb/C。

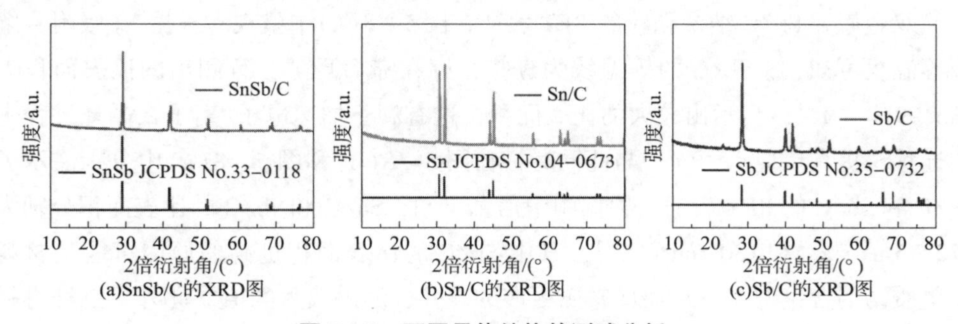

图 5 -5　不同晶体结构的测试分析

在图 5 -6 中对双金属 SnSb/C 纳米颗粒进行了拉曼测试。从图 5 -6 可以明显地看到在 $1350cm^{-1}$ 处存在 D 峰以及 $1579cm^{-1}$处存在 G 峰，证明了材料中碳的存在。与此同时分析计算了 I_D/I_G 的值为 1.04，进一步表明了双金属 SnSb/C 纳米颗粒中碳具有一定的缺陷性，能够提供更多的活性位点，接受更多的 Na^+嵌入，从而增加储钠容量。同样地，在图 5 -6 中也展示了 Sn/C 以及 Sb/C 的拉曼谱图，都存在碳的两个特征峰。另外 Sn/C 和 Sb/C 的 I_D/I_G 值分别为 1.00 和 1.01，与 SnSb/C 的 I_D/I_G 值相比较低。

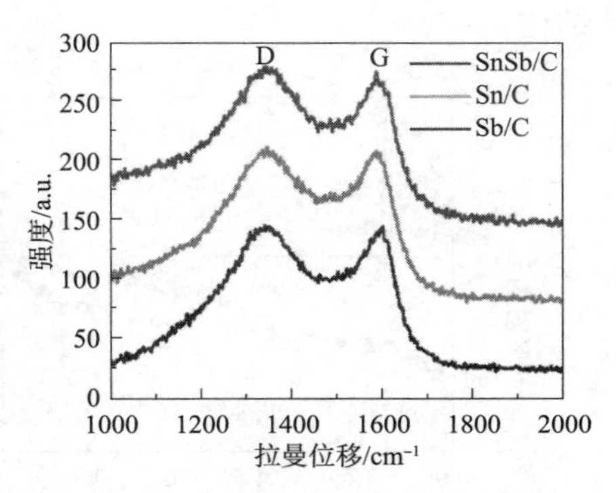

图 5 -6　SnSb/C、Sn/C 以及 Sb/C 的拉曼光谱

为了进一步探究 SnSb/C 纳米颗粒的热解过程以及估算材料中的碳含量，对 SnSb/C 进行了热重分析。从图 5 -7 可以发现在 100℃左右曲线出现轻微下降，这主要是材料中的水分蒸发导致的。值得注意的是，在 400℃左右曲线发生明显的下降，直至 600℃左右曲线平稳，出现此现象的原因是材料中的碳被氧化成二氧化碳逸出，SnSb 被氧化

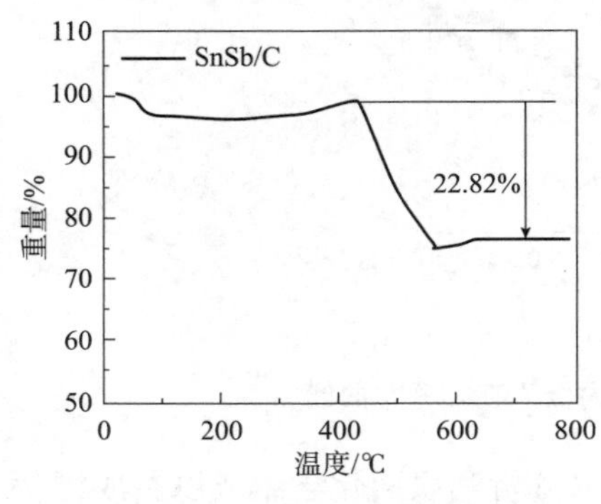

图 5 -7　SnSb/C 的热重曲线

成二氧化锡和四氧化二锑。与此同时，根据曲线计算出材料中碳的含量为39.57%，碳的存在有利于缓冲 SnSb 合金在充放电过程中的结构破碎，提高循环稳定性。

双金属 SnSb/C 纳米颗粒的 BET 表征在图5－8(a)中呈现。根据 N_2 吸附－解吸等温线可知，SnSb/C 的等温线为Ⅳ型，存在滞后现象，且测出的比表面积为183.99$m^2 \cdot g^{-1}$，显示出较大的比表面积，这有利于加速电子/离子在循环过程中的迁移，提高反应动力学。与此同时，在图5－8(b)和图5－8(c)中分别展示了 Sn/C 和 Sb/C 的 BET 表征。根据图中信息可知，Sn/C 和 Sb/C 的比表面积分别为372.75$m^2 \cdot g^{-1}$和180.6$m^2 \cdot g^{-1}$，其中 Sn/C 的比表面积过高的原因可能是材料中单质锡的含量偏少，从而暴露出更多的碳孔，测出较大的值。此外，三种材料的图中都插入了相关的孔隙分布曲线，可知三种材料的孔径都小于2nm，属于微孔结构。

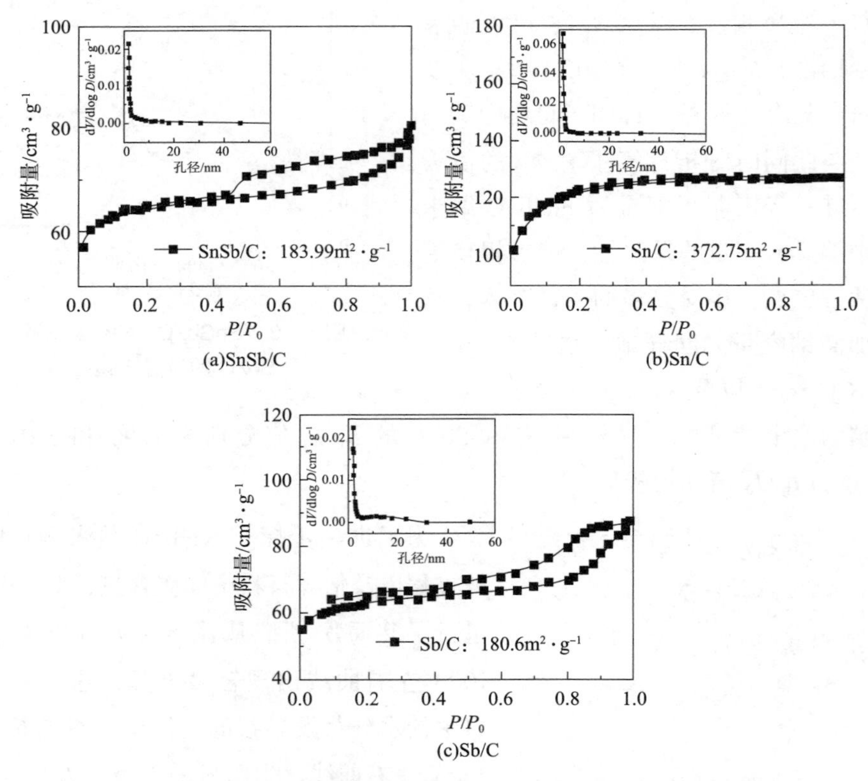

图5－8　不同结构的 BET 曲线，内嵌为孔隙分布曲线

在图5－9中对 SnSb/C 进行了 XPS 测试，以分析其表面化学组成以及成键状态。图 5 -9(a)显示的是关于 SnSb/C 的全谱，可以明显地观察到存在 Sn、Sb 以及 C 元素的特征峰，与制备的材料元素的一致。此外，还可以看到 O 元素的存在，这主要是由于 XPS 是基于物质表面进行的分析，在测试过程中物质不可避免地会发生氧化。与此同时，还对各个元素进行了单独分析。C 1s 的窄谱在图 5 -9(b)中呈现，通过拟合发现位于 284.6eV 处的峰为 C—C 键以及 285.7eV 处的特征峰对应于 C—O 键。图 5 -9(c)展示的是关于 Sb 3d 的精细谱，分峰拟合出四个特征峰。其中 528.1eV 处存在的峰为 Sb^0 的 $3d^{5/2}$ 以及在 531.1eV 处的峰与 Sb^{3+} 的 $3d^{5/2}$ 相对应，另外 537.6eV 以及 540.3eV 处的特征峰分别归属于 Sb^0 和 Sb^{3+} 的 $3d^{3/2}$。Sn 3d 的窄谱在图 5 -9(d)中显示，可以清楚地看到同样拟合得到四个不同的峰。位于 485.3eV 以及 487.2eV 处的峰分别对应于 Sn^{4+} 的 $3d^{5/2}$ 以及 Sn^0 的 $3d^{5/2}$，且 493.9eV 以及 495.7eV 出现的拟合峰与 Sn^{4+} 的 $3d^{3/2}$ 和 Sn^0 的 $3d^{3/2}$ 匹配。需要注意的是，在 Sb 和 Sn 的窄谱中分别拟合出 +3 价和 +4 价的峰，主要是物质表面氧化引起的，不过 0 价特征峰的存在表明物质并没有被完全氧化。

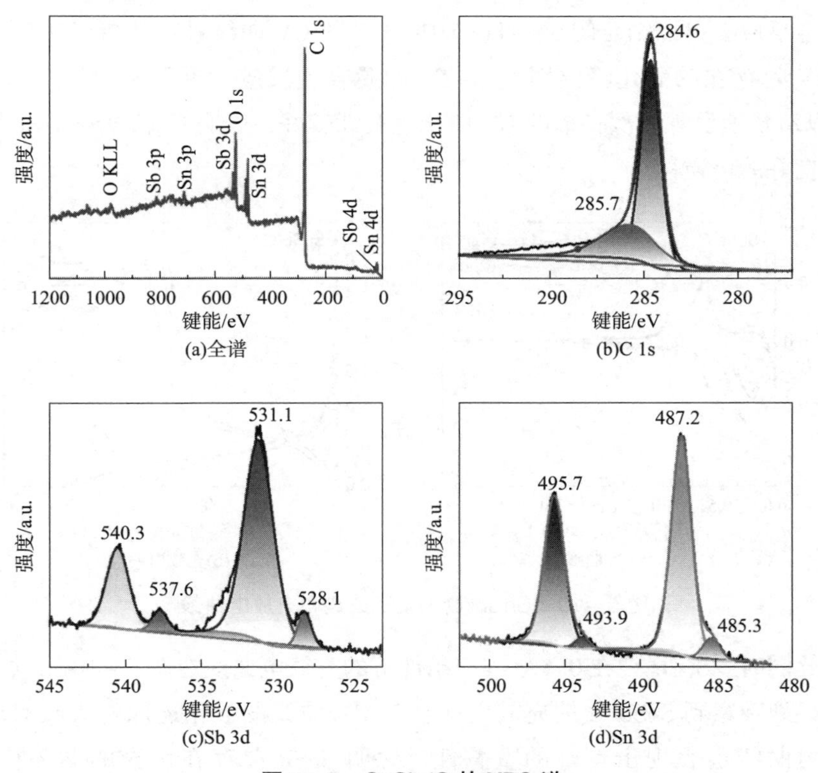

图 5 -9　SnSb/C 的 XPS 谱

5.3 SnSb/C的电化学性能研究

通过封装一系列CR2025型的纽扣电池以深入探究双金属SnSb/C纳米颗粒的储钠性能。在图5－10(a)中对SnSb/C进行了CV测试分析其反应机理，CV测试的电压范围为0～3V，扫描速率为0.2mV·s^{-1}。在图5－10(a)中可以明显地观察到首圈的阴极峰的位置与之后两圈的位置不一致，这主要是由于发生了合金化反应以及首圈固体电解质界面膜(SEI)的存在。在第二圈的阴极扫描中出现的两个还原峰归因于SnSb/C的多步合金化反应，研究上表明Sb的反应电位相比Sn较高，因此，在0.57V处发生了Na^+与Sb的合金化反应生成Na_3Sb，0.21V处Na^+才与Sn反应生成$Na_{15}Sn_4$。在此过程中Sn起到了缓冲作用，降低了内应力，在一定程度上缓解了体积膨胀效应，这便是SnSb合金的优势所在。此外，在第二圈的阳极扫描中0.19V以及0.63V处主要是发生了Na_3Sn和$Na_{15}Sn_4$的多步脱合金反应，可以结合图5－11(a)中Sn/C的CV曲线进行分析。在0.78V以及0.93V处存在的氧化峰归因于Na_3Sn的脱合金反应。更重要的是从图5－11(a)可以清楚地发现多次扫描的CV曲线重叠性较好，表明双金属SnSb/C纳米颗粒存在良好的可逆性。

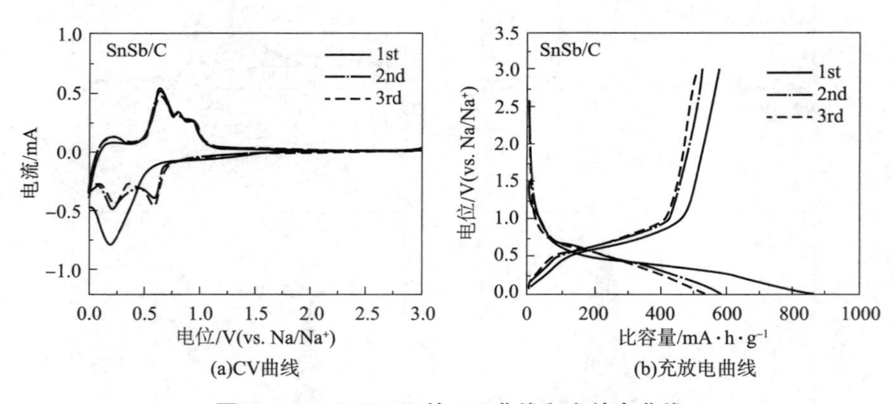

图5－10 SnSb/C的CV曲线和充放电曲线

与此同时，SnSb/C在0.1A·g^{-1}条件下的充放电曲线在图5－10(b)中呈现，可以明显地观察到SnSb/C的充放电平台与CV曲线的氧化还原峰大致对应，并且充放电曲线也表现出良好的重叠性，说明SnSb/C存在优异的循环稳定性。SnSb/C在首圈的充放电比容量分别为573/860.5mA·h·g^{-1}，具有66.6%的库伦效率，这主要是由于首圈 SEI 的存在。

此外，在图 5－11(a)中呈现了对比材料 Sn/C 在相同条件下的 CV 曲线，可以观察到首圈 CV 曲线中峰的位置与之后的循环存在明显的不同，显然这是受到 SEI 的影响。其中需要注意的是在首圈阳极扫描过程中存在连续的多个氧化峰分别在 0.24V、0.58V 以及 0.69V，这是 Sn 存在的多步脱合金反应。并且在图 5－11(c)的 Sn/C 充放电曲线中的首圈放电过程中也有体现，分别在 0.28V 以及 0.53V。这可以用来辅助分析 SnSb/C 的储钠反应机理。同样，Sb/C 的 CV 曲线在图 5－11(b)中显示，首圈已受到 SEI 的影响。关于 Sb/C 的充放电曲线在图 5－11(d)中呈现，与 CV 曲线基本一致，其首圈库伦效率为 65.2%。

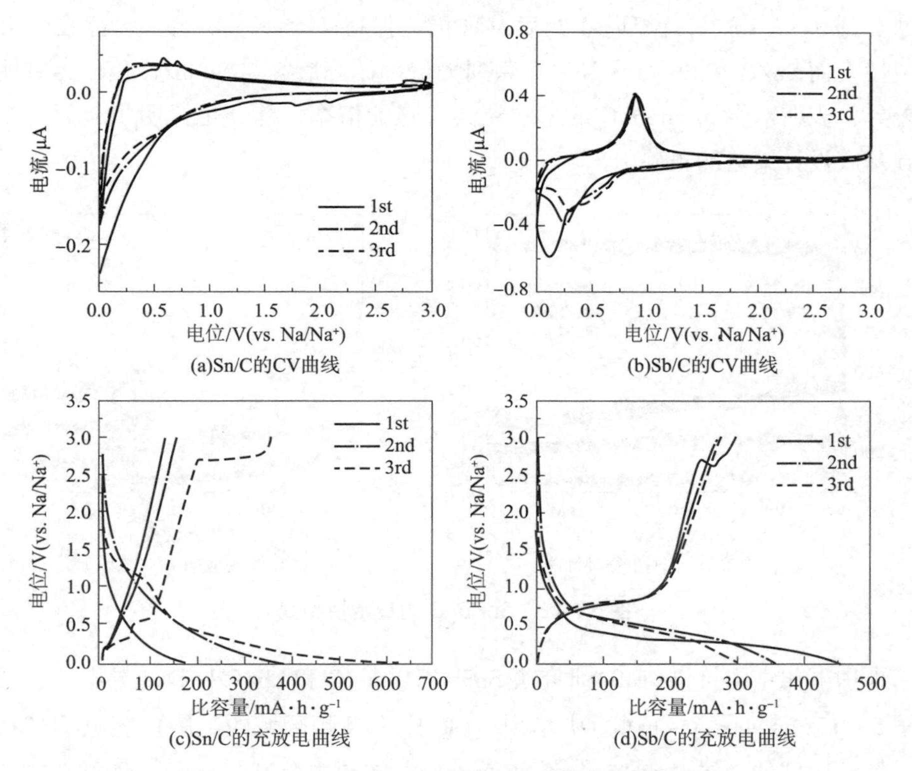

图 5－11　Sn/C 与 Sb/C 的 CV 曲线和充放电曲线

为了探究 SnSb/C 的循环稳定性进行了电池性能的测试，在图 5－12(a)中显示。SnSb/C 在首圈的充放电比容量分别为 550.7/815.1mA·h·g^{-1}，库伦效率为 67.56%。相比之下，Sb/C 以及 Sn/C 的库伦效率分别为 65.2%、56.8%。首圈库伦效率高低可以体现出材料中 SEI 对其的影响，从而判断是否有较好的容量保持率，依据以上数据可知 SnSb/C 在储钠可逆性方面具有良好的潜力。此外，在图中可以明显地发现 SnSb/C 在 0.1A·g^{-1}下循环 100 圈仍能保持 375.7mA·h·g^{-1}，而 Sb/C 以及 Sn/C 在相同条件下衰减为 230.4mA·h·g^{-1}和 71.5mA·h·g^{-1}，体现出 SnSb/C 不仅存在优异的比容量而且具有较好的稳定性能。这些有力地证明了双金属合金在缓冲体积膨胀，降低结构应力上具有显著的效果，且碳的存在也对循环过程中的可逆性能做出了贡献。在图 5-12(b) 中展示的是 SnSb/C、Sb/C 以及 Sn/C 的倍率性能。SnSb/C 在 0.1A·g^{-1}、0.2A·g^{-1}、0.4A·g^{-1}、0.8A·g^{-1}以及 1.6A·g^{-1}的放电比容量平均依次为 555mA·h·g^{-1}、370mA·h·g^{-1}、278.8mA·h·g^{-1}、235.4mA·h·g^{-1}以及 181.7mA·h·g^{-1}，之后将电流密度又恢复到 0.1A·g^{-1}，循环 30 圈后发现仍能保持 415mA·h·g^{-1}，存在优异的可逆性。而 Sn/C 和 Sb/C 在经过一系列大倍率循环后，与 SnSb/C 相比具有明显的差异，表明双金属 SnSb/C 纳米颗粒具有强的倍率性能，也说明了二元合金以及碳基底设计策略的正确引入。

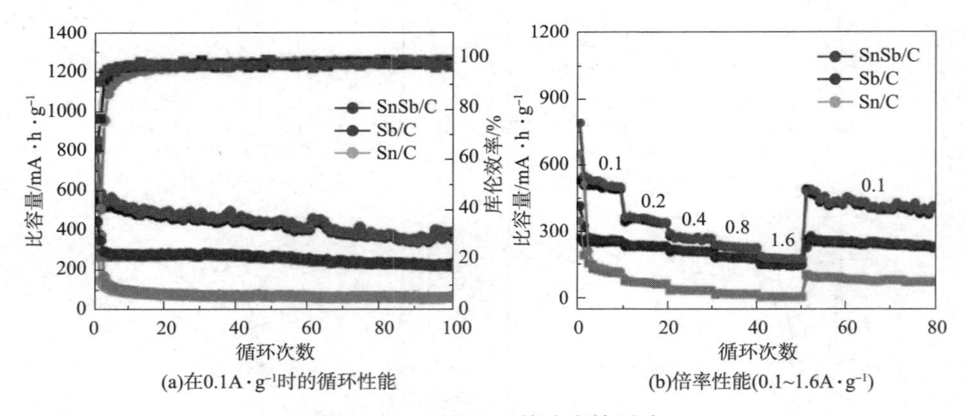

图 5-12 SnSb/C 的稳定性测试

采用电化学阻抗谱(EIS)研究了 SnSb/C、Sn/C 和 Sb/C 材料的导电性，分别在图 5-13(a)~图 5-13(c)中呈现。EIS 图中高频区域的半圆代表电荷转移电阻，低频区域的直线对应 Warburg 扩散过程。在图中分别给出了三种材料在新鲜状态下和循环 3 圈后的阻抗图的比较，可以明显地看到 SnSb/C 无论是在新鲜状态下还是循环 3 圈后半圆的直径均比 Sb/C 和 Sn/C 的小，且直线的斜率也较大，表明其电荷转移电阻小、扩散快，有利于离子的快速传输和提高电导率。此外，为了更好地分析 Na^+ 的扩散过程，式(3-2)~式(3-3)给出了 Z' 与 $\omega^{-1/2}$之间拟合线的斜率和 Na^+扩散系数(D_{Na^+})之间的关系。

从式(3－2)～式(3－3)可以看出 Warburg 因子(σ_w)越小，D_{Na^+} 值越大，表明扩散能力越强。在图 5－13(d)～图 5－13(f)中分别计算了在新鲜状态下和循环后三种材料的 σ_w 值，可以发现 SnSb/C 的 σ_w 值是三种材料里面最小的，强有力地证明了双金属 SnSb/C 纳米颗粒在储钠过程中动力学行为更佳，促进电化学性能的提高。

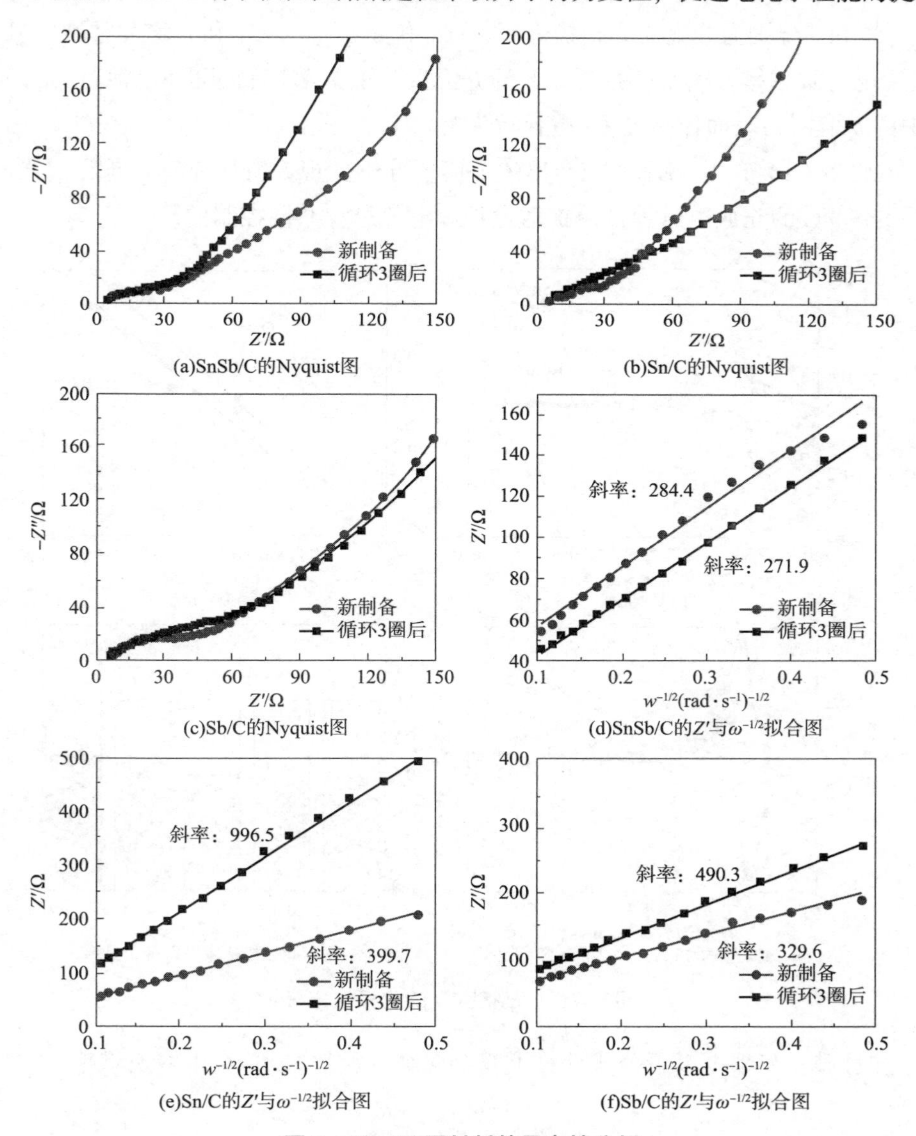

图 5－13 不同材料的导电性分析

为了分析材料所表现出的动力学行为的优异性，在图 5－14(a)中呈现了双金属 SnSb/C 纳米颗粒在 0.2～1.0mV·s^{-1} 扫描速率下的 CV 图。从图中可以观察到不同扫描速率下氧化还原峰的位置都大致相同，且随着扫描速率的增大，氧化还原峰越来越明显。电容贡献行为可以根据下式计算：

$$i = av^{b} \tag{5-1}$$

$$\log i = b\log v + \log a \tag{5-2}$$

式中，i 和 v 分别为峰电流和扫描速率，mA 和 $mV \cdot s^{-1}$；a 和 b 均为常数，其中 b 值为电容贡献率。通常，接近 0.5 的 b 值反映了扩散控制过程(电池行为)。接近 1 的 b 值则为表面控制过程(电容行为)。

在图 5－14(b)中展示了拟合出的 b 值，分析发现 b 值均介于 0.5 和 1 之间，表明 SnSb/C 的充放电过程是由扩散过程和电容过程共同控制的。

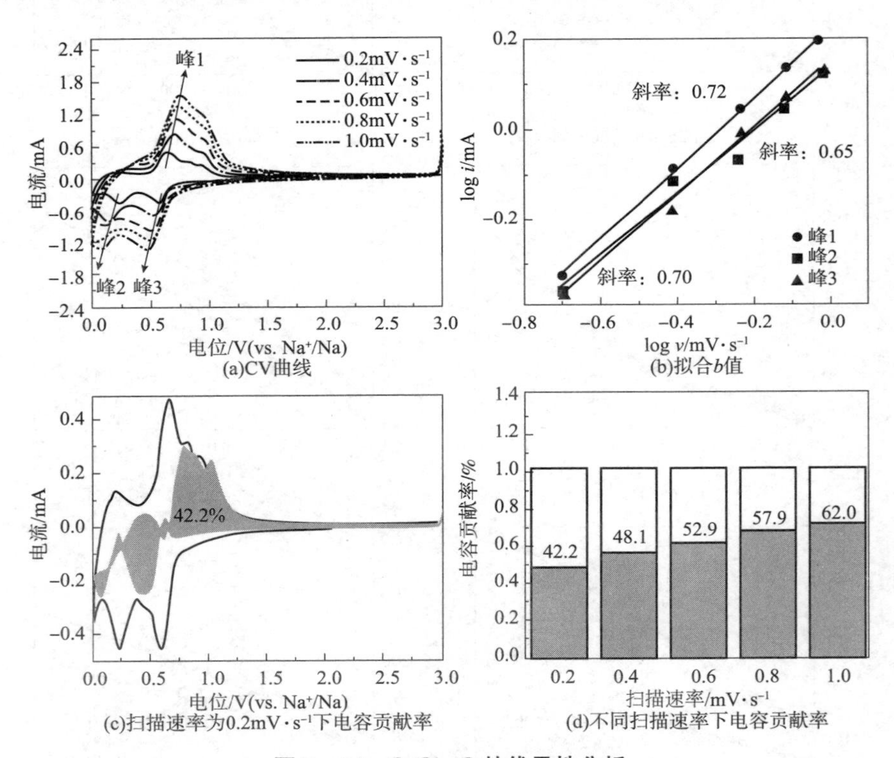

图 5－14　SnSb/C 的优异性分析

并且进一步根据以下公式计算了双金属纳米颗粒 SnSb/C 电容贡献率：

$$i(V) = k_1 v^{1/2} + k_2 v \tag{5-3}$$

$$i(V)/v^{1/2} = k_1 + k_2 v^{1/2} \tag{5-4}$$

式中，$i(V)$ 和 v 分别代表固定电位和特定的电压扫描速率，V 和 $mV \cdot s^{-1}$；k_1 和 k_2 是可调值，因此，$k_1 v$ 代表伪电容行为，$k_2 v$ 表示扩散控制行为。k_1 和 k_2 的值可以通过绘制给定电势下 $iv^{-1/2}$ 和 $v^{1/2}$ 之间的关系获得。

根据上述公式可以计算出 k_2v 的值，也就是扩散控制的部分。正如图 5－14(c)中所示，SnSb/C 在 0.2mV · s^{-1} 扫描速率下的赝电容贡献率为 42.2%。与此同时，在图 5－14(d)中描述了 SnSb/C 在不同扫描速率下的赝电容贡献率，其值分别为 42.2%、48.1%、52.9%、57.9%、62.0%，可以明显地发现随着扫描速率的增加，其电容贡献率逐渐升高，且逐渐以电容行为主导，有利于增强材料的倍率性能，加快反应动力学，表现出优异的储钠性能。

此外，在图 5－15(a)中展示了对比材料 Sn/C 在不同扫描速率下的 CV 衍生图，图中氧化还原峰的位置基本没有变化。在图 5－15(b)中显示了针对不同氧化还原峰拟合的 b 值，可以看到 b 值分别为 0.70 和 0.89，表明 Sn/C 的储钠过程是混合控制的，这与主材料一致。Sn/C 在 0.2mV · s^{-1} 的赝电容贡献率在图 5－15(c)显示，而且图 5－15(d)中也算出了在不同扫描速率下的赝电容贡献率值，通过分析可知 Sn/C 在储钠过程主要由扩散过程控制。

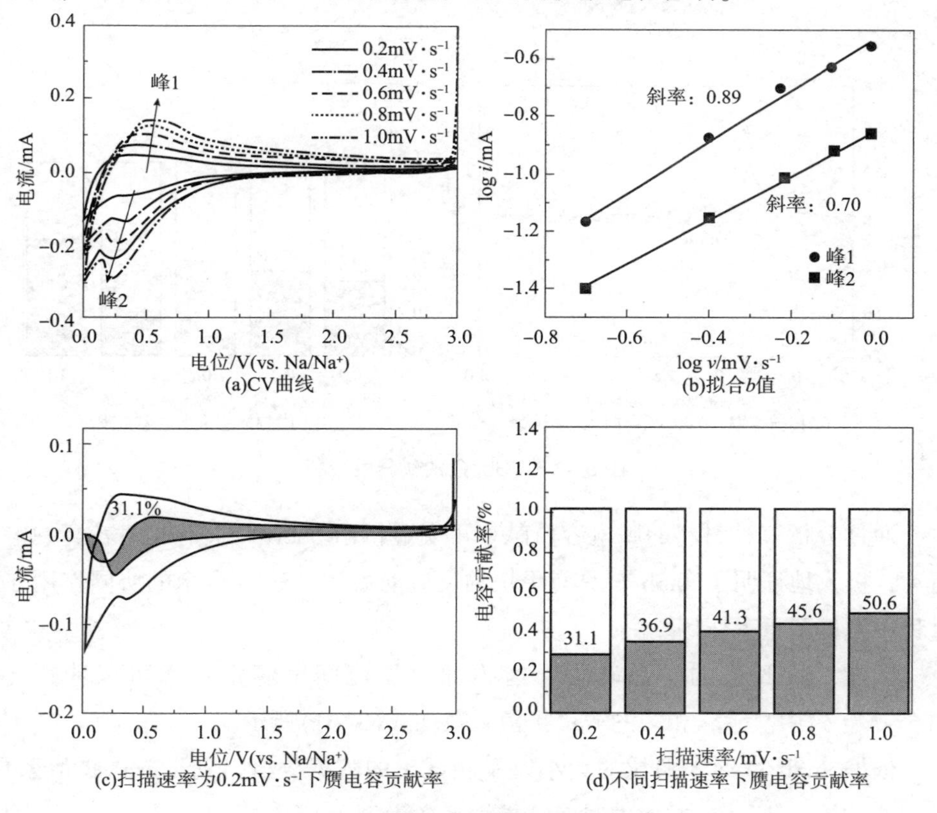

图 5－15 Sn/C 的优异性分析

对比材料 Sb/C 在不同梯度扫描速率下的 CV 曲线如图 5－16(a)所示。同样地，CV 曲线随着扫描速率的增加有轻微的偏移，峰位变化不大。根据上述关于 SnSb/C 提到的公式求出了代表电容贡献率的 b 值，见图 5－16(b)。Sb/C 拟合出的 b 值是大于 0.5 小于 1 的，但对于 SnSb/C 来说 b 值相对较小。与此同时，在图 5－16(c)和图 5－16(d)中分别展示了在不同扫描速率下的电容贡献率，明显发现在低扫描速率下主要由扩散过程控制，高扫描速率下则主要由电容过程贡献。

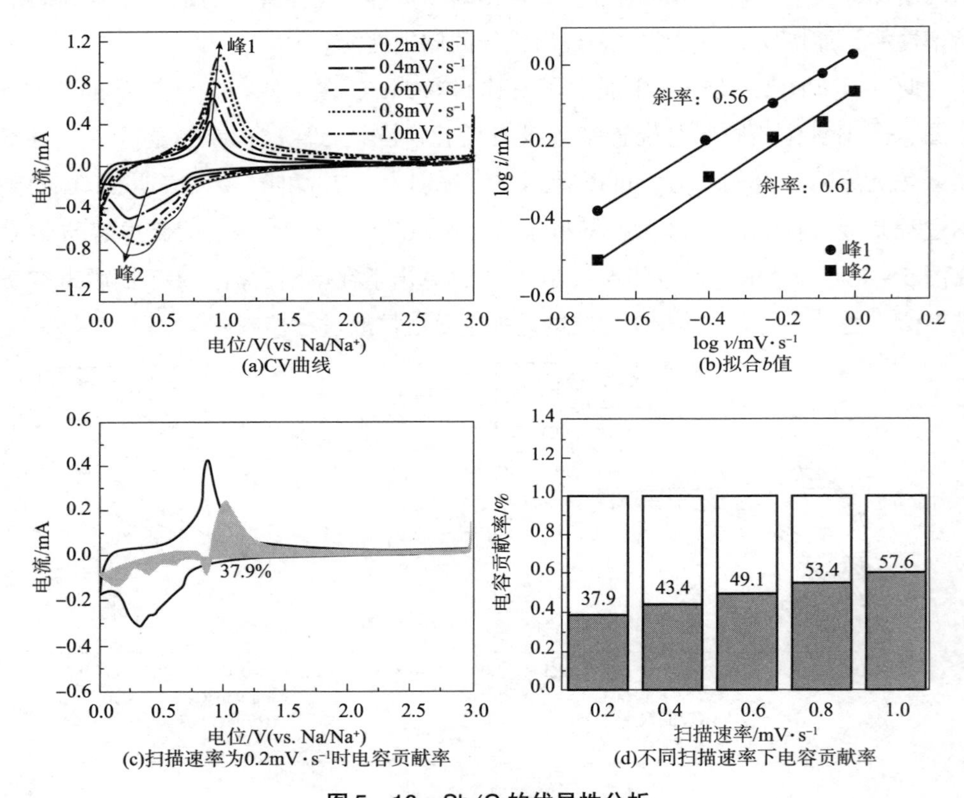

图 5－16　Sb/C 的优异性分析

通过分析三种材料的赝电容贡献率可明显得出 SnSb/C 具有相对较高的电容行为，极大地证明了 SnSb/C 具有更快的反应动力学，SnSb 合金的协同作用在此过程中发挥了重大作用。

此外，SnSb/C 的扩散动力学能力通过恒流间歇滴定技术可以获得，在图 5－17(a)中显示，相关的 Na^+ 扩散系数如式(3－4)所示。

依据 SnSb/C 纳米颗粒的大小以及测试出的数据分析得到了 Na^+ 扩散系数，如图 5－17(b)所示。在放电时 Na^+ 扩散系数为 $1.21\times10^{-14}\sim5.43\times10^{-14}$，而充

电时 Na^+ 扩散系数为 10^{-15} ~ 5.37×10^{-15}，表明在脱合金化反应中动力学较快。

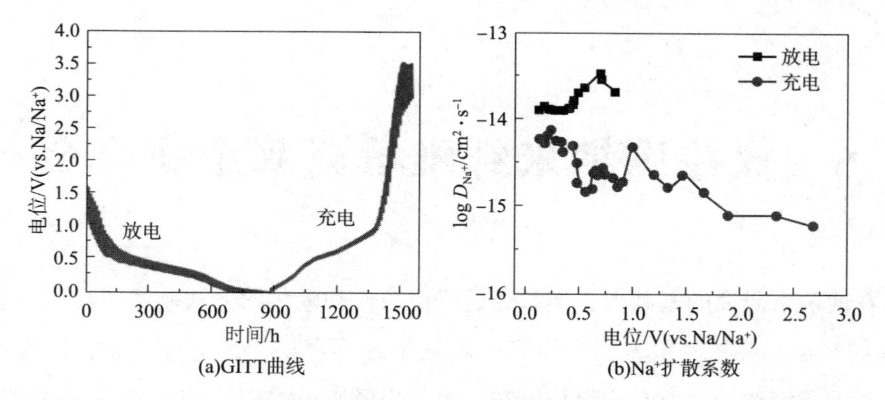

(a)GITT曲线　　(b)Na^+扩散系数

图5－17　SnSb/C首圈充放电过程中的GITT曲线和相应的 Na^+ 扩散系数

5.4　本章小结

双金属SnSb/C纳米颗粒是采用溶胶－凝胶法以及退火法制备而成的。其中SnSb合金的存在对体积膨胀效应能够起到一定的缓冲作用，这归因于Sn和Sb钠化电位的不同以及两者的协同作用，并且在理论容量上也占据极好的优势；将合金纳米化有利于促进离子/电子的传输，在增强储钠反应的动力学上具有重要意义；碳基底的支撑不仅有利于提高材料的导电性，而且能够有效缓解颗粒团聚以及电极粉化。显然，将双金属SnSb/C纳米颗粒应用在钠离子半电池中时表现出突出的电化学性能，在 $0.1A\cdot g^{-1}$ 下循环100圈仍能保持 $375.7mA\cdot h\cdot g^{-1}$ 的放电比容量。上述设计思路对后续研究者们探究更优越的钠离子阳极材料具有一定的启发功能。

6　氮掺碳纳米纤维填充双金属合金

在前两章研究的基础上，本章通过静电纺丝和碳化的方法制备了均匀的超细SbSn纳米点，并将其包裹在含氮多孔碳纳米纤维(SbSn@NCNFs)中，以缓冲体积膨胀的困境改变。所有原料均能在二甲基甲酰胺(DMF)中完全溶解，直接避免了水解问题。此外，利用PAN同时作为模板和碳源，可在材料制备的过程中为碳材料引入多孔结构和N掺杂。

6.1　氮掺碳纳米纤维填充SbSn双金属合金材料的制备

实验所用试剂均为分析级试剂。采用静电纺丝技术和煅烧氢还原法制备了SbSn@NCNFs。图6-1直观地展示了SbSn@NCNFs的制备过程。首先，将0.7g PAN溶解于8mL N-N二甲基甲酰胺(DMF)溶液中，搅拌2h。溶液澄清透明后，加入0.5g $SnCl_2 \cdot 2H_2O$和0.5g $SbCl_3$，室温搅拌48h，得到了黏稠的乳白色前驱体混合溶液。其次，将所得混合物放入配备19针的5mL注射器中。将溶液流速控制在$0.6mL \cdot h^{-1}$，在针和收集器之间施加15kV的高压，再将距离调整到10cm左右。再次，用铝箔收集纳米纤维。又次，将收集的纳米纤维置于管式炉

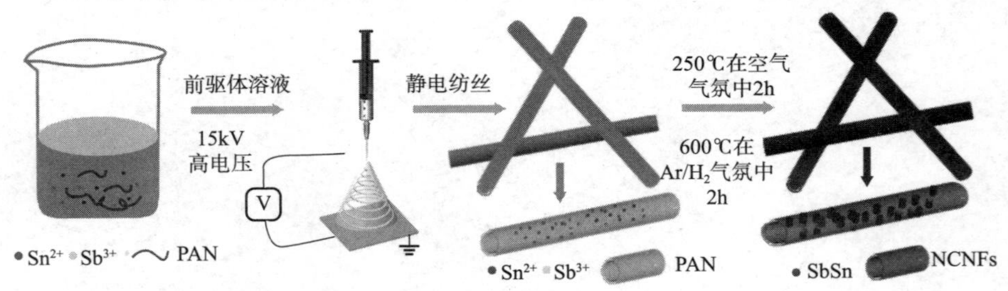

图6-1　SbSn@NCNFs纳米复合材料的制备示意图

中，以5℃ · min^{-1}的加热速率在空气中将温度升高至250℃并保持2h。最后，以2℃ · min^{-1}的加热速率将温度升高至600℃，并在氩和氢的混合气体中保持2h。氩气与氢气的流量比为90%(体积)：10%(体积)，从而获得了SbSn@NCNFs阳极材料。

6.2 SbSn@NCNFs纳米复合材料的形貌与结构表征

利用SEM、TEM等分析手段，对SbSn@NCNFs形貌和晶体结构进行了研究。采用粉末X射线衍射(XRD)分析了该材料的结晶度和相组成。如图6-2(a)所示，SbSn@NCNFs纳米复合材料的XRD图谱在29.1°、41.5°、51.7°、60.3°、68.5°和76.0°处出现的主要衍射峰，与(101)、(012)、(021)、(202)、(211，122)晶面重合。由于选择了Sn和Sb的前体氯化物，金属离子在氢气气氛中被还原形成SbSn合金。SbSn@NCNFs X射线衍射图谱与SbSn的标准JCPDS卡(No. 33-0118)匹配良好，没有其他杂质峰。图6-2(b)显示了静电纺丝后PAN/$SnCl_2$/$SbCl_3$前体溶液的初始纤维的SEM图像。从中可以看出纤维长而连续，直径均匀，相对范围为200~500nm。图6-2(c)和图6-2(d)为最终产物的形态，与初纺纤维相比，其结构没有明显变化。为了进一步观察其形态，采用能量色散光谱仪(EDS)分析了C、N、Sn和Sb元素在SbSn@NCNFs复合材料中的分布，如图6-2(e)~图6-2(i)所示。元素含量分布如图6-2(e)中的插图所示。可以看到Sn：Sb含量比约为1：1。

在图6-3中，通过TEM进一步研究了合成的SbSn@NCNFs复合材料的详细内部微观结构和组成。由图6-3(a)可以看出SbSn纳米点均匀分布在碳纳米纤维中，这是在SEM中没有观察到的。图6-3(b)和图6-3(c)为C、N、Sn和Sb的EDS元素映射图。如元素映射图所示，Sn和Sb纳米点均匀分布在纳米纤维中。显然，纳米点主要由Sn和Sb元素组成，推测是氢气还原形成金属元素所致，C和N元素局限在碳纤维表面，这证实了碳纳米纤维中广泛的氮掺杂。此外，氮掺杂碳材料可以大大提高其电子导电性，从而提高电化学性能。元素含量分布如图6-3(d)所示，可见元素Sn：Sb的含量比约为1：1。静电纺丝后得到

的 $PAN/SnCl_2/SbCl_3$ 前驱体纤维的 TEM 图像如图 6－4 所示，通过对照 TEM 和 XRD 结果，发现没有明显的金属纳米点，因为它们仍然以盐的形式存在。通过 EDS 可以确定 Sn 和 Sb 的含量比也约为 1∶1，所以 Sn 和 Sb 的含量在反应过程中保持不变。图 6－3(e)中的高分辨率 TEM 图像清楚地显示了 SbSn 纳米点的结晶条纹。在图 6－3(e)中，可以将两组 0.31nm 和 0.22nm 的晶体条纹指定给四方 SbSn 的(101，012)平面距离，这与 XRD 结果非常一致。为了进一步证明复合材料中各个元素的分布，绘制了带有单个 SbSn 纳米点 STEM 图像的区域。

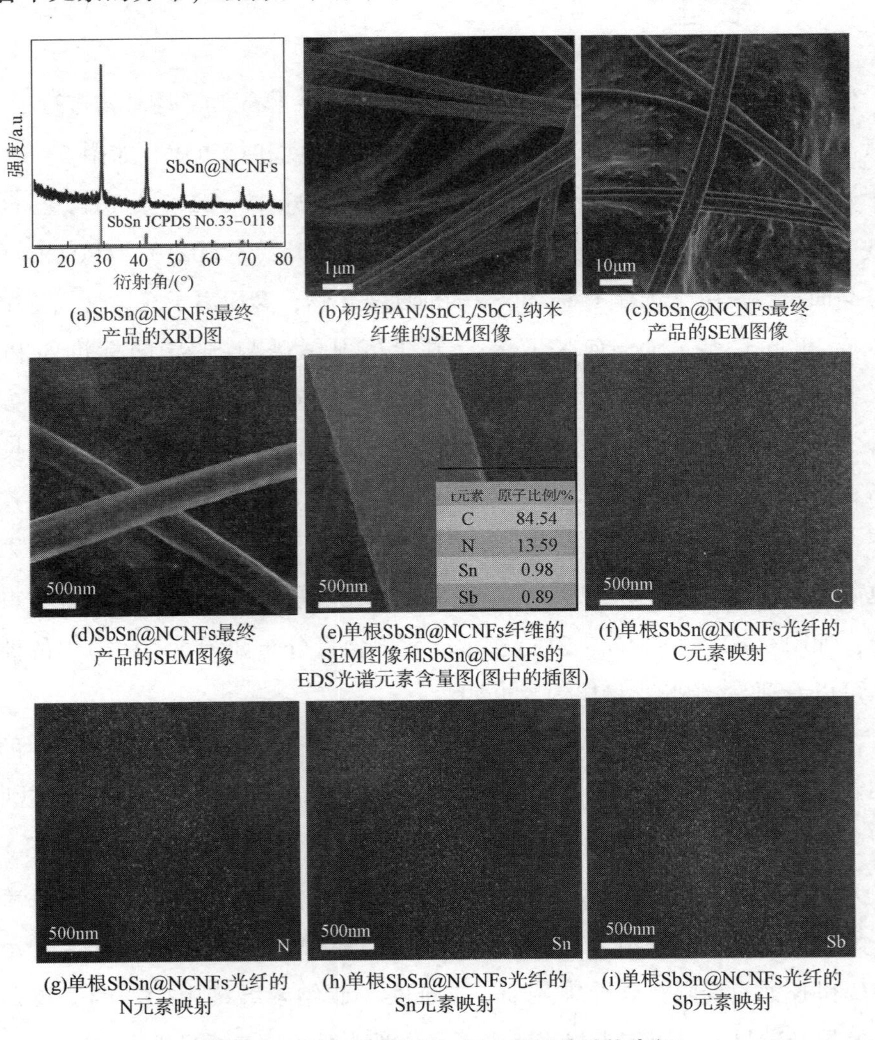

(a)SbSn@NCNFs最终产品的XRD图　(b)初纺 $PAN/SnCl_2/SbCl_3$ 纳米纤维的SEM图像　(c)SbSn@NCNFs最终产品的SEM图像

(d)SbSn@NCNFs最终产品的SEM图像　(e)单根SbSn@NCNFs纤维的SEM图像和SbSn@NCNFs的EDS光谱元素含量图(图中的插图)　(f)单根SbSn@NCNFs光纤的C元素映射

(g)单根SbSn@NCNFs光纤的N元素映射　(h)单根SbSn@NCNFs光纤的Sn元素映射　(i)单根SbSn@NCNFs光纤的Sb元素映射

图 6－2　SbSn@NCNFs 复合材料的结构表征

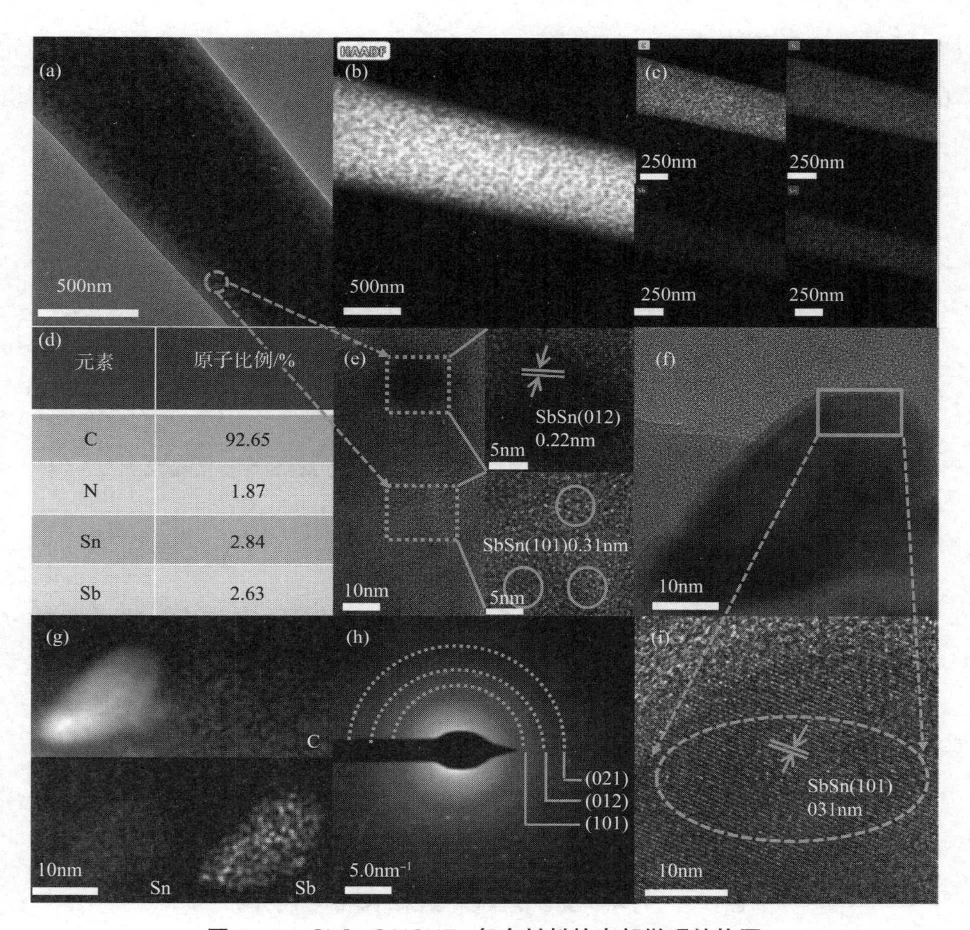

图 6-3 SbSn@NCNFs 复合材料的内部微观结构图

(a)为单根 SbSn@NCNFs 纤维的 TEM 图像；(b)和(c)分别为 HAADF 图像以及 C、N、Sn 和 Sb 的元素映射；(d)为 SbSn@NCNFs 的 EDS 光谱元素含量图；(e)为 SbSn 纳米点的结晶条纹高分辨率 TEM 图像及晶格条纹放大图像；(f)和(g)分别为单个 SbSn 纳米点的高分辨率 TEM 图像以及 C、Sn 和 Sb 的对应 EDS 映射；(h)为 SbSn 纳米点相应的选区衍射(SAED)图案；(i)为高功率透射晶格边缘放大图像

图 6-3(f)为单个 SbSn 纳米点的高分辨率 TEM 图像，图 6-3(g)显示了单个 SbSn 纳米点以及对应的 C、Sn、Sb 的 EDS 映射。与图 6-3(h)中的 SbSn@NCNFs 对应的选定区域电子衍射(SAED)是由于 SbSn 纳米点呈现圆形衍射图，衍射图样可分别指向 SbSn 的(101)、(012，021)平面，进一步描述了 SbSn 合金纳米点的结晶性质。图 6-3(i)高分辨率的 TEM 图像显示了 SbSn 的晶体条纹和晶格边缘的放大图像。使用 Ni_3Sn_2@NCNFs 及 NiSb@NCNFs 作为对比材料。由前一章相关表征内容可知，这些复合材料有许多相似之处和不同之处。这三种材料都是均匀分布的纳米纤维，外观上没有太大差异，但尺寸不同。通过透射电镜可

以看到单根纳米纤维中有相对均匀的纳米点分布，特别是用能谱仪(EDS)分析元素的分布(图6－4)，可以看出每种材料都有各自的性质。每种材料的XRD图谱均与标准XRD图谱匹配，不存在其他杂质。

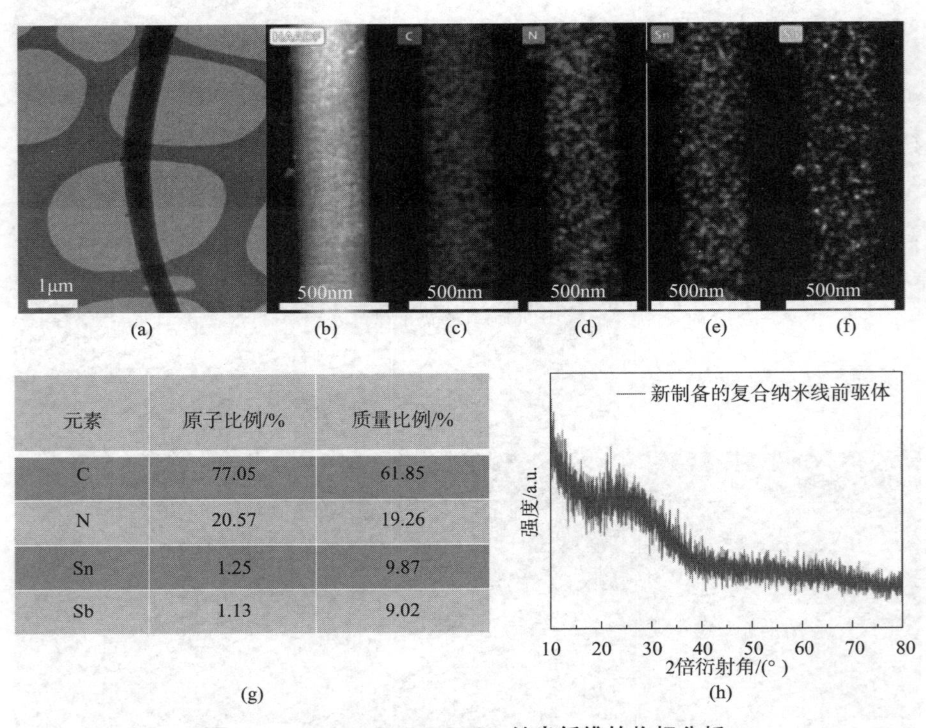

元素	原子比例/%	质量比例/%
C	77.05	61.85
N	20.57	19.26
Sn	1.25	9.87
Sb	1.13	9.02

图6－4　PAN/$SnCl_2$/$SbCl_3$ 纳米纤维的物相分析

(a)和(b)为单根初纺PAN/$SnCl_2$/$SbCl_3$纳米纤维的TEM图像；(c)～(f)为单根初纺PAN/$SnCl_2$/$SbCl_3$纳米纤维的HAADF STEM图像及C、N、Sn和Sb元素映射图；(g)为单根初纺PAN/$SnCl_2$/$SbCl_3$纳米纤维的EDS光谱元素含量图；(h)为PAN/$SnCl_2$/$SbCl_3$初纺纳米纤维的XRD图谱

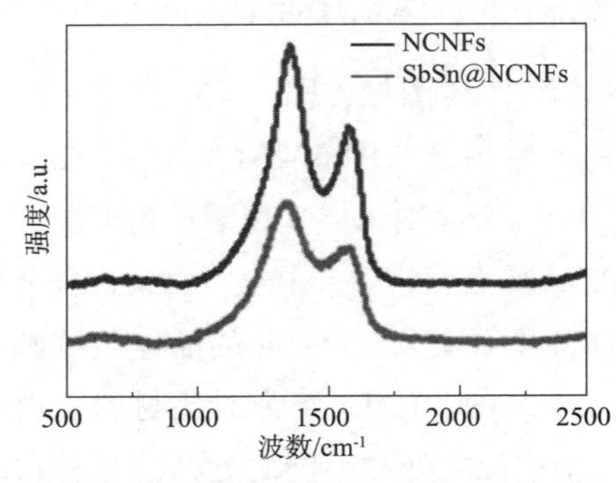

图6－5　NCNFs和SbSn@NCNFs的拉曼光谱

为了更好地研究SbSn@ NCNFs纳米复合材料中碳物种的特征，分别对SbSn@ NCNFs和NCNFs进行了拉曼光谱测试，结果如图6－5所示。可以看到SbSn@ NCNFs复合材料显示出典型的D峰($1346cm^{-1}$)和G峰($1589cm^{-1}$)，分别代表碳材料的缺陷和石墨化碳的程度，峰值比(I_D/I_G)约为1.30。而NCNFs峰值比(I_D/I_G)约

为 1.28。SbSn@ NCNFs 的峰值比(I_D/I_G)较大，表明纳米复合纤维中碳的无序性质得到增强，SbSn@ NCNFs 纳米复合材料的缺陷更多，有利于离子扩散和电子转移，为钠的存储提供更多插入位点，有助于提高 SbSn@ NCNFs 纳米复合材料的整体容量，从而改善其电化学性能。另外，SbSn@ NCNFs 中的碳基体似乎具有无定形结构，在 Na^+ 插入和提取过程中可作为强缓冲剂以适应机械应力。

通过热重分析(TGA)估算复合材料 SbSn@ NCNFs 中 SbSn 的含量，测试条件为：在空气气氛下，以 10℃ · min^{-1} 的升温速率从室温升温至 800℃。如图 6-6 所示，该 TGA 曲线显示两个典型的重量损失区间。200℃ 以下约 9.62% 的重量损失归因于水的蒸发，而在 350～500℃ 约 40.02% 的重量损失主要是碳燃烧产生二氧化碳的缘故。因此通过计算 SbSn@ NCNFs 纳米复合材料中 SbSn 的含量约为 50.36%。

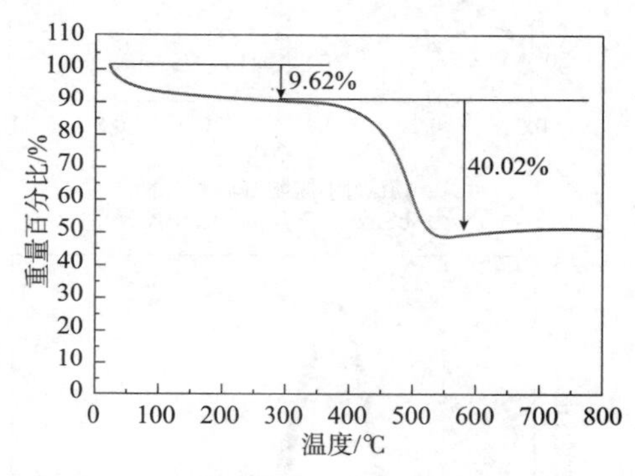

图 6-6 SbSn@NCNFs 在空气环境中的 TGA 曲线

图 6-7(a)为 SbSn@ NCNFs 复合材料的 N_2 吸附-脱附曲线，根据比表面积计算方法可得 SbSn@ NCNFs 的比表面积为 75.5$m^2 \cdot g^{-1}$。图 6-7(a)中的插图为孔径分布曲线，由 Barrett-Joyner-Halenda(BJH)孔径分析结果可知，SbSn@ NCNFs 纳米复合材料的孔径主要分布在 3～30nm，没有明显变化。所以，多孔结构的存在有利于活性物质之间的接触以及增加 Na^+ 的有效扩散，并且缓冲重复充放电过程中的体积变化。

通过 X 射线光电子能谱(XPS)分析了复合物中 SbSn@ NCNFs 的元素组成和化学价态，如图 6-7(b)所示为 SbSn@ NCNFs 纳米复合材料 0～1100eV 范围内的全谱图，可以观察到复合材料表面上有 Sn、Sb、C、N 及 O 元素存在。全谱中 O 元素的存在主要是由于 SbSn@ NCNFs 纳米复合材料长期暴露于空气中引起表面的部分氧化。从图 6-7(c)可以清楚地看到复合材料中 C1s 高分辨的 XPS 光谱，该峰被拟合成 5 个峰，结合能位于 284.6eV、285.6eV、286.7eV、287.6eV、288.3eV，分别对应于 C—C、C ═N、C—O、C—N、C ═O 键。图 6-7(d)是 N1s 高分辨的 XPS 光谱，该峰被拟合成结合能位于 398.1eV、399.9eV 和 402.7eV 的三个分峰，分别对应于吡啶类、腈和季氮。图 6-7(e)中 Sn 元素在

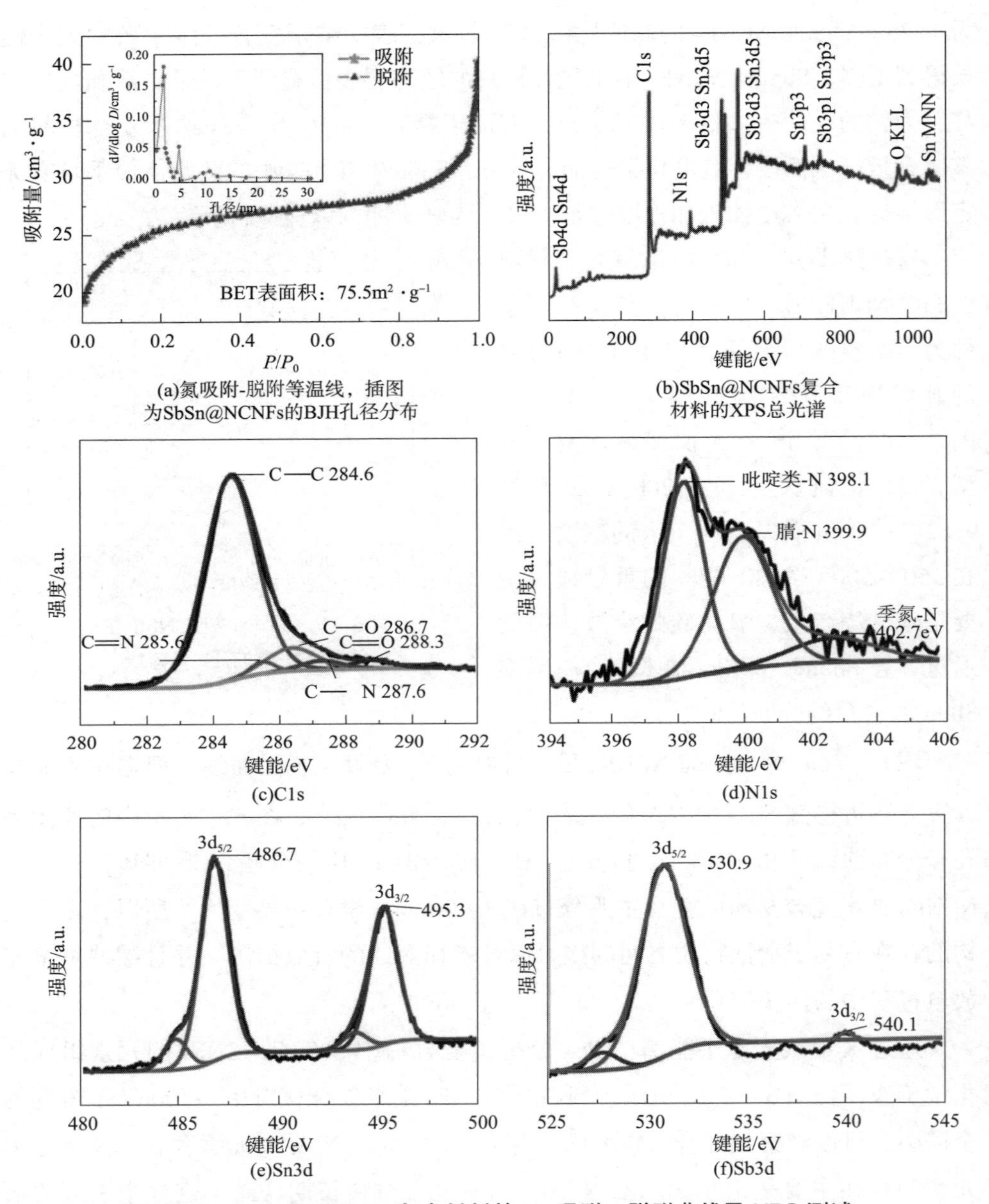

图 6－7 SbSn@NCNFs 复合材料的 N_2 吸附－脱附曲线及 XPS 测试

486.7 和 495.3eV 位置的特征峰分别对应于 Sn 的 $Sn3d_{5/2}$ 和 $Sn3d_{3/2}$，图 6－7(f) 中 Sb 元素在 540.1 和 530.9eV 位置的特征峰分别对应于 Sb 的 $Sb3d_{3/2}$ 和 $Sb3d_{5/2}$。与 Sn@ NCNFs纳米复合材料和 Sb@ NCNFs 纳米复合材料相比，SbSn@ NCNFs 纳米复合材料的 Sb3d 峰和 Sn3d 峰的结合能向较低的结合能方向移动，这可能归因于

SbSn 纳米点与碳基质之间的相互作用。重要的是，Sn 和 Sb 之间形成了一种可使峰移动的 SbSn 合金。

以上分析结果表明，合成 SbSn@ NCNFs 纳米复合材料的策略是通用高效且方便的，并且 SbSn@ NCNFs 纳米复合材料具有几个优势。如合金纳米点均匀分布在多孔碳纳米纤维内，多孔结构实现氮掺杂，有利于离子的传输等。

6.3 SbSn@NCNFs 纳米复合材料钠离子电池电化学性能的研究

为了揭示这种 SbSn@ NCNFs 纳米复合材料的储钠性能将其组装成纽扣电池进行性能测试，该半电池的对电极是金属钠。首先测试了 SbSn@ NCNFs 纳米复合材料的 CV 曲线，以探讨电极材料在钠脱嵌过程中的反应机理。图 6 - 8(a) 显示了 SbSn@ NCNFs 复合材料的前 3 圈 CV 曲线。测试条件为 0.005 ~ 3.0V(相对于 Na/Na^+)，扫描速率为 0.2mV · s^{-1}。可以清楚地看到，在第一个放电阴极扫描曲线中，还原峰相对于 Na/Na^+ 出现在 0.9 ~ 1.2V 之处，但在随后的还原过程中消失了，这与后面的曲线不同。主要是由于在电极表面形成了固体电解质膜(SEI)。在随后的 CV 曲线中，还原峰曲线略有偏移，而氧化峰曲线基本重合，表明该材料在形成稳定的 SEI 膜后具有良好的电化学循环稳定性。然后，在 CV 曲线中可以明显观察到 8 个峰。对于 SbSn@ NCNFs 阳极复合材料，合金化和脱合金过程比较复杂。因为与 Sn 相比，Na^+ 和 Sb 的键合能更高，所以 Na^+ 首先与 Sb 发生反应，在 0.54V(峰值 1)和 0.43V(峰值 2)处的峰表明与 Sb 形成 Na_3Sb 的合金化反应。在较低的电势 0.22V(峰值 3)和接近 0V(峰值 4)表示进一步与 Sn 的合金化反应分别生成 Na_xSn(x 约为 0.5)和 $Na_{15}Sn_4$。相反，0.15V(峰值 5)、0.25V(峰值 6)和 0.64V(峰值 7)的峰值分别对应于 Na_xSn(x 约为 0.5)的脱合金过程。0.94V 的峰值 8 表示与 Sb 的最终脱合金。脱合金化反应过程基本与合金化反应过程相反。曲线在随后的循环中基本重叠。可以看到 SbSn@ NCNFs 电极 CV 曲线重叠得很好，表明具有高度可逆性和良好的循环稳定性。为了研究 SbSn@ NCNFs 电极的可循环性，即进行了恒电流充/放电测试，图 6 - 8(b) 为 SbSn@ NCNFs 电极在电流密度为 0.1A · g^{-1} 下所获得的第 1、2、10、50、100 和 200 圈的充放电曲线图谱。从图中可以看到，电压平台出现在 0.75V(vs Na/Na^+)的范围内，这基本上与 CV 曲线中氧化还原峰的位置一致。对于 SbSn@ NCNFs 复合电

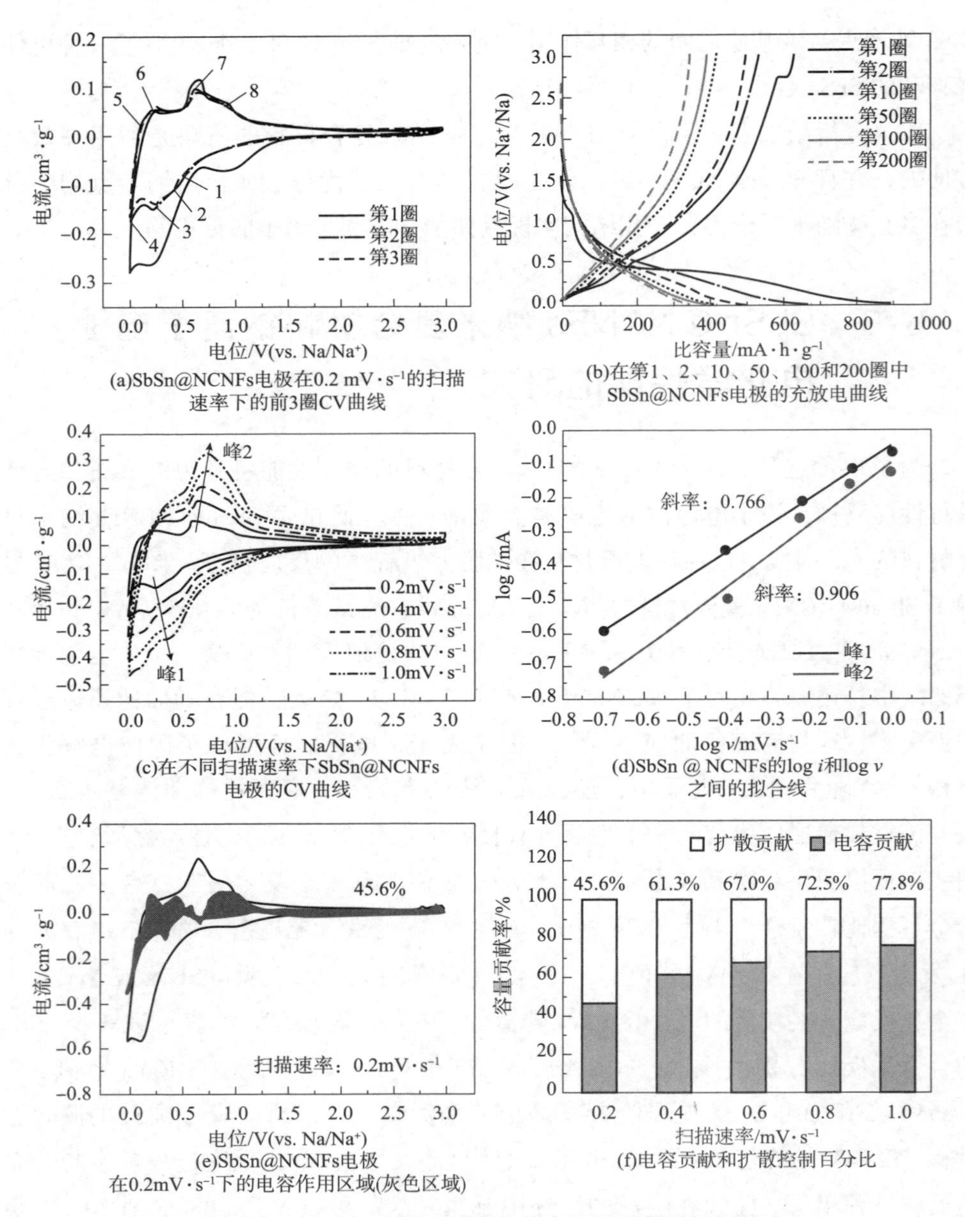

图6-8 SbSn@NCNFs 纳米复合材料的电池性能测试

极，首次放电和充电比容量分别约为 808mA·h·g^{-1}和 589mA·h·g^{-1}，这表明初始库伦效率(ICE)约为 72.90%。首次循环过程中较大的比容量损失和相对较低的库伦效率主要归因于不可逆 SEI 膜的形成，电解液的分解以及钠离子嵌入后提取不完全。此外，SbSn@ NCNFs 的库伦效率在第 2 圈迅速提高到 95%，在随后的循环中保持稳定，表明 Na^+ 存储反应具有出色的可逆性。

为了进一步探究 SbSn@ NCNFs 纳米复合材料的储钠机理和定量分析，在 0.006 ~ 3V 的电压下，扫描速率为 0.2 ~ 1.0mV · s^{-1}，用一系列 CV 曲线研究了不同扫描速度下 SbSn@ NCNFs 电极的电容效应和扩散控制比。测试结果如图 6 – 8(c)所示，在这些曲线中有一个氧化峰和一个还原峰。显然，随着扫描速率的增加，CV 曲线在还原和氧化过程中显示出相似的形状。峰值电流(i)与扫描速率(v)的平方根不成比例，这意味着 SbSn@ NCNFs 阳极材料中钠离子的嵌入和解吸包括法拉第行为和非法拉第行为。通常情况下，电流(i)和扫描速率(v)之间的关系服从式(5 – 1)。

从图 6 – 8(d)中可以看出，氧化峰的斜率为 0.766，而还原峰的斜率为 0.906。该结果表明，SbSn@ NCNFs 阳极纳米复合材料的电化学反应需要同时通过扩散和电容控制。为了进一步研究电容效应和扩散效应控制的贡献，通过式(5 – 3)和式(5 – 4)计算特定扫描速率下的赝电容贡献率。

闭合的 CV 曲线的面积对应于电极材料的电荷存储的贡献率，包括由法拉第反应和固体扩散控制所产生的储存钠离子的能力。计算结果如图 6 – 8(e)所示。可以看到扫描速率为 0.2mV · s^{-1}时的电容贡献(灰色区域)率为 45.6%。图 6 – 8(f)显示了在不同扫描速度下纳米复合材料的电容贡献和扩散控制的百分比，从图中可以看出，随着扫描速率的增加，电容效应变得更加明显，SbSn@ NCNFs 电极在 0.2、0.4、0.6、0.8 和 1.0mV · s^{-1}的扫描速度下相应的电容效应分别为 45.6%、61.3%、67.0%、72.5%、77.8%。可以发现 SbSn@ NCNFs 的电容效应较高，主要是由于合金纳米点的负载可能有助于法拉第电荷吸附。因此，SbSn@ NCNFs 电极较高的赝电容贡献有利于钠离子的快速存储，可显示出优异的电化学性能。

随后研究了 SbSn@ NCNFs 电极在不同电流密度下的充放电曲线，由图 6 – 9(a)可知在 0.1、0.2、0.4、0.8 和 1.6A · g^{-1}电流密度下的充放电曲线呈现相同的变化趋势，只是随着电流密度的增加，可逆比容量依次减小。在电流密度为 1.6A · g^{-1}时，可逆比容量达到 334mA · h · g^{-1}。随后对比了 SbSn@ NCNFs、Ni_3Sn_2@ NCNFs、NiSb@ NCNFs 电极的速率性能。如图 6 – 9(b)所示：SbSn@ NCNFs 电极在 0.1A · g^{-1}时显示出 668mA · h · g^{-1}的可逆比容量，当电流密度提高到 0.2、0.4、0.8 和 1.6A · g^{-1}时，SbSn@ NCNFs 电极的可逆比容量分别为 558、472、404 和 334mA · h · g^{-1}。并且，当电流密度迅速恢复到 0.1A · g^{-1}时，SbSn@ NCNFs 电极的可逆比容量又升高到 557mA · h · g^{-1}。这证明了 SbSn

@ NCNFs 纳米复合材料具有出色的速率性能。此外，与 SbSn@ NCNFs 电极相比，Ni_3Sn_2@ NCNFs、NiSb@ NCNFs 电极由于惰性金属 Ni 只起到缓解体积膨胀的作用，对提高容量没有太大的作用，因此表现出较低的速率性能。在 0.1～1.6A · g^{-1}电流密度下，SbSn@ NCNFs 电极的可逆比容量是明显高于其他比较电极的。

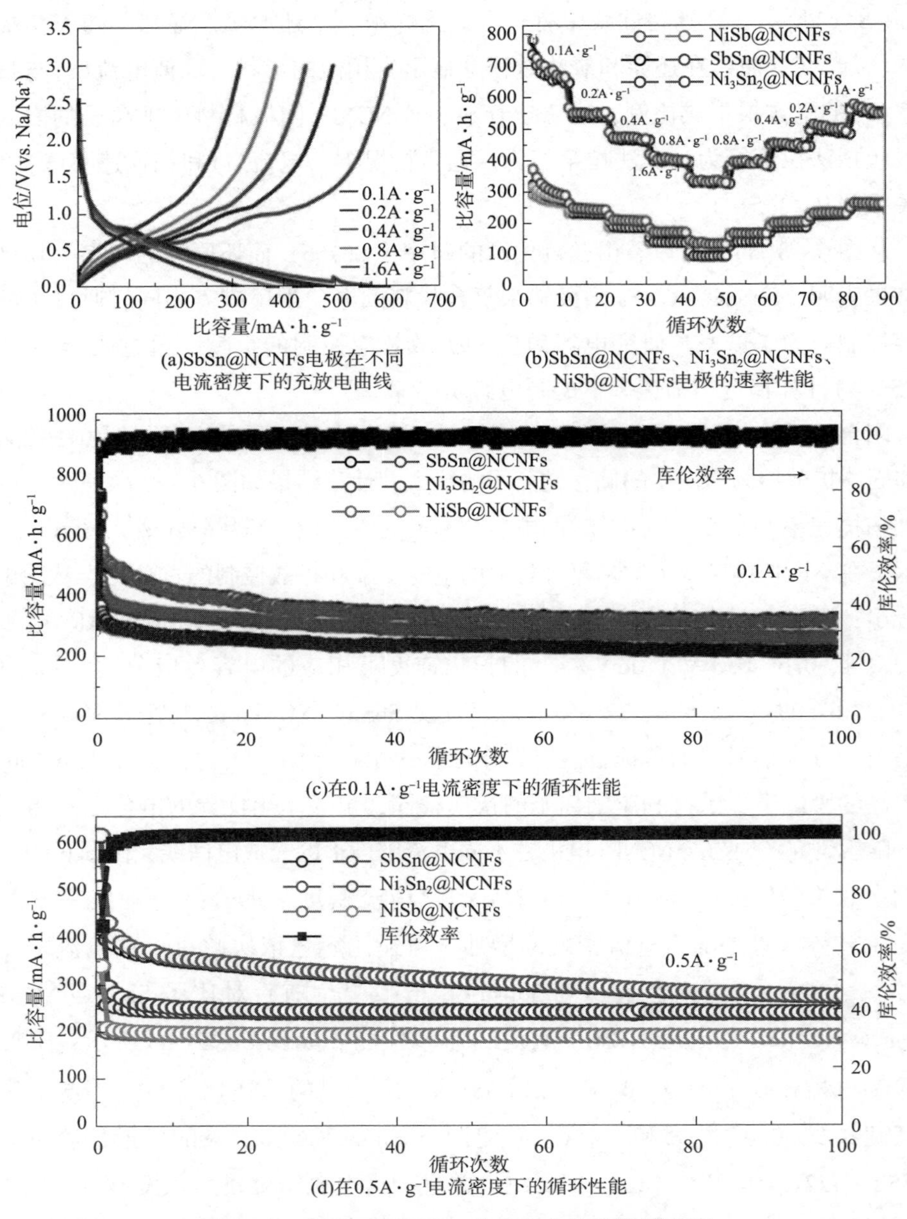

(a)SbSn@NCNFs电极在不同电流密度下的充放电曲线

(b)SbSn@NCNFs、Ni_3Sn_2@NCNFs、NiSb@NCNFs电极的速率性能

(c)在0.1A · g^{-1}电流密度下的循环性能

(d)在0.5A · g^{-1}电流密度下的循环性能

图 6－9　SbSn@NCNFs 电极的电化学性能表征

为了进一步探究 SbSn@ NCNFs 纳米复合材料具有优异的电化学性能的原因，随即对 SbSn @ NCNFs 电极进行了电化学交流阻抗(EIS)研究。图 6 - 10(a)展示了 SbSn@ NCNFs 组装的新鲜电池和循环 3 圈后的交流阻抗图谱。由图 6 - 10(a)可看出电极材料的阻抗循环前后具有相似的形状：由高频区域中的半圆弧和低频区域中的直线组成。高频区域中的半圆反映了电极的电荷转移电阻，低频区域中的斜线反映了电极的钠离子扩散电阻。半圆形的直径越大，电荷转移阻力越大。斜率越大，表明钠离子扩散的阻力越小。对于 SbSn@ NCNFs 电极，循环 3 圈后高频区的半圆弧直径减小，低频区的斜线斜率增加，表明 SbSn@ NCNFs 电极的电荷转移电阻减小，这可能归因于电极材料在循环过程中被连续激活并形成稳定的 SEI 膜，这有利于离子的快速传输。为了进一步了解 Na^+ 扩散过程，根据式(3 - 2)和式(3 - 3)计算电极的 Na^+ 扩散系数(D_{Na^+})。

根据以上公式，可以得出钠离子扩散系数主要与 σ_w 有关，该参数可以得到 Z' 的线性拟合与角频率 ω 的平方根之间的关系。因此，在图 6 - 10(b)中可以看到循环前和循环 3 圈后 SbSn@ NCNFs 电极的 σ_w 值分别为 288 和 250。根据计算公式，SbSn@ NCNFs 阳极在循环前的 D_{Na^+} 值为 $2.56 \times 10^{-12} cm^2 \cdot s^{-1}$。在 3 次循环后，$D_{Na^+}$ 值经计算为 $2.68 \times 10^{-12} cm^2 \cdot s^{-1}$。结果表明，由于氮掺杂的碳纳米管和双金属复合材料的协同作用，循环后钠离子的扩散速度更快，这与其良好的电化学性能是一致的。

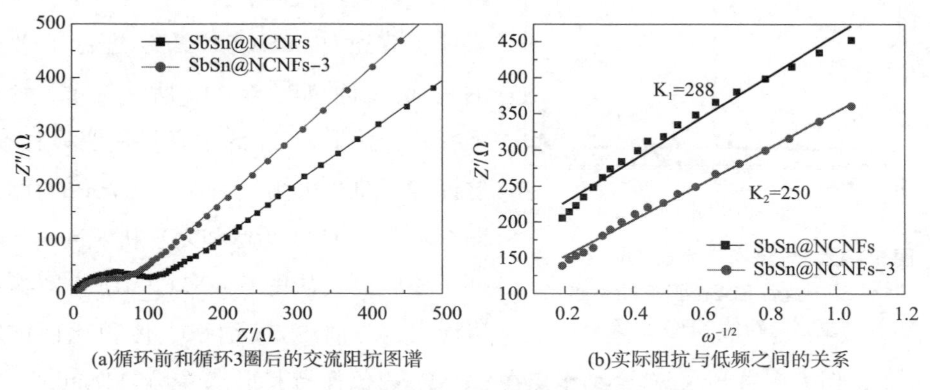

(a)循环前和循环3圈后的交流阻抗图谱　　(b)实际阻抗与低频之间的关系

图 6 - 10　SbSn@NCNFs 电极的 EIS 测试

另外，为进一步探讨 SbSn@ NCNFs 电极的扩散过程，即采用恒流间歇滴定法(GITT)来研究钠离子扩散系数。测试条件为：电流密度为 $100mA \cdot g^{-1}$ 在 5min

间隔内充放电 5min 确定 D_{Na^+}。图 6－11(a)显示了第一次放电和充电过程中 SbSn@NCNFs 电极的 GITT 曲线，其计算公式如式(3－4)所示。

根据上述等式计算可得：在放电过程中，SbSn@NCNFs 的 D_{Na^+} 值在 $3.39\times10^{-15}\sim2.23\times10^{-11}$ 之间变化，在充电过程中，在 $1.51\times10^{-15}\sim1.01\times10^{-10}$ 之间变化。从图 6－11(b)中可以看出，在相同电压下，SbSn@NCNFs 电极的 D_{Na^+} 在充电过程中比放电过程的稍高，这表明钠离子在脱钠过程中扩散更快。

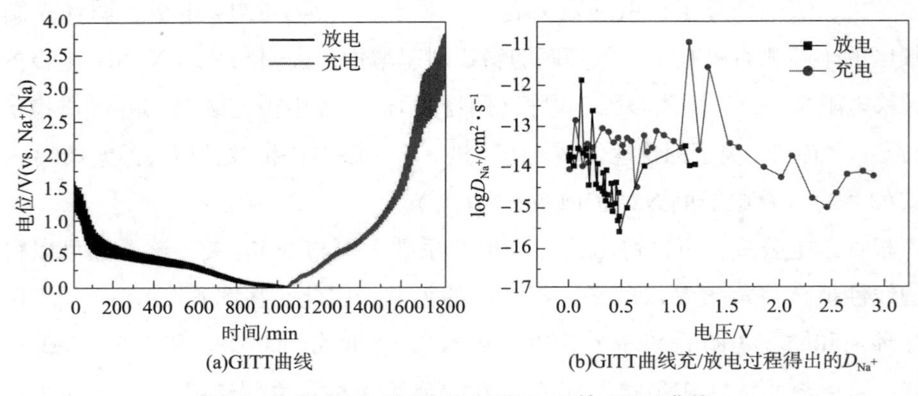

图 6－11　SbSn@NCNFs 及 D_{Na^+} 的 GITT 曲线

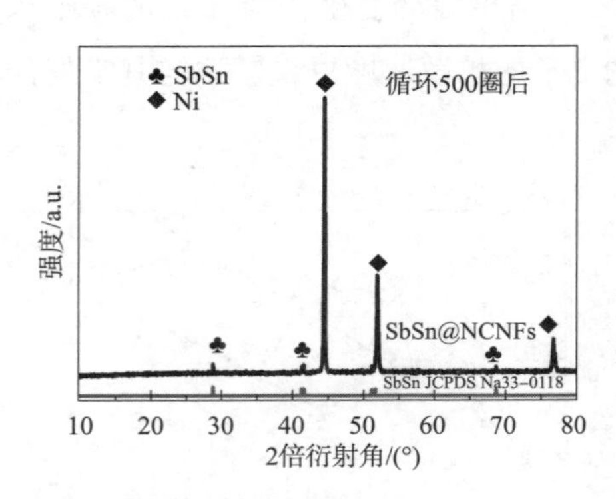

图 6－12　电流密度为 0.1A·g⁻¹ 时循环 500 圈后 SbSn@NCNFs 纳米复合材料的 XRD 图像

为了研究 SbSn@NCNFs 电极材料结构的稳定性，在电流密度为 $0.1A\cdot g^{-1}$ 时进行 500 次循环后对复合电极进行了一系列表征。首先对 SnSb@NCNFs 进行了 XRD 的测试，结果如图 6－12 所示。除了镍的强峰外，属于 SbSn 的主峰仍然明显存在，这证实了 500 次循环后结晶 SbSn 的存在。图 6－13 的 TEM 图像和元素映射进一步验证了该假设。从图 6－13(a)TEM 图像可以看出，尽管 SbSn 纳米点体积比以前略有变化，但大多数 SbSn 合金纳米点在 NCNFs 内仍保持其形态并均匀分布，可能是由于非晶碳的存在降低了材料的比表面积，这导致在放电过程中形成的膜的黏附性降低，在充放电过程中，纳米点崩解以减少 Sn 和 Sb 的团聚。这表明 SbSn@NCNFs 电极的纳米结构可以有效地抑制重复钠萃取过程中 SbSn 合金纳米点的粉化和聚集，从而确保高循环稳定性。图 6－13(b)、(c)为 500 次循环后单根 SbSn@ NCNFs 纤维的 HAADF 图像和 EDS 元素映射分布图。结果表明复合材料的结构是稳定的，因此可以断定 SbSn@ NCNFs 纳米复合材料具有良好的稳定性和优异的电化学性能。

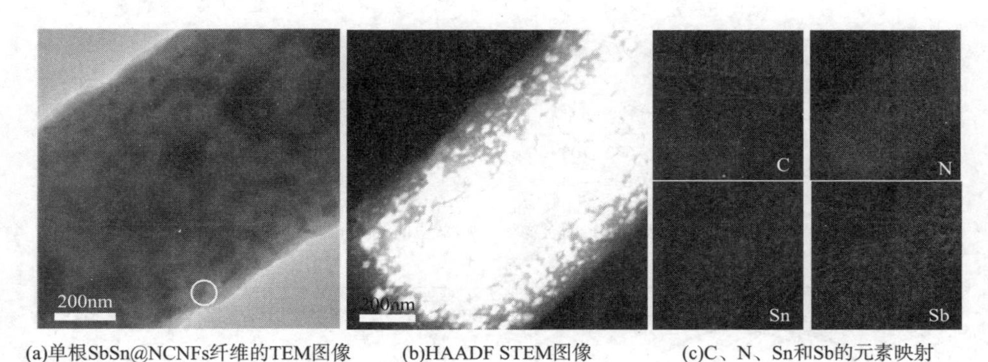

(a)单根SbSn@NCNFs纤维的TEM图像　(b)HAADF STEM图像　(c)C、N、Sn和Sb的元素映射

图 6－13　电流密度为 0.1A · g^{-1} 时循环 500 圈后的 TEM 图像和元素映射

为了证明 SbSn@ NCNFs 纳米复合材料的实用性和可行性，对其全电池 SIB 电化学性能进行了初步研究。通过使用 SbSn@ NCNFs 纳米复合材料作为阳极并使用第 2 章中制备的 NVPF@ 3dC 材料作为阴极，组装了一个全电池 SIB。图 6－14(a)为 NVPF@ 3dC 正极和 SbSn@ NCNFs 负极分别在钠离子半电池中的放电曲线和充电曲线。图 6－14(b)为 NVPF@ 3dC 正极和 SbSn@ NCNFs 负极分别在钠离子半电池中的充电曲线和放电曲线。由图 6－14(a)和(b)可以看到，组装的全电池 SbSn@ NCNFs//NVPF@ 3dC 将在 3.63V 左右出现充电平台，而在 2.81V 左右出现放电平台。因此，在 SbSn@ NCNFs//NVPF@ 3dC 全电池中的工作电压窗口设置为 2.0～4.2V。值得注意的是，全电池中使用的 NVPF @ 3dC 正极材料是过量的，因此，SbSn@ NCNFs//NVPF@ 3dC 全电池的比容量是基于 SbSn@ NCNFs 负极中的活性物质的量计算的。图 6－14(c)为 SbSn@ NCNFs//NVPF@ 3dC 全电池在电流密度为 0.1A · g^{-1} 时的恒流充放电曲线。图 6－14(d)为 SbSn@ NCNFs//NVPF@ 3dC 全电池在电流密度为 0.1A · g^{-1} 时的常循环性能测试，初始充电容量为 449mA · h · g^{-1}，放电容量为 357mA · h · g^{-1}，库伦效率(ICE)为 79.5%。如果进一步优化阳极和阴极材料的用量，SbSn@ NCNFs 阳极材料将表现出更优质的性能，具有一定的潜在应用价值。

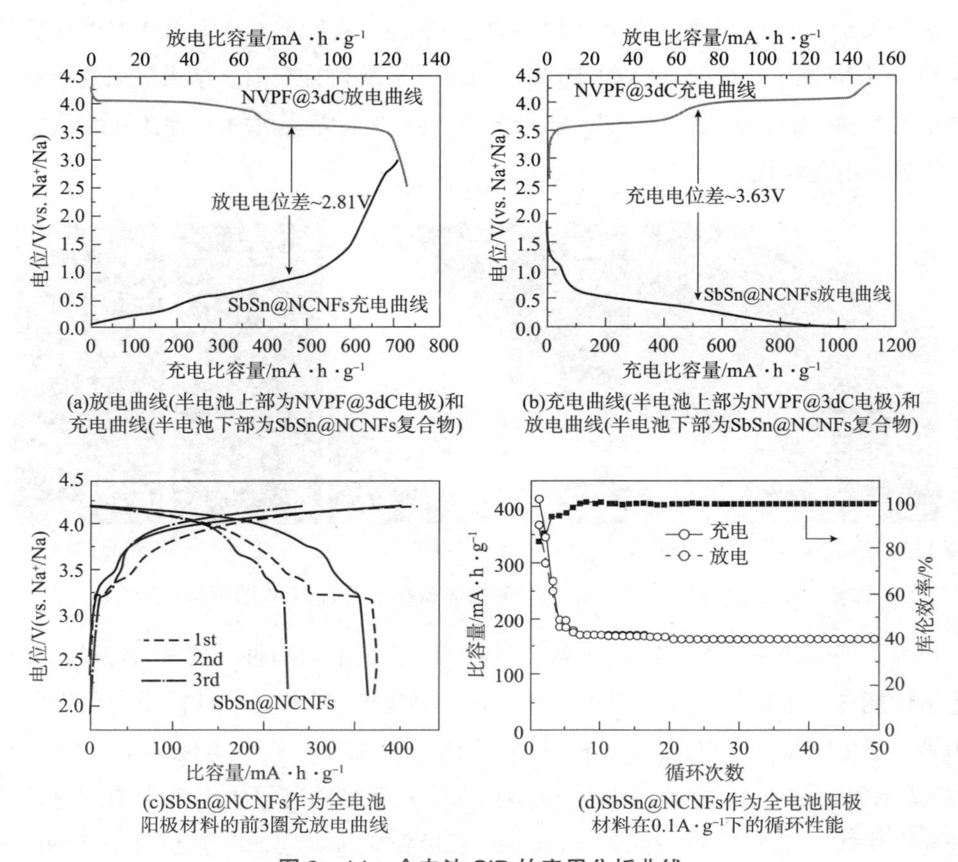

(a)放电曲线(半电池上部为NVPF@3dC电极)和充电曲线(半电池下部为SbSn@NCNFs复合物)

(b)充电曲线(半电池上部为NVPF@3dC电极)和放电曲线(半电池下部为SbSn@NCNFs复合物)

(c)SbSn@NCNFs作为全电池阳极材料的前3圈充放电曲线

(d)SbSn@NCNFs作为全电池阳极材料在0.1A·g⁻¹下的循环性能

图 6－14　全电池 SIB 的实用分析曲线

6.4　本章小结

本章首先通过静电纺丝技术将金属前驱体氯化物盐溶液填充到氮掺杂碳纳米纤维中；其次经过高温碳化和氢气还原对其进行退火处理得到碳纳米纤维内填充 SbSn 双金属合金纳米点的复合材料；最后，本章对 SbSn@ NCNFs 纳米复合材料的化学组成、价态结构以及微观形貌进行了一系列表征。由 SEM 和 TEM 图像可知，SbSn 双金属合金纳米点均匀分布在碳纳米纤维内，且没有团聚现象。主要是因为 SbSn 合金中 Sn 和 Sb 具有不同的氧化势以及复合材料中碳纳米纤维的存在有利于减少循环过程中的体积变化。当用作钠离子电池的负极材料时，SbSn@ NCNFs电极在电流密度为 0. 1A · g^{-1}条件下，循环 500 圈后，其可逆比容量达到 331mA · h · g^{-1}，对应的库伦效率在循环过程中近似达到 100%，远高于 Ni_3Sn_2@NCNFs和 NiSb@NCNFs 纳米复合材料。即使在电流密度为 0.5A · g^{-1}的情况下，经过 100 圈循环后，其可逆比容量仍保持在 300mA · h · g^{-1}左右。出色的电化学性能证明 SbSn@NCNFs 是一种很有前景的阳极候选材料，这主要得益于其特殊结构的设计和材料的选择。将 SbSn 纳米点填充在氮掺杂碳纳米纤维内可有效缓解脱嵌钠过程中引起的体积膨胀以及 SbSn 纳米点的团聚，还可以提升钠离子的扩散速率并加速表面反应动力学。同时，Sn 和 Sb 双金属元素的适当组合可以适应较大的体积变化，并实现更好的倍率性能和容量保持率。此外，为了研究 SbSn@NCNFs 复合材料在商业钠离子电池中的实际应用价值，即设计组装了以 SbSn@NCNFs 复合材料作为阳极并使用本小组制造的 NVPF@3dC 复合材料作为阴极的全电池，并对其进行电化学性能测试。基于对 SbSn@NCNFs//NVPF@3dC 全电池 SIB 的初步研究，如果进一步优化阳极和阴极材料的用量，SbSn@NCNFs阳极材料将在商业钠离子电池中具有一定的潜在应用价值。

7 豆荚状 SnCo/氮掺杂碳纳米纤维复合材料

本章通过静电纺丝法，将氯化金属盐($SnCl_2 \cdot 2H_2O$ 和 $CoCl_2 \cdot 6H_2O$)，聚丙烯腈(PAN)和空心介孔碳球(HCSs)溶于 DMF 溶液中，并进行纺丝。经高温热处理，首次将 SnCo 合金纳米粒子封装在含有空心介孔碳球的氮掺杂碳纳米纤维基底中，得到豆荚状 B－SnCo/NCFs 复合材料。一方面，非活性金属 Co 自身可作为体积缓冲剂，减小内应力；另一方面，将 SnCo 合金纳米粒子封装在含有空心介孔碳球的氮掺杂纳米纤维中，最大限度地限制了合金粒子的膨胀，并且空心介孔碳球的加入也增强了材料的柔性，减小了体积效应。SnCo 纳米粒子可以缩短离子/电子的扩散途径，并提供丰富的电化学活性位点。

7.1 豆荚状 SnCo/氮掺杂碳纳米纤维复合材料的制备

7.1.1 空心介孔碳球(HCSs)的制备

取 3mL 质量浓度为 25% 氨水和 3.5mL 正硅酸四乙酯(TEOS)溶解在 10mL 去离子水和 70mL 乙醇的混合溶液中。将 0.4g 间苯二酚和 0.56mL 甲醛溶液加入上述制备的溶液中，室温搅拌 24h 后离心，干燥，即得到 SiO_2@SiO_2/RF 纳米球。随后，将获得的 SiO_2@SiO_2/RF 纳米球在 Ar 氛围下于 650℃煅烧 5 h，升温速率为 5℃ · min^{-1}，从而得到 SiO_2@SiO_2/C 纳米球。最后用 2 M NaOH 溶液刻蚀从而除去 SiO_2，得到空心介孔碳球(HCSs)。

7.1.2 SnCo/NCFs 复合材料的制备

首先将 0.5g 聚丙烯腈(PAN)溶于 6mL N，N－二甲基甲酰胺(DMF)溶液中，于40℃搅拌3h。分别取2.2mmol氯化亚锡($SnCl_2 \cdot 2H_2O$)和氯化钴($CoCl_2 \cdot 6H_2O$)加入上述黏性溶液中，搅拌3h获得蓝色均匀的电纺黏性溶液。将获得的溶液倒入5mL无菌注射器内，并将注射器与20号金属针头(20 - gauge)相连接。其中金属针头前端与收集器的距离保持18cm，纺丝流速为0.6mL·h^{-1}，高压设置为15kV。纺丝结束后，从收集器上取下复合材料膜，并放置在真空干燥箱中干燥12h。将纺丝前驱体置于管式炉中，250℃在空气气氛下预氧化2h，升温速率为5℃·min^{-1}，随后通入氩气和氢气，以2℃·min^{-1}的升温速率升温至600℃并保温2h，即得到SnCo/NCFs复合材料。在实验条件相同的条件下，不加入金属盐和钴盐，可分别制备NCFs和Sn/NCFs复合材料。

7.1.3 B - SnCo/NCFs复合材料的制备

与SnCo/NCFs复合材料的制备条件相似，在前驱体溶液中加入0.1g HCSs，其他实验条件不变，可分别制得豆荚状B - SnCo/NCFs，B - NCFs和B - Sn/NCFs复合材料。

7.2 SnCo/NCFs和B - SnCo/NCFs复合材料的形貌和结构分析

SnCo/NCFs和B - SnCo/NCFs复合材料的制备示意图如图7 - 1所示。首先配制PAN，金属氯化盐，(HCSs)溶于DMF的前驱体溶液，随后进行纺丝。之后进行高温煅烧，选用金属氯化盐是因为在高温H_2还原过程中，可以发生$Sn^{2+} + H_2 \rightarrow Sn + H^+$，$Co^{2+} + H_2 \rightarrow Co + H^+$，$H^+ + Cl^- \rightarrow HCl\uparrow$，从而很好地还原得到SnCo合金。

对SnCo/NCFs复合材料的形貌进行SEM表征，表征结果如图7 - 2所示。如图7 - 2(a)和(b)所示，前驱体PAN/$SnCl_2 \cdot 2H_2O$/$CoCl_2 \cdot 6H_2O$纤维长且连续，呈现一维结构且每根纤维直径在500nm左右。图7 - 2(c)和(d)显示了煅烧后得到的SnCo/NCFs复合材料的SEM图，材料依旧保持连续的一维结构，说明其结构的稳定性。每根纤维直径为450nm左右，略低于前驱体直径大小，这可能归因于在高温煅烧过程中高聚物的裂解。SEM - EDS图[图7 - 2(e) ~ (i)]也进一步说明C、N、Sn、Co元素的均匀分布，尤其是Sn、Co两种元素均匀地嵌入氮掺杂碳纳米纤维中。

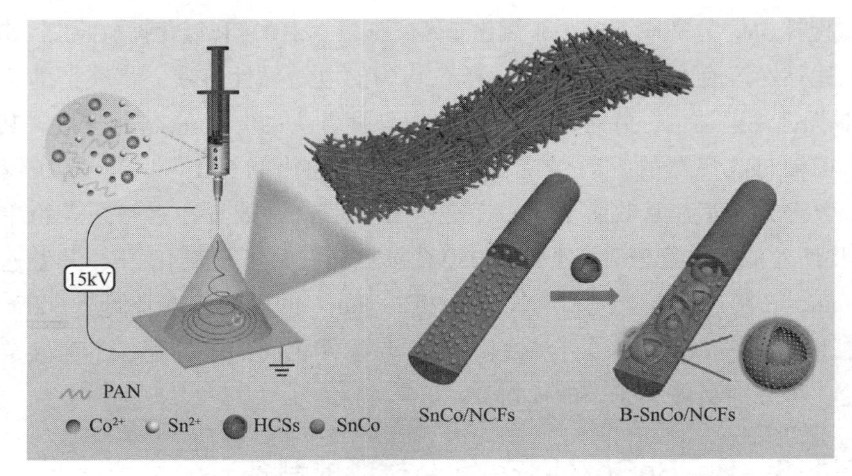

图 7－1　SnCo/NCFs 和 B－SnCo/NCFs 复合材料的制备示意图

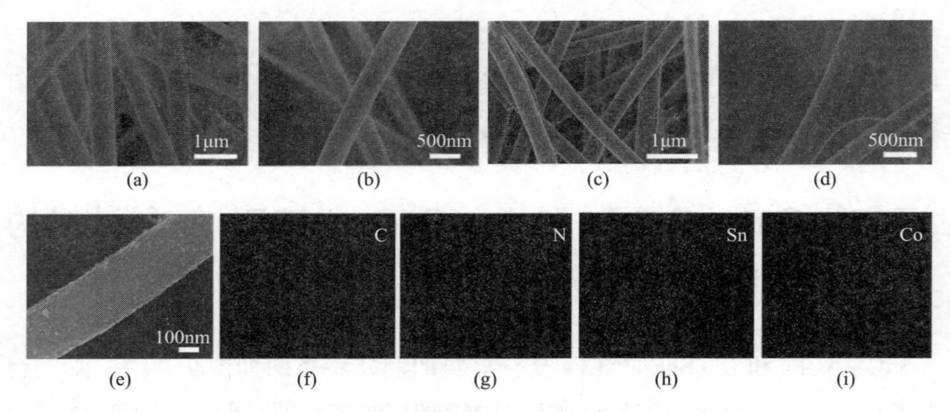

图 7－2　SnCo/NCFs 复合材料的 SEM 表征

(a)、(b)为前驱体 PAN/$SnCl_2 \cdot 2H_2O$/$CoCl_2 \cdot 6H_2O$ 的 SEM 图；
(c)、(d)为 SEM 图；(e)～(i)为 SEM－EDS 图

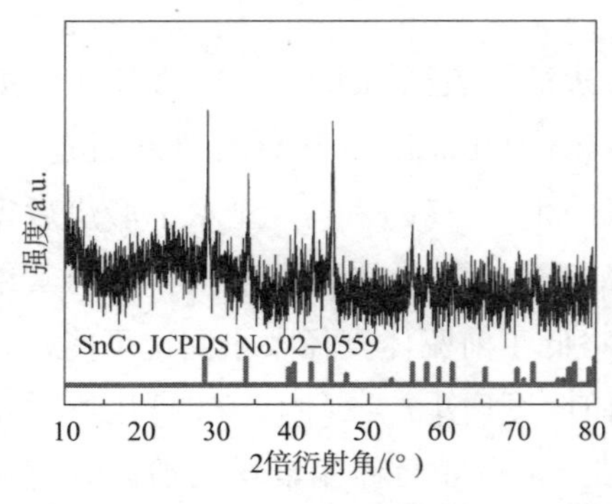

图 7－3　SnCo/NCFs 复合材料的 XRD 图

图 7－3 展示了 SnCo/NCFs 复合材料的 XRD 图，可以清楚地看到该复合材料的 XRD 峰与 SnCo 合金的 PDF 卡片（JCPDS No. 02－0559）吻合，并且峰形尖锐，证明其结晶性良好。为了进一步了解 SnCo/NCFs 复合材料的内部形貌，即对该材料进行了 TEM 表征。图 7－4（a）为 SnCo/NCFs 复合材料的 TEM 图，可以看到纳米级的 SnCo 合金被封装在氮掺杂碳纳米纤

维中。图7－4(b)和(c)为HRTEM图，晶格条纹间距为0.31nm，对应于SnCo的(101)晶面，与此对应的是，在选区电子衍射(SAED)图也可看到该晶面衍射环的存在[图7－4(d)]。由TEM－EDS图[图7－4(e)～(i)]可以看到Sn、Co元素均匀地嵌入氮掺杂碳纤维中。

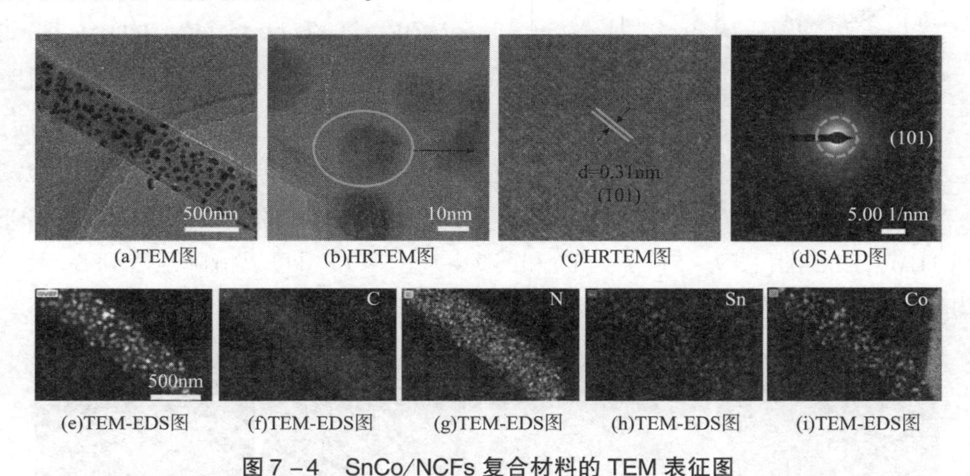

(a)TEM图 (b)HRTEM图 (c)HRTEM图 (d)SAED图

(e)TEM-EDS图 (f)TEM-EDS图 (g)TEM-EDS图 (h)TEM-EDS图 (i)TEM-EDS图

图7－4 SnCo/NCFs复合材料的TEM表征图

同样地，Sn/NCFs复合材料的SEM、XRD和TEM表征结果如图7－5、图7－6和图7－7所示。图7－5(a)和(b)为前驱体PAN/$SnCl_2 \cdot 2H_2O$的SEM图，材料呈一维结构，每根纤维直径为500nm左右。煅烧后材料的SEM和TEM如图7－5(c)、(d)和图7－7(a)所示，纤维直径略有减小，表面略粗糙，通过TEM图可看到Sn被封装在氮掺杂碳纤维中。

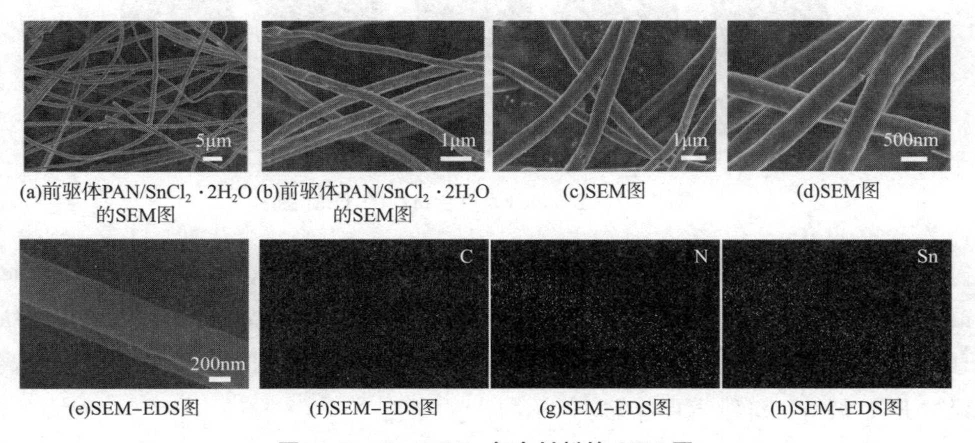

(a)前驱体PAN/$SnCl_2 \cdot 2H_2O$的SEM图 (b)前驱体PAN/$SnCl_2 \cdot 2H_2O$的SEM图 (c)SEM图 (d)SEM图

(e)SEM-EDS图 (f)SEM-EDS图 (g)SEM-EDS图 (h)SEM-EDS图

图7－5 Sn/NCFs复合材料的SEM图

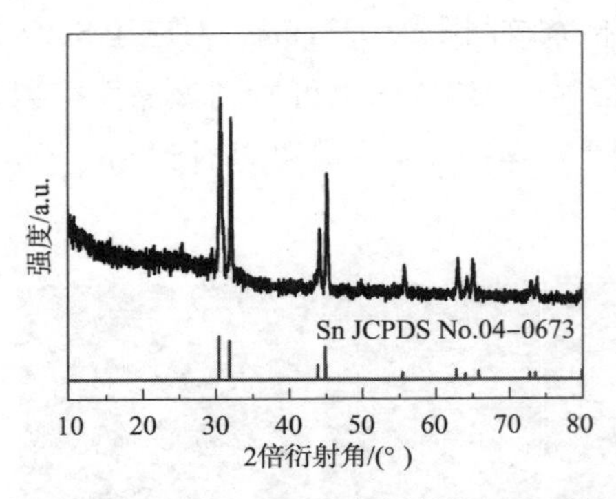

图 7-6 Sn/NCFs 复合材料的 XRD 图

图 7-6 为 Sn/NCFs 复合材料的 XRD 图，该材料 XRD 峰与 Sn 的标准 PDF 卡片（JCPDS No. 04—0673）吻合，证明 Sn/NCFs 复合材料的成功制备。Sn/NCFs 复合材料的 HRTEM 图如图 7-7(b)和(c)所示，晶格条纹间距为 0.29nm，对应于 Sn 的(200)晶面，在 SAED 图[图 7-7(d)]中也可以检测到该晶面衍射环的存在。由 SEM-EDS 和 TEM-EDS 图[图 7-5(e)~(h)和图 7-7(e)~(i)]可以清晰地看到 Sn 元素均匀地分散在氮掺杂碳纤维中。

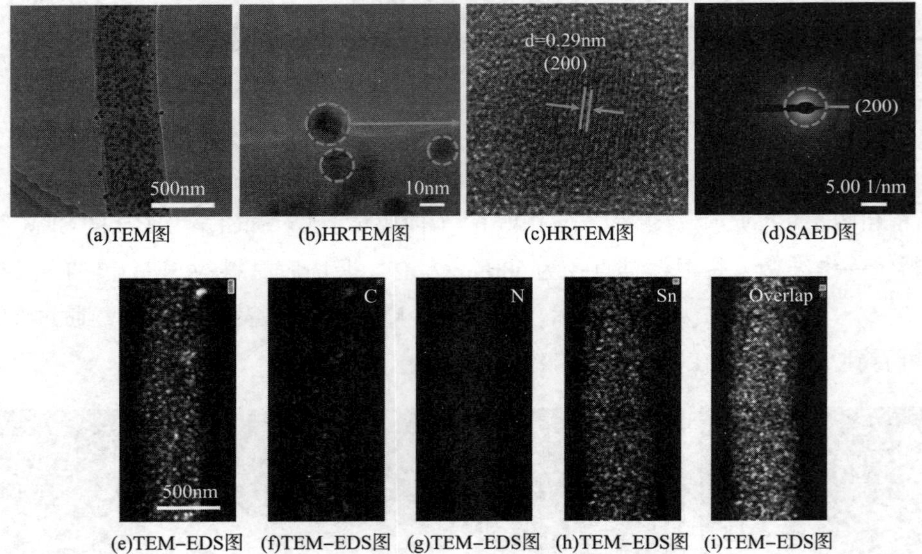

图 7-7 Sn/NCFs 复合材料的 TEM 图

图 7-8(a)为前驱体 PAN 的 SEM 图，纤维表面较光滑，直径在 400~500nm 范围内，比前两种材料前驱体直径略小，这说明添加金属盐后会使得前驱体纤维直径变大。而煅烧后[图 7-8(b)]直径在 300~400nm 范围内，说明在该过程高聚物 PAN 裂解，纤维直径收缩。

图 7-9(a)和(b)为 SiO_2@SiO_2/RF 纳米球的 SEM 图，纳米球大小均匀，直径在 300nm 左右，经碳化后得到 SiO_2@SiO_2/C 纳米球[图 7-9(c)和(d)]，直径

(a)前驱体PAN　　(b)NCFs复合材料

图7－8　前驱体 PAN 和复合材料的 SEM 图

较 SiO_2@SiO_2/RF 纳米球小，约为280nm，这归因于RF在热解过程中向无定形碳结构收缩。经NaOH溶液刻蚀后，得到的HCSs的SEM和TEM图如图7－10(a)和(b)所示，刻蚀后仍然保持球形，通过TEM图可以看到薄的空心碳，说明 SiO_2 已经刻蚀完全。

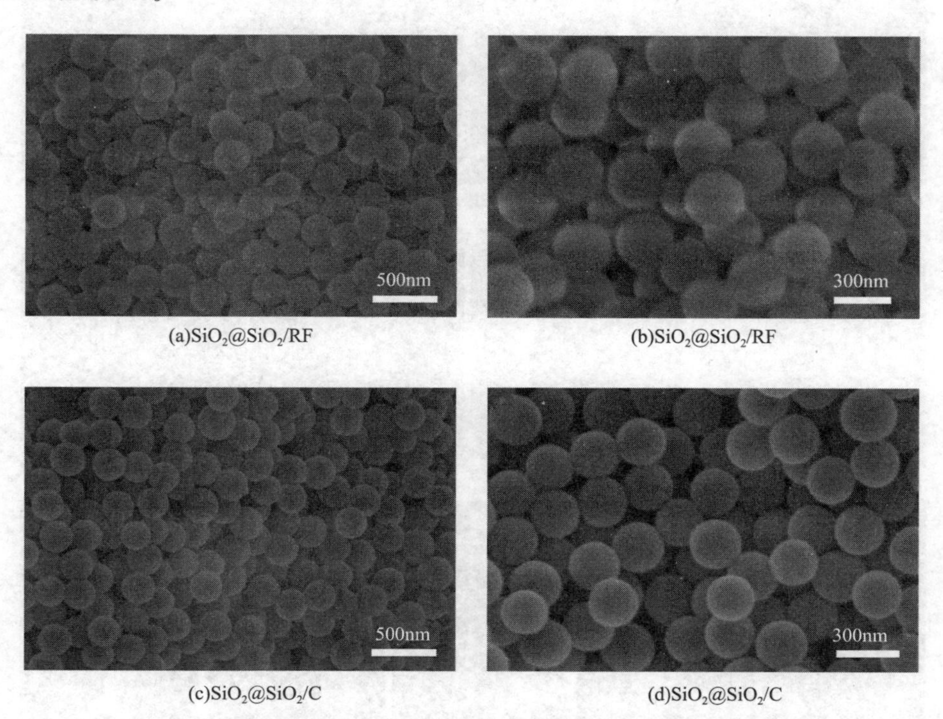

(a)SiO_2@SiO_2/RF　　(b)SiO_2@SiO_2/RF

(c)SiO_2@SiO_2/C　　(d)SiO_2@SiO_2/C

图7－9　SiO_2@SiO_2/RF 和 SiO_2@SiO_2/C 的 SEM 图

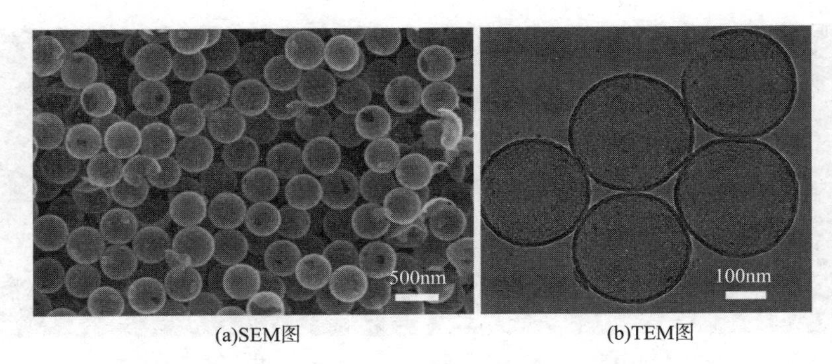

(a)SEM图 (b)TEM图

图 7－10 HCSs 的 SEM 和 TEM 图

为了对 SnCo/NCFs 复合材料进行改性，将 HCSs 加入前驱体溶液中，探究其对电池性能的影响。图 7－11 为 B－SnCo/NCFs 复合材料的形貌表征。图 7－11(a)为前驱体 PAN/HCSs/$SnCl_2$·$2H_2O$/$CoCl_2$·$6H_2O$ 的 SEM 图，可以观测到其形貌类似豆荚状，SnCo 合金封装在含有空心介孔碳球的氮掺杂碳纳米纤维内。纤维

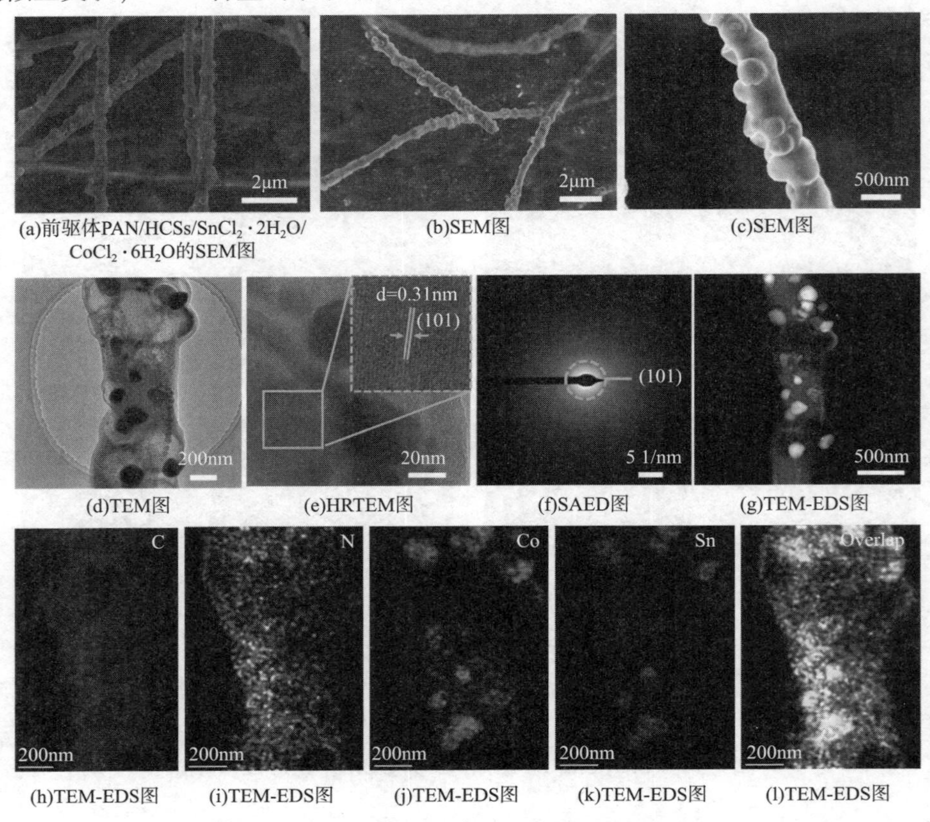

(a)前驱体PAN/HCSs/$SnCl_2$·$2H_2O$/$CoCl_2$·$6H_2O$的SEM图 (b)SEM图 (c)SEM图

(d)TEM图 (e)HRTEM图 (f)SAED图 (g)TEM-EDS图

(h)TEM-EDS图 (i)TEM-EDS图 (j)TEM-EDS图 (k)TEM-EDS图 (l)TEM-EDS图

图 7－11 B－SnCo/NCFs 复合材料的形貌表征

长且连续，且每根直径为500nm左右。图7－11(b)和(c)为B－SnCo/NCFs复合材料的SEM图，可以看到材料依旧保持豆荚状，纤维未断裂，说明其具有良好的热稳定性。图7－11(d)是该材料的TEM图，可以清晰地看到合金粒子在空心球及碳纳米纤维内均匀分布。图7－11(e)和(f)分别展示了复合材料的HRTEM和SAED图，可以观察到晶格条纹，间距为0.31nm，与SnCo的(101)晶面相吻合，同时在SAED图中也可检测出(101)晶面。对于B－SnCo/NCFs复合材料中各元素的分布情况，TEM－EDS测试的结果如图7－11(g)～(l)所示，氮掺杂碳基底中C、N元素分布均匀，Sn、Co元素均匀地封装在基底中。图7－12为B－SnCo/NCFs复合材料的XRD图，XRD峰形良好，各个峰均与SnCo合金的标准PDF卡片(JCPDS No. 02－0559)吻合，证明了B－SnCo/NCFs复合材料的成功制备。

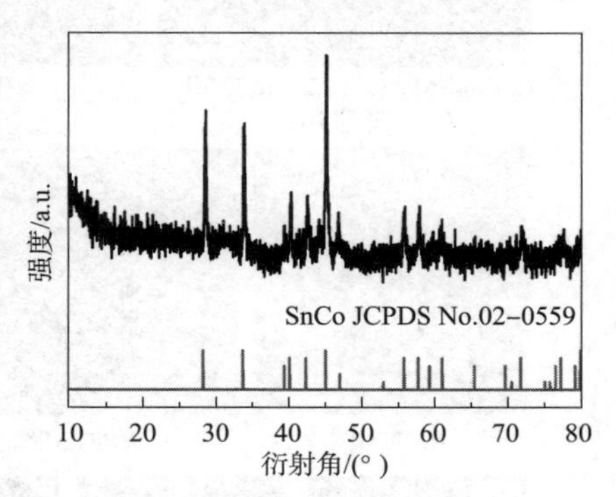

图7－12 B－SnCo/NCFs复合材料的XRD图

类似地，B－Sn/NCFs复合材料的形貌表征如图7－13所示。图7－13(a)为前驱体PAN/HCSs/$SnCl_2 \cdot 2H_2O$的SEM图，图7－13(b)和(c)为B－Sn/NCFs复合材料的SEM图，形貌依旧呈豆荚状，且每根纤维直径在500nm左右。图7－13(d)为该材料的TEM图，金属Sn封装在空心碳和氮掺杂碳纤维内。B－Sn/NCFs的HRTEM和SAED图分别如图7－13(e)～(g)所示，晶格条纹间距为0.29nm，对应于Sn的(200)晶面。在SAED图中，可以观察到(312)、(211，200)晶面，这与Sn的标准PDF卡片(JCPDS No. 04－0673)一致。通过TEM－EDS图[图7－13(h)～(l)]可以观察到C、N、Sn元素的均匀分布。作为对比，前驱体PAN/HCSs的SEM图如图7－14(a)和(b)所示，纤维长且连续，表面光滑。煅烧后得到的B－NCFs材料形貌未发生变化，如图7－14(c)和(d)所示，仍然呈豆荚状。

通过热重测试分析，得到B－SnCo/NCFs样品质量－温度变化曲线，如图7－15所示。B－SnCo/NCFs材料在200℃之前的失重由于样品中水分蒸发所致。300～600℃的失重归因于样品中碳被氧化成二氧化碳($C + O_2 \rightarrow CO_2$)，SnCo氧化为SnO_2和Co_3O_4($SnCo + O_2 \rightarrow SnO_2 + Co_3O_4$)。最终计算出B－SnCo/NCFs中含有SnCo合金的百分比为53%。

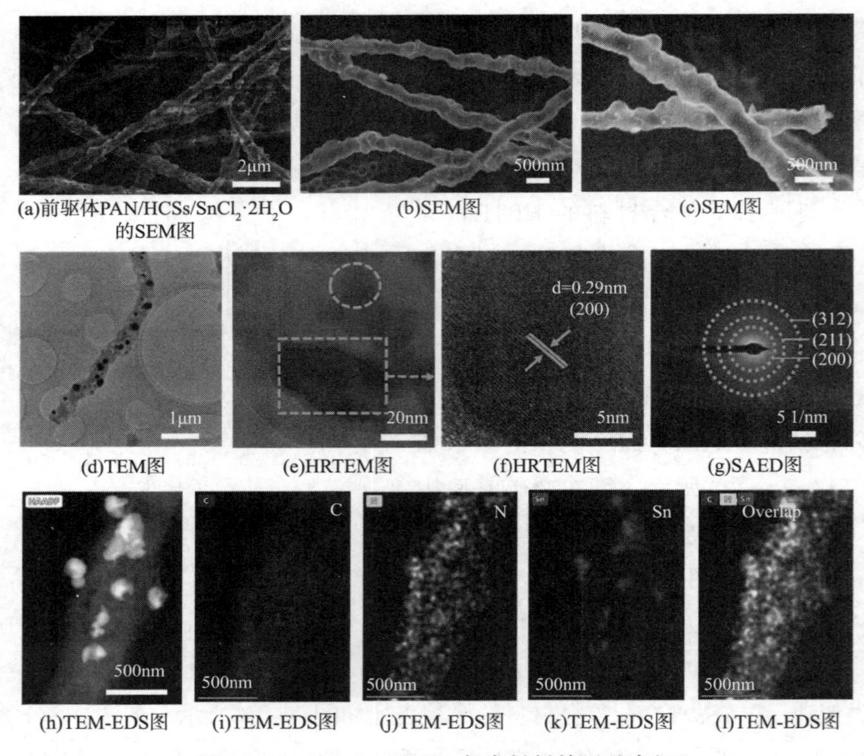

(a)前驱体PAN/HCSs/$SnCl_2 \cdot 2H_2O$的SEM图 (b)SEM图 (c)SEM图

(d)TEM图 (e)HRTEM图 (f)HRTEM图 (g)SAED图

(h)TEM-EDS图 (i)TEM-EDS图 (j)TEM-EDS图 (k)TEM-EDS图 (l)TEM-EDS图

图7－13　B－Sn/NCFs 复合材料的形貌表征

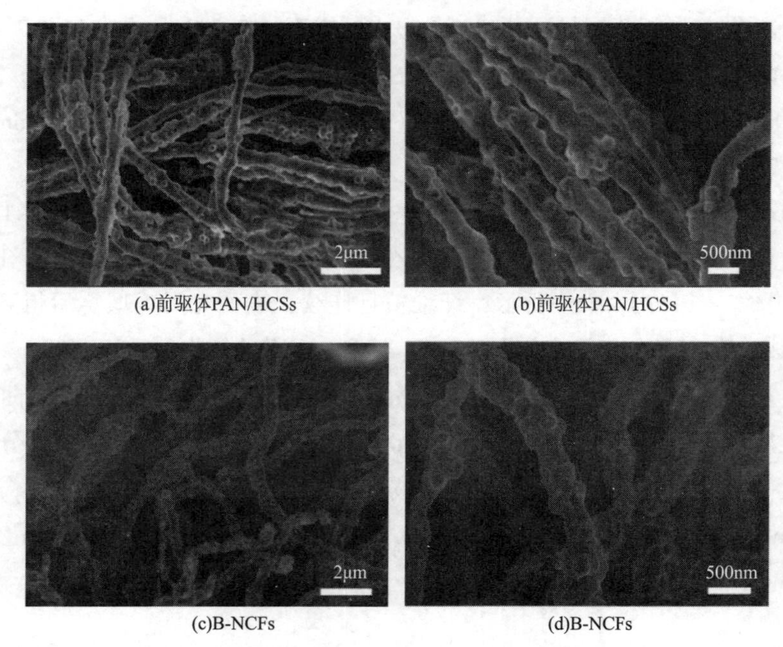

(a)前驱体PAN/HCSs (b)前驱体PAN/HCSs

(c)B-NCFs (d)B-NCFs

图7－14　前驱体 PAN/HCSs 和 B－NCFs 的 SEM 图

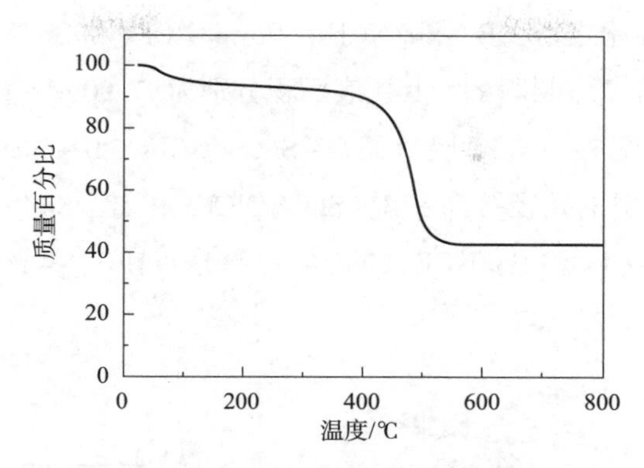

图7－15 B－SnCo/NCFs的热重曲线

为了探究材料的导电性，对其在30MPa下进行了电导率测试，测试结果如图7－16所示，B－SnCo/NCFs复合材料的电导率最大($3.56S \cdot m^{-1}$)。高电导率材料对电池的倍率性能有很大影响，有助于后续高倍率性能的测试。拉曼光谱测试进一步表征了复合材料的碳化程度，如图7－17所示。在约$1350cm^{-1}$和$1580cm^{-1}$附近有两个宽峰，归属于碳的两个特征峰，分别对应于D峰(碳原子晶格中的缺陷)和G峰(碳原子sp^2杂化的面内拉伸振动)，相对强度比值I_D/I_G可以用来表征复合材料的缺陷特征。计算出B－SnCo/NCFs的D峰，G峰相对强度比为1.37，而SnCo/NCFs、B－Sn/NCFs和Sn/NCFs的比值分别为1.18、1.20和1.08。说明HCSs的引入可以增强复合材料的无序性，有利于引入更多缺陷。

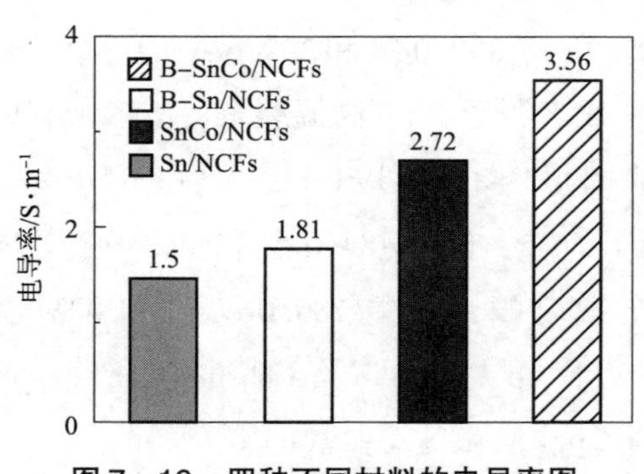

图7－16 四种不同材料的电导率图

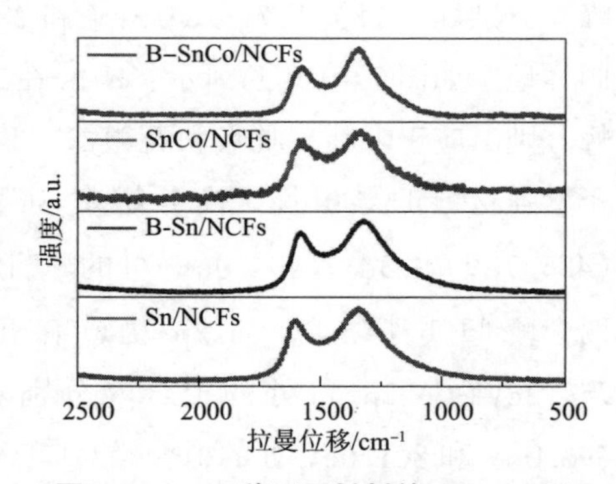

图7－17 四种不同材料的Raman图

用BET法和BJT(Barrett－Joyner－H)法分析样品的比表面积和孔径分布，测试结果如图7－18所示。在图7－18(a)中观察到Ⅳ型曲线存在明显的滞后环，暗示了介孔结构的存在。用BET法计算B－SnCo/NCFs样品的比表面积为

109.06$m^2 \cdot g^{-1}$。相比之下，B－Sn/NCFs、SnCo/NCFs 和 Sn/NCFs 的比表面积均低于 B－SnCo/NCFs 复合材料的，其比表面积分别为 97.90$m^2 \cdot g^{-1}$、73.31$m^2 \cdot g^{-1}$ 和 54.03$m^2 \cdot g^{-1}$。图 7－18(b)展示了 B－SnCo/NCFs、B－Sn/NCFs、SnCo/NCFs 和 Sn/NCFs 四种材料的孔径分布，B－SnCo/NCFs 和 B－Sn/NCFs 材料的孔径均为 4nm，而 SnCo/NCFs 和 Sn/NCFs 的孔径主要分布在 1～4nm，说明 HCSs 的加入后使得材料的孔径大小均一。

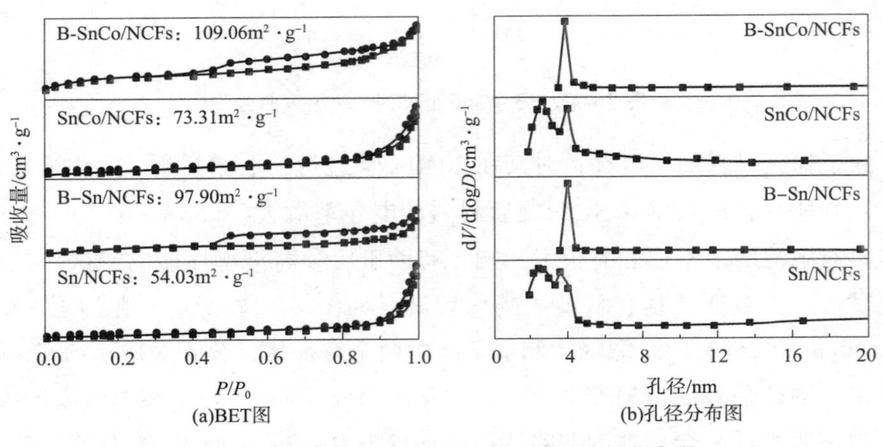

图 7－18　四种不同材料的 BET 图和孔径分布图

图 7－19(a)为 B－SnCo/NCFs 复合材料的 XPS 全谱图，可以看到 C、N、Sn 和 Co 元素的存在，与 EDS 能谱结果相一致。图 7－19(b)展示 C 1s 的 3 个拟合峰，分别处于 283.7eV、284.3eV 和 287.3eV，对应 C ═C，C ═N 和 C—N 键。同样地，如图 7－19(c)所示，N 1s 在 397.3eV、399.0eV 和 399.6eV 的三个拟合峰分别对应于吡啶、吡咯和石墨 N，其中 N 来源于 PAN 高温裂解，N 掺杂有助于增强材料的导电性。高分辨率 Sn 3d 图谱［图 7－19(d)］拟合的 Sn $3d_{5/2}$(485.7eV)和 $3d_{3/2}$(494.0eV)处的峰归属于 Sn^{4+}，位于 484.0eV 和 492.4eV 处的两个峰归属于 Sn^0。Co 2p 轨道有五个拟合峰，其中 785.0eV、780.4eV 及 777.2eV(Co $2p_{3/2}$)处的拟合峰分别对应于 Co^{2+}、Co^{3+} 及 Co^0 的特征峰，而 796.0eV 和 801.6eV 处的拟合峰对应于 Co $2p_{1/2}$，见图 7－19(e)。

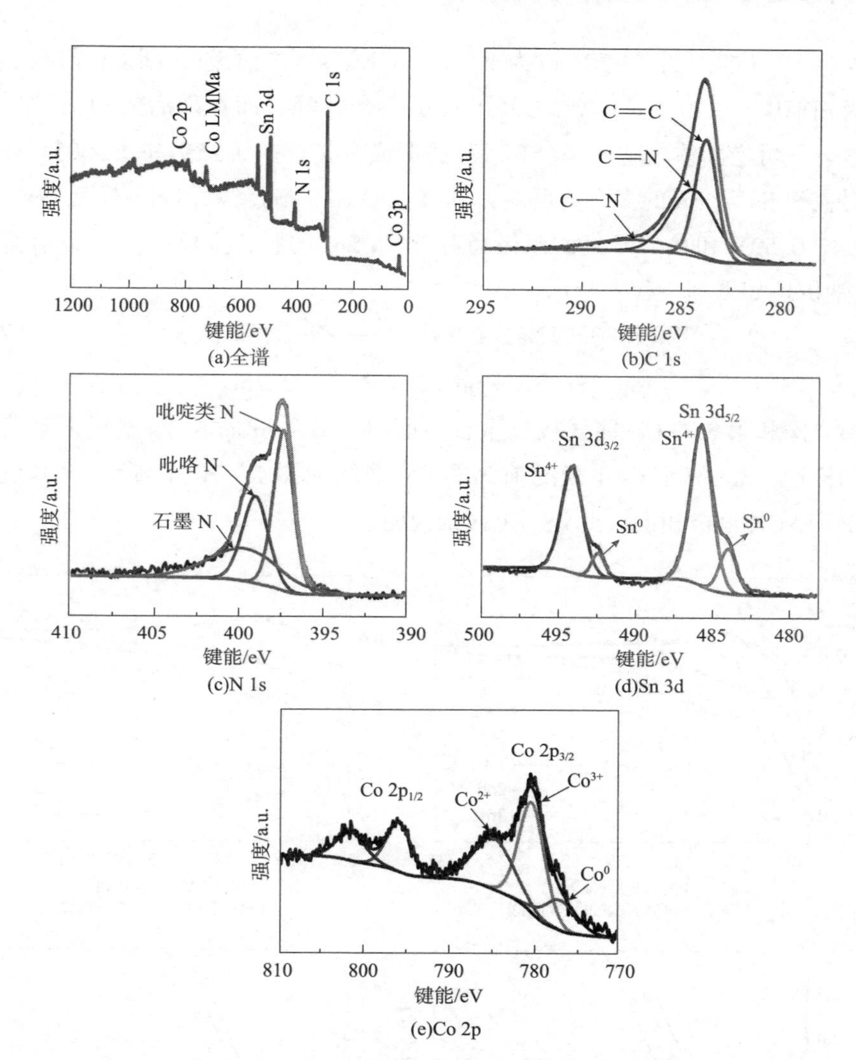

图 7－19　B－SnCo/NCFs 复合材料的 XPS 图

7.3　SnCo/NCFs 和 B－SnCo/NCFs 复合材料的储钠性能研究

为了研究豆荚状 B－SnCo/NCFs 复合材料的电化学性能，将复合材料作为独立式负极材料，钠箔为对电极，组装成 CR2025 纽扣电池，测试复合材料的储钠性能。为了进一步探究 B－SnCo/NCFs 复合材料的储钠机理，测试了 B－SnCo/NCFs 和 SnCo/NCFs 电极在 0.2mV · s^{-1} 扫描速率，0.005～3.0V 电压范围下的循环伏安(CV)性能。图7－20(a)为B－SnCo/NCFs电极的前3圈CV曲线，在首圈阴极扫描中，在0.4～1.2V之间出现了一个宽峰，而在随后的扫描循环中消失，这与不可逆固体电解质膜(SEI膜)的形成有关。在0.25V和0.0005V处的阴极峰对应于Sn与Na的多合金反应，依次生成$Na_{2.25}Sn$、Na_3Sn和$Na_{3.75}Sn$。而阳极扫描中0.59V和0.75V处的阳极峰对应Na_xSn_y的脱合金反应。SnCo合金的钠化/脱钠机理如下列方程式所示：

$$SnCo + 3.75Na^+ + 3.75e^- \longrightarrow Na_{3.75}Sn + Co \quad (7-1)$$

$$Na_{3.75}Sn \longleftrightarrow Sn + 3.75Na^+ + 3.75e^- \quad (7-2)$$

第2圈和第3圈CV曲线接近重合，证明了B－SnCo/NCFs电极循环稳定性好。同样地，SnCo/NCFs电极的前3圈CV曲线如图7－20(b)所示，其机理与B－SnCo/NCFs电极相同，此处不再详细说明。

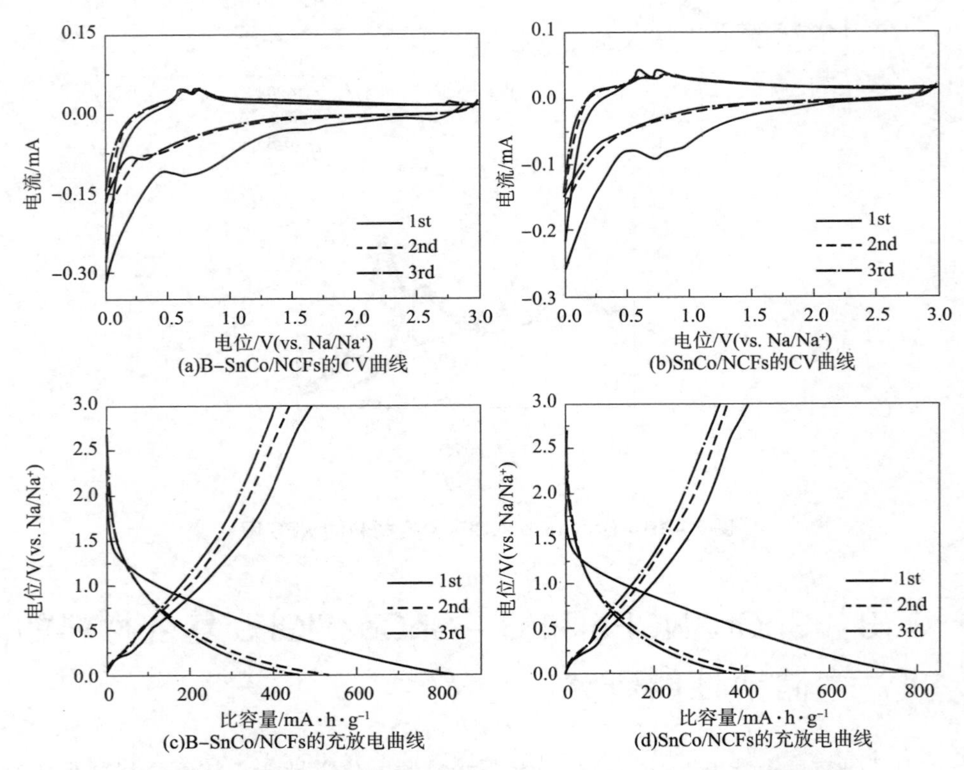

图7－20　B－SnCo/NCFs和SnCo/NCFs的CV曲线和充放电曲线图

图7－20(c)和(d)分别代表了B－SnCo/NCFs和SnCo/NCFs电极的前3圈充放电曲线图，充放电平台也均与CV曲线的氧化还原峰相一致。两个电极材料的首圈

充放电比容量分别为495.1mA·h·g^{-1}、850.5mA·h·g^{-1}和377.5mA·h·g^{-1}、802.4mA·h·g^{-1}，首圈库伦效率分别为58.2%和47.0%。对比可以发现空心介孔碳球的加入，显著提高了首圈库伦效率。但两种电极的首圈库伦效率不太高的原因可能是因为不可逆SEI膜的形成和电解液的分解等。

为了探究空心介孔碳球对SnCo合金电化学性能的影响，测试了在100mA·g^{-1}电流密度下B－SnCo/NCFs和SnCo/NCFs复合材料的循环性能，结果如图7－21所示。显然，B－SnCo/NCFs复合材料的性能最优，首圈充放电比容量分别为546.1mA·h·g^{-1}和826.8mA·h·g^{-1}，循环200圈后，其可逆比容量为369.5mA·h·g^{-1}。而SnCo/NCFs复合材料衰减较快，循环后的比容量为243.6mA·h·g^{-1}，说明当加入HCSs后，可以有效地减缓合金的体积膨胀问题。

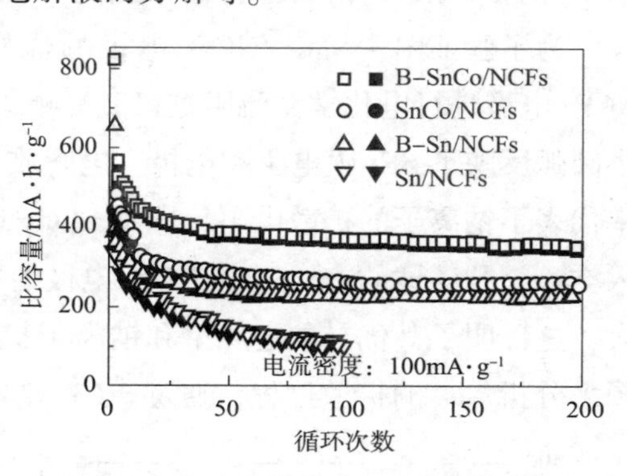

图7－21　四种不同材料的循环性能图

图7－22为B－SnCo/NCFs、B－Sn/NCFs、SnCo/NCFs和Sn/NCFs复合材料的倍率性能图。可以看到四种复合材料的共同点为充放电比容量随着电流密度的增加而减小。对比B－SnCo/NCFs和SnCo/NCFs两种复合材料，在0.1A·g^{-1}、0.2A·g^{-1}、0.4A·g^{-1}、0.8A·g^{-1}、1.6A·g^{-1}电流密度下，放电比容量分别为463.1mA·h·g^{-1}、396.7mA·h·g^{-1}、346.4mA·h·g^{-1}、301.6mA·h·g^{-1}、243.5mA·h·g^{-1}和379.3mA·h·g^{-1}、311.3mA·h·g^{-1}、255.8mA·h·g^{-1}、229.4mA·h·g^{-1}、200.2mA·h·g^{-1}。通过比较，在不同电流密度下，B－SnCo/NCFs复合材料的性能均高于SnCo/NCFs复合材料的，这也证明了空心介孔碳球的加入，进一步缓解了SnCo合金在充放电过程中的体积膨胀，也增加了材料的导电性，从而提高了倍率性能。当电流密度重新设为0.1A·g^{-1}时，SnCo/NCFs复合材料的放电比容量也可达到379.5mA·h·g^{-1}。对比B－SnCo/NCFs和B－Sn/NCFs复合材料，B－

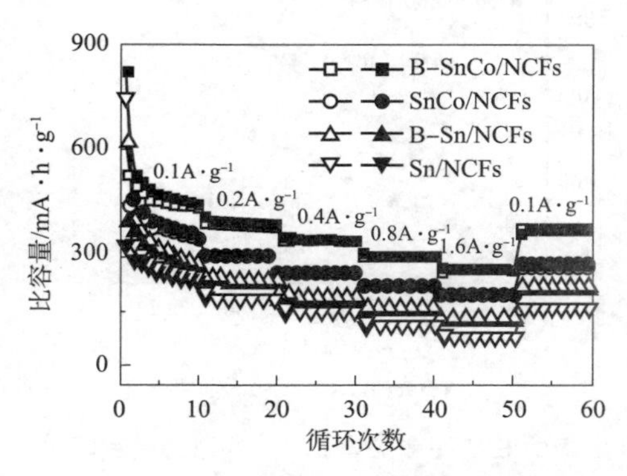

图7－22　四种不同材料的倍率性能图

SnCo/NCFs 的性能最佳，这也说明 Co 作为非活性金属，不参与钠化/脱钠的反应，自身可作为体积膨胀剂，缓解 Sn 金属的剧烈体积膨胀及团聚问题，从而增强 Sn 基合金的电化学稳定性。另外，Co 的加入也可以提高材料的导电性，促进电子/离子扩散转移，提高材料的倍率性能。

为了验证 B – SnCo/NCFs 电极的优异性能，即对 B – SnCo/NCFs 和 SnCo/NCFs 电极进行电化学交流阻抗(EIS)测试，分析钠离子的传输动力学。高频区的半圆弧反映了 SEI 膜电阻和电极 – 电解质界面的电荷转移电阻，低频区的线性斜率代表了钠离子的扩散电阻，即 Warburg 阻抗。由图 7 – 23(a)和(b)不难看出加入空心介孔碳球的 B – SnCo/NCFs 电极的半圆弧直径较小，低频区的线性斜率较大，这证明了其优异的电导率和钠离子扩散动力学。通过拟合 Z' 与 $\omega^{-1/2}$ 的关系图来分析 Na^+ 的扩散过程，通过式(3 – 2)和式(3 – 3)计算 Na^+ 扩散系数。

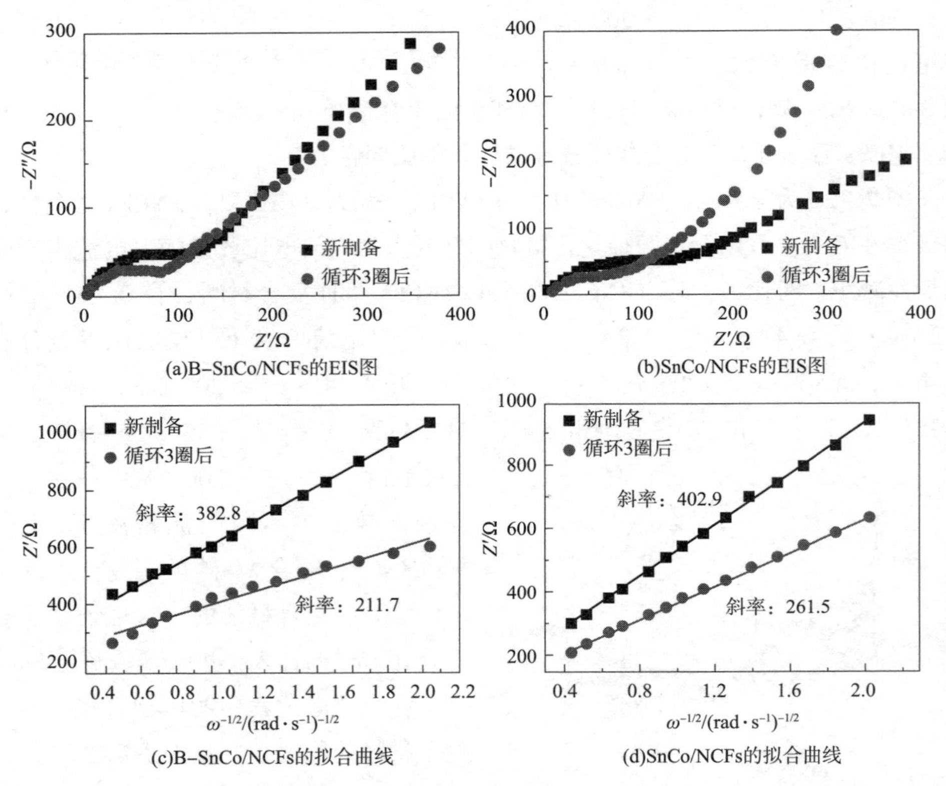

图 7 – 23　B – SnCo/NCFs 和 SnCo/NCFs 电极的 EIS 图和 Z' 与 $\omega^{-1/2}$ 的拟合曲线图

图 7 – 23(c)和(d)分别为 B – SnCo/NCFs 和 SnCo/NCFs 电极的 Z' 与 $\omega^{-1/2}$ 的关系拟合图，电池处于新鲜状态下时，B – SnCo/NCFs 电极的斜率为 382.8，小

于 SnCo/NCFs 电极的斜率(402.9)。循环 3 圈后，B - SnCo/NCFs 电极的斜率为 211.7，而 SnCo/NCFs 电极的斜率为 261.5，说明 B - SnCo/NCFs 电极循环前后的钠离子扩散动力最快，最稳定。

为分析 B - SnCo/NCFs 电极的传输动力学，测试了该电极在 0.2 ~ 1.0mV · s^{-1} 扫描速率下的 CV 性能，测试结果如图 7 - 24(a)所示。其中，电流(i)与扫描速率(v)之间的动力学关系满足式(5 - 1)和式(5 - 2)。

通过 log i 与 log v 作图，其斜率即为 b 值大小。由图 7 - 24(b)可知，B - SnCo/NCFs 电极的两个峰的斜率分别为 0.73 和 0.91，说明其电极反应由扩散控制和电容行为共同决定。为进一步分析扩散和电容控制的贡献率，由式(5 - 3)和式(5 - 4)计算赝电容贡献率。

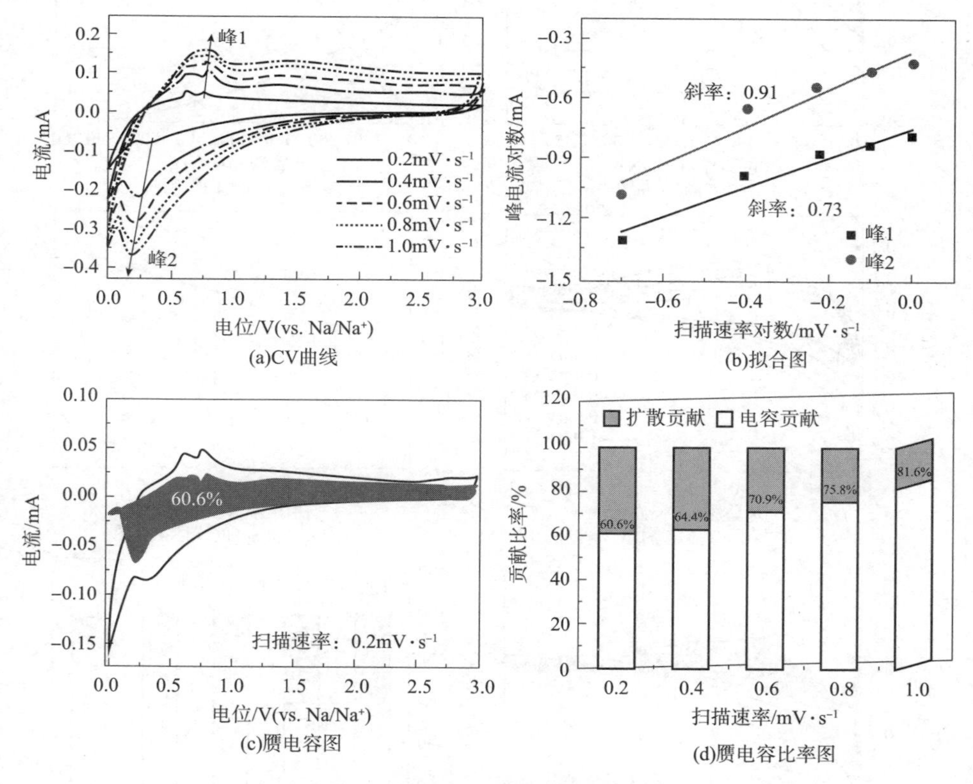

图 7 - 24　B - SnCo/NCFs 电极的动力学表征

图 7 - 24(c)为 B - SnCo/NCFs 电极材料在 0.2mV · s^{-1}下的赝电容图，其中阴影部分为赝电容，其值为 60.6%。随着扫描速率的增加，赝电容所占的比例也在随之增加。图 7 - 24(d)为不同扫描速率下的赝电容比率图，当电流密度增加

到0.4mV·s^{-1}、0.6mV·s^{-1}、0.8mV·s^{-1}和1.0mV·s^{-1}时，赝电容比率分别为64.4%、70.9%、75.8%和81.6%。B－SnCo/NCFs电极的高电容贡献加快了电子/离子传输速度，从而提高了倍率性能。

作为对比，图7－25(a)为B－Sn/NCFs电极在0.2mV·s^{-1}扫描速率下的CV曲线图，首圈阴极扫描时在0.88V附近有一个宽峰，在随后的扫描中消失，归因于SEI膜的不可逆形成。0.18V附近的阴极峰对应于Sn与Na的合金化反应(产物为$Na_{3.75}Sn$)，0.26V、0.61V和0.74V处的阳极峰对应于$Na_{3.75}Sn$的脱合金反应。由

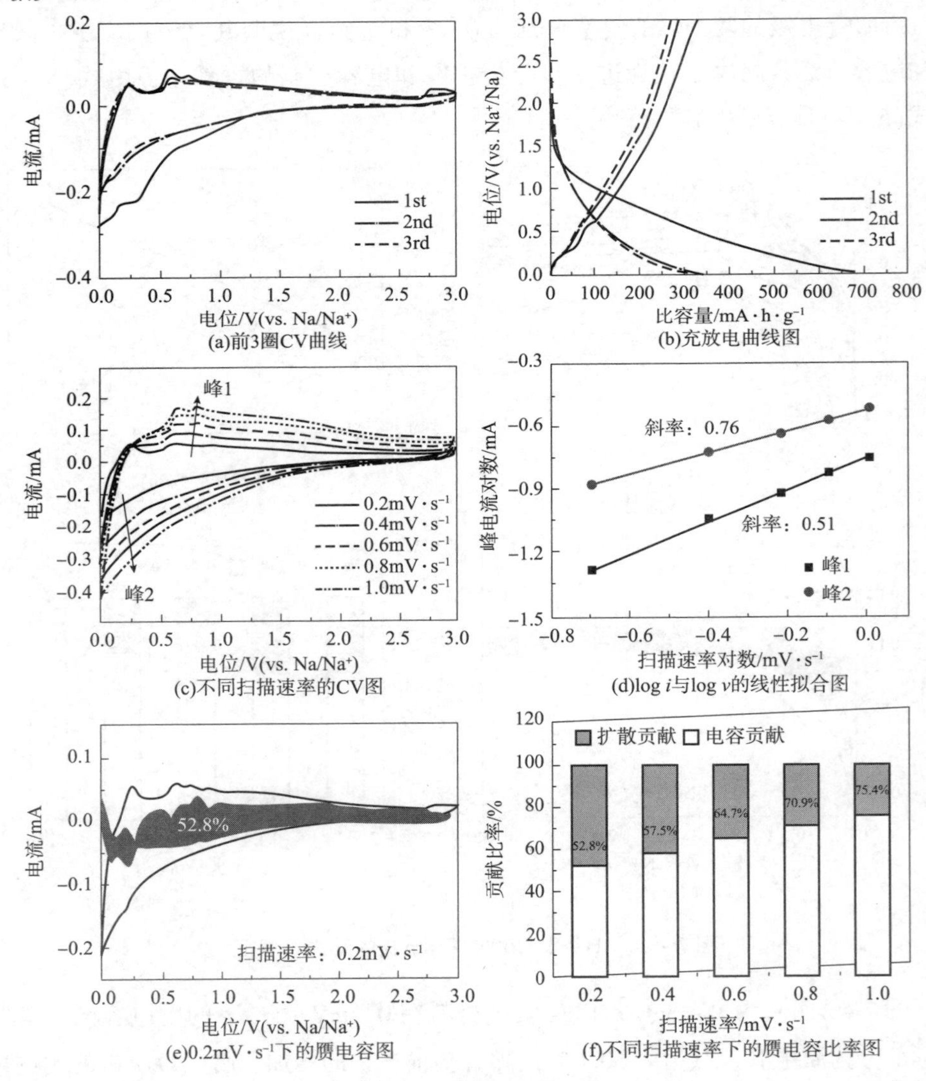

图7－25　B－Sn/NCFs电极的动力学表征

充放电曲线[图 7-25(b)]可知，B-Sn/NCFs 电极的首圈充放电比容量分别为 330.5mA·h·g^{-1}和685.6mA·h·g^{-1}，首圈库伦效率为48.2%。图7-25(c)是不同扫描速率下的CV曲线图，拟合 log i 与 log v 值作图可得到氧化还原峰对应的b值。如图7-25(d)所示，峰1和峰2的斜率(即 b 值)分别为0.76和0.51。对比 B-SnCo/NCFs 电极，该电极斜率值均最小。图7-25(e)展示了 B-Sn/NCFs 电极在0.2mV·s^{-1}扫描速率下的赝电容图，其赝电容为52.8%。同样地，图7-25(f)展示了不同扫描速率下的赝电容贡献比率，即在0.4mV·s^{-1}、0.6mV·s^{-1}、0.8mV·s^{-1}和1.0mV·s^{-1}扫描速率下的赝电容比率分别为57.5%、64.7%、70.9%和75.4%，均小于 B-SnCo/NCFs 电极的赝电容比率值。说明在 B-SnCo/NCFs 电极中，非活性金属Co的加入可增加赝电容贡献，有助于提高电极的倍率性能。

采用恒流间歇滴定技术(GITT)研究 B-SnCo/NCFs 和 SnCo/NCFs 电极的电化学动力学行为，以评估Na^+扩散系数。施加恒定电流密度100mA·h·g^{-1}，电压范围为0.005~3.0V，间歇5min。两个电极的电压-比容量图和电压-时间图分别如图7-26(a)~(b)和(d)~(e)所示。扩散系数计算公式如式(3-4)所示。

计算得到的 B-SnCo/NCFs 和 SnCo/NCFs 电极的钠离子扩散系数与电压的关系图，如图7-26(c)、(f)所示。在放电过程中，B-SnCo/NCFs 电极的 D_{Na^+}在 $10^{-12.4}$~$10^{-13.7}$区间内，而 SnCo/NCFs 电极的 D_{Na^+}在 $10^{-13.5}$~$10^{-14.6}$范围内。在充电过程中，B-SnCo/NCFs 电极的 D_{Na^+}为 $10^{-11.9}$~$10^{-12.6}$，而 SnCo/NCFs 电极的 D_{Na^+}在 $10^{-13.1}$~$10^{-13.4}$范围内。对比可发现，在充放电过程中 B-SnCo/NCFs 电极的 D_{Na^+}最大。含有空心介孔碳球的氮掺杂碳纤维基底可以提供足够的扩散通道，有利于钠离子和电子的快速扩散和迁移，从而很好地解释了 B-SnCo/NCFs 电极的优异电化学性能。

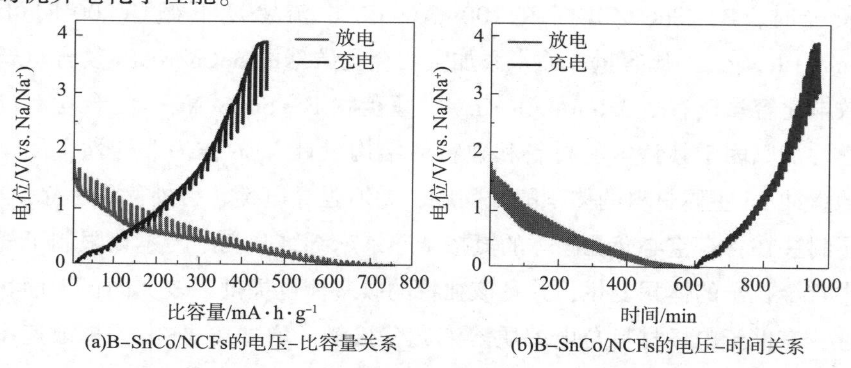

(a)B-SnCo/NCFs的电压-比容量关系　(b)B-SnCo/NCFs的电压-时间关系

图7-26　B-SnCo/NCFs 和 SnCo/NCFs 电极的 GITT 图

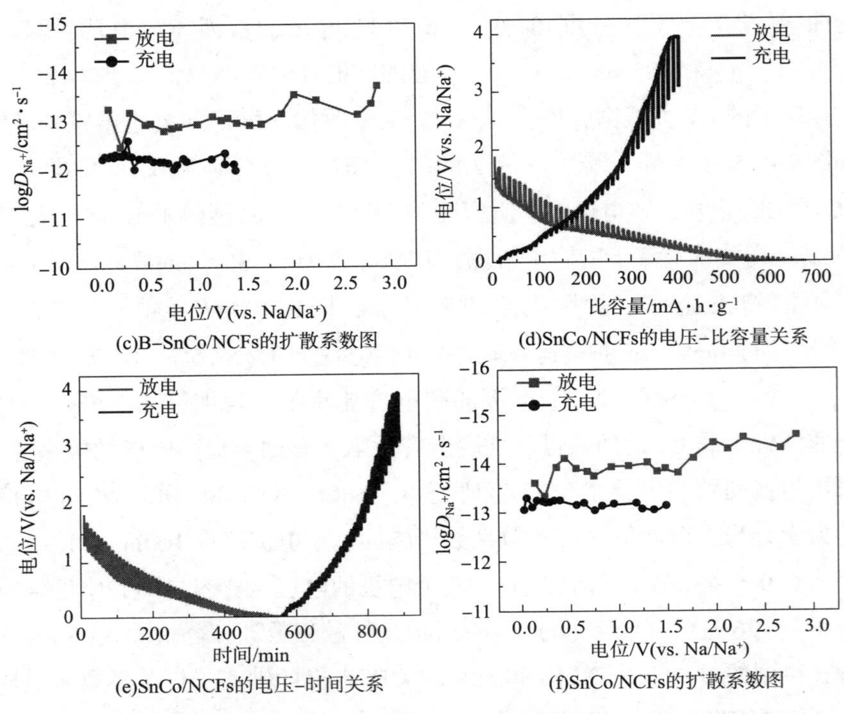

(c)B-SnCo/NCFs的扩散系数图

(d)SnCo/NCFs的电压-比容量关系

(e)SnCo/NCFs的电压-时间关系

(f)SnCo/NCFs的扩散系数图

图 7-26　B-SnCo/NCFs 和 SnCo/NCFs 电极的 GITT 图(续)

7.4　本章小结

本章采用静电纺丝和热还原技术将 SnCo 合金粒子嵌入含有空心介孔碳球的氮掺杂碳纳米纤维内部，得到豆荚状 B-SnCo/NCFs 复合材料。作为钠离子电池负极时，B-SnCo/NCFs 在 100mA · g^{-1} 电流密度下循环 200 圈可达到 369.5mA · h · g^{-1} 的比容量，而未添加空心介孔碳球的 SnCo/NCFs 复合材料循环后的放电比容量仅有 243.6mA · h · g^{-1}。豆荚状 B-SnCo/NCFs 复合材料良好的电化学性能归因于其特殊的材料和独特的结构设计，Co 作为非活性金属，可以很好地缓冲 Sn 主体材料的体积膨胀问题，并增强导电性。另外，将 SnCo 合金纳米粒子封装在含有空心介孔碳球的氮掺杂碳纳米纤维基底中，不仅限制了充放电过程中合金粒子的体积变化，并且该独特的碳基体也提供了较大的比表面积和高导电性，有助于电极材料与电解质溶液充分接触，增加离子/电子扩散速率，从而提高电极材料的电化学性能。

8　豆荚状 SbSn/氮掺杂碳纳米纤维复合材料

延续上一章豆荚状结构以及 SbSn 合金的高理论比容量的研究，本章工作中通过静电纺丝法，将活性金属 Sb 引入 Sn 基材料，制备豆荚状 B－SbSn/NCFs 复合材料柔性膜。一方面，SbSn 颗粒封装在氮掺杂碳纳米纤维以及空心介孔碳球中，并且双活性金属与 Na 反应的电位不同，可交替作为体积缓冲剂，从而有效地缓解合金的体积膨胀问题；另一方面，该膜电极具有柔性，减少了体积效应和热效应，从而显著提高了电化学性能。

8.1　豆荚状 SbSn/氮掺杂碳纳米纤维复合材料的制备

8.1.1　空心介孔碳球(HCSs)的制备

(1)将 3mL 质量分数为 25% 的氨水和 3.5mL 正硅酸四乙酯(TEOS)溶解在 10mL 去离子水和 70mL 乙醇的混合溶液中。(2)将 0.4g 间苯二酚和 0.56mL 甲醛溶液加入上述制备的溶液中，室温搅拌 24h。(3)将获得的肉粉色样品离心，干燥后得到 SiO_2@SiO_2/RF 纳米球。(4)将获得的 SiO_2@SiO_2/RF 纳米球在 Ar 氛围下 650℃煅烧 5h，升温速率为 5℃ · min^{-1}，从而得到 SiO_2@SiO_2/C 纳米球。(5)用 2 M NaOH 溶液刻蚀从而除去 SiO_2，得到空心介孔碳球(HCSs)。

8.1.2　B－SbSn/NCFs 复合材料的制备

(1)将 0.5g 聚丙烯腈(PAN)，0.1g 空心介孔碳球(HCSs)溶于 6mL N，N－二甲基甲酰胺(DMF)溶液中，于 40℃下搅拌 3h。(2)将 2.2mmol 的氯化亚锡($SnCl_2$ · $2H_2O$)和三氯化锑($SbCl_3$)加入上述黏性溶液中，搅拌 3h，获得黑色均匀的电纺黏性溶液。(3)将获得的溶液倒入5mL无菌注射器内，并将注射器与20号金属针头(20 - gauge)相连接。其中针头前端与收集器的距离保持18cm，纺丝流速为0.6mL · h^{-1}，高压设为15kV。(4)纺丝结束后，从收集器上取下复合材料膜，并放置在真空干燥箱中干燥12h。(5)将前驱体膜在管式炉高温煅烧，先于250℃在空气中预氧化2h，升温速率为5℃ · min^{-1}。(6)在Ar和H_2保护氛围下于600℃煅烧2h，升温速度为2℃ · min^{-1}，即可得到豆荚状B - SbSn/NCFs复合材料膜。在相同条件下不添加空心介孔碳球、锡盐、锑盐，可分别制备得到SbSn/NCFs、B - Sb/NCFs和B - Sn/NCFs复合材料膜。

8.2 B - SbSn/NCFs复合材料的形貌和结构分析

图8 - 1为豆荚状B - SbSn/NCFs复合材料膜的合成流程。基于上一章豆荚状结构的研究，本章将活性金属Sb引入Sn基材料并通过静电纺丝及后续煅烧将SbSn合金均匀分散在含有空心介孔碳球的氮掺杂碳纤维基体中，得到豆荚状B - SbSn/NCFs复合材料膜。B - SbSn/NCFs膜的实物图片如图8 - 2(a)所示。将复合膜折叠不同角度，如图8 - 2(b) ~ (d)所示，薄膜显示出了良好的柔韧性，且在180°弯曲和折叠下膜仍完好无损且没有分裂，证明了膜材料的结构稳定性。

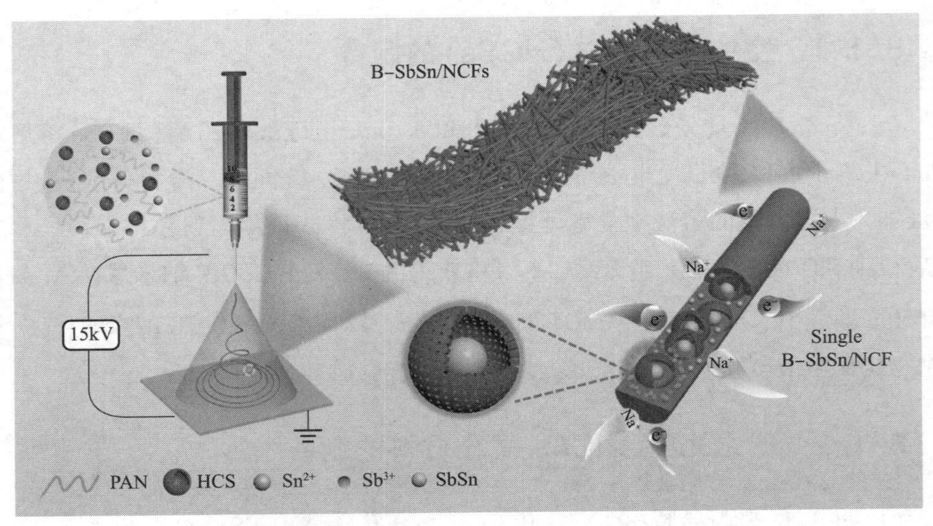

图8 - 1　B - SbSn/NCFs复合材料膜的合成流程图

(a)实物图

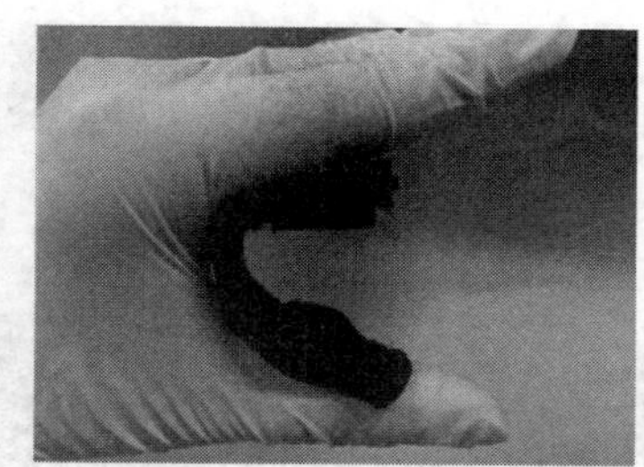

(b)不同角度的弯曲性能图1

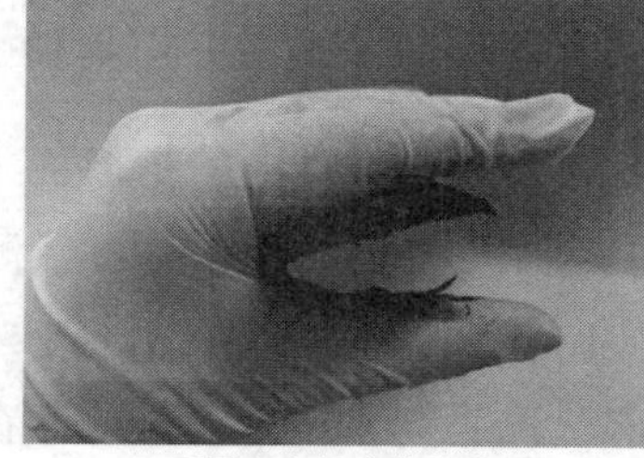

(c)不同角度的弯曲性能图2

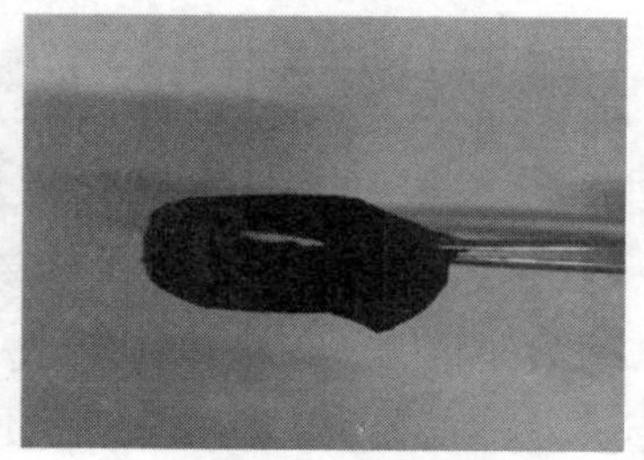

(d)不同角度的弯曲性能图3

图8－2　B－SbSn/NCFs膜的实物图和弯曲性能图

为了测试豆荚状B－SbSn/NCFs和SbSn/NCFs复合材料膜与钠离子电解液 $NaClO_4$ 的润湿能力，进行了接触角测试。如图8－3(a)和(b)所示，当钠离子电解液滴在B－SbSn/NCFs膜上1s后，两个界面接触角为18.5°，而此时SbSn/NCFs膜与钠离子电解液间的接触角为31.3°。随后，在第6s时，$NaClO_4$ 电解液在B－SbSn/NCFs膜表面铺展，此时接触角为0°，说明B－SbSn/NCFs膜被完全润湿。而此时，SbSn/NCFs膜与 $NaClO_4$ 电解液两个界面成10.5°角。相较于SbSn/NCFs膜而言，B－SbSn/NCFs膜与 $NaClO_4$ 电解液具有更好的接触，说明空心介孔碳球的存在有利于电解液的扩散。

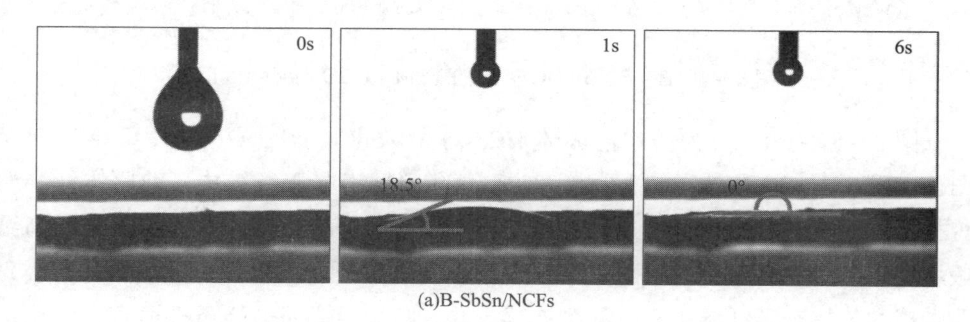

(a)B-SbSn/NCFs

图8－3　$NaClO_4$ 电解液与两种不同复合材料膜的接触角图

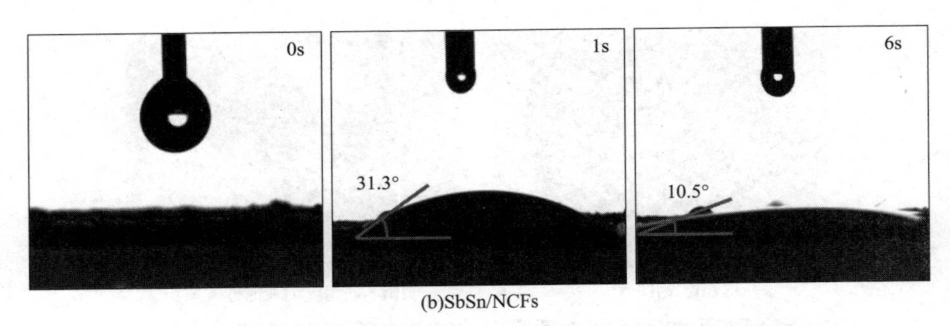

(b)SbSn/NCFs

图 8－3　$NaClO_4$ 电解液与两种不同复合材料膜的接触角图(续)

为了进一步验证 $NaClO_4$ 电解液在 B－SbSn/NCFs 膜内的扩散能力，将 B－SbSn/NCFs 膜浸泡于 $NaClO_4$ 电解液中 24h，通过 TEM－EDS mapping 测试了 Na^+ 在膜内的元素分布情况。如图 8－4(a)～(g)所示，钠离子在 B－SbSn/NCFs 内部均匀分布，尤其是在空心介孔碳球的内部，说明空心介孔碳球的存在有利于电解质的扩散。

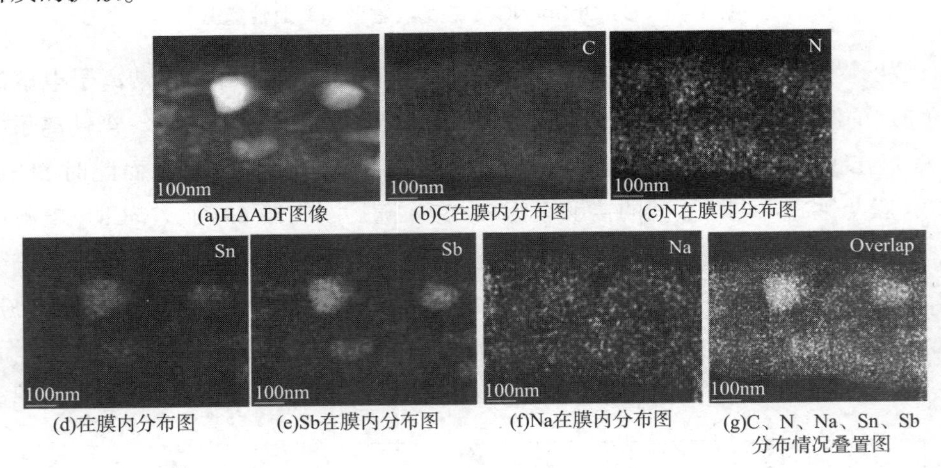

(a)HAADF图像　(b)C在膜内分布图　(c)N在膜内分布图

(d)在膜内分布图　(e)Sb在膜内分布图　(f)Na在膜内分布图　(g)C、N、Na、Sn、Sb分布情况叠置图

图 8－4　B－SbSn/NCFs 膜的 TEM－EDS mapping 图

图 8－5(a)和(b)为纺丝前驱体 HCSs/PAN/$SnCl_2\cdot 2H_2O/SbCl_3$ 纤维的 SEM 图，由图 8－5(a)和(b)可以看出，空心介孔碳球串联于纤维中，前驱体纤维形貌类似于豆荚状。纤维连续且表面光滑，直径在 500nm 左右。经过预氧化和高温煅烧后得到 B－SbSn/NCFs 膜，如图 8－5(c)和(d)所示，SbSn 嵌入含有空心介孔碳球的氮掺杂碳纤维中，且纤维连续，并未断裂，说明煅烧条件适宜。对比纺丝前驱体，可以发现 B－SbSn/NCFs 的直径约为 400nm，直径减小，这归因于高聚物的分解。

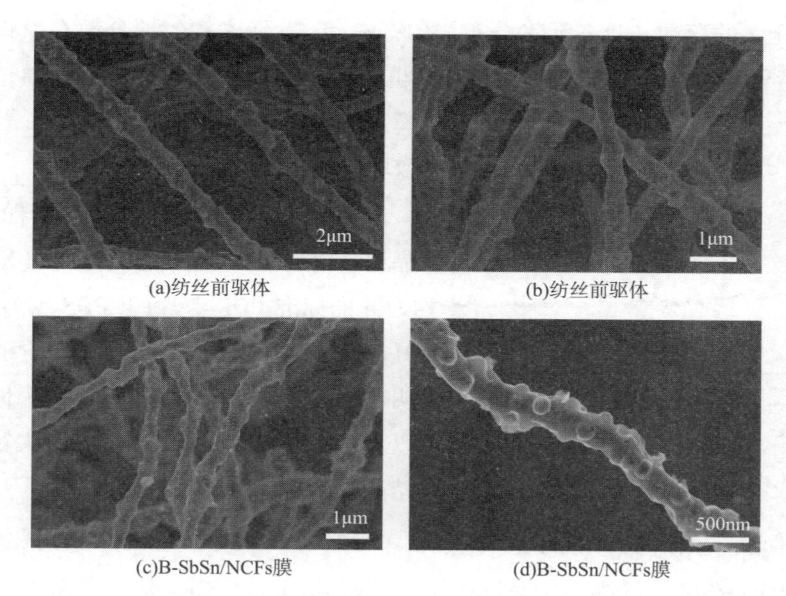

(a)纺丝前驱体　(b)纺丝前驱体

(c)B-SbSn/NCFs膜　(d)B-SbSn/NCFs膜

图 8－5　纺丝前驱体和 B－SbSn/NCFs 的 SEM 图

图 8－6(a)展示了 B－SbSn/NCFs 膜的 SAED 图，图中的衍射环与 SbSn 相的(101)、(012)，(021)晶面相吻合，另外通过 HRTEM 图[图 8－6(b)和(c)]计算出晶格条纹间距为 0.31nm，对应于 SbSn 相的(101)晶面，进一步证明了 SbSn 的成功合成。图 8－6(d)～(i)为 B－SbSn/NCFs 膜的元素分布图，显示了 C、N、

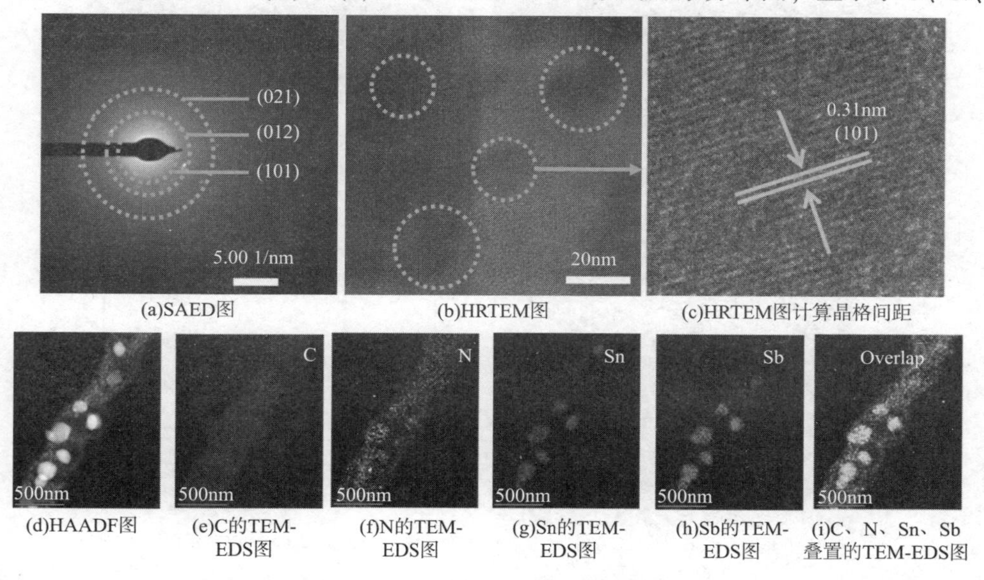

(a)SAED图　(b)HRTEM图　(c)HRTEM图计算晶格间距

(d)HAADF图　(e)C的TEM-EDS图　(f)N的TEM-EDS图　(g)Sn的TEM-EDS图　(h)Sb的TEM-EDS图　(i)C、N、Sn、Sb叠置的TEM-EDS图

图 8－6　B－SbSn/NCFs 膜的表征

Sn、Sb 元素的存在，且各元素分布均匀，Sn 和 Sb 元素均匀地分散在氮掺杂碳纤维中。值得注意的是，空心介孔碳球中也分布着 Sn 和 Sb 元素，说明通过静电纺丝手段将 SbSn 合金成功地嵌入了豆荚状氮掺杂碳纤维中。

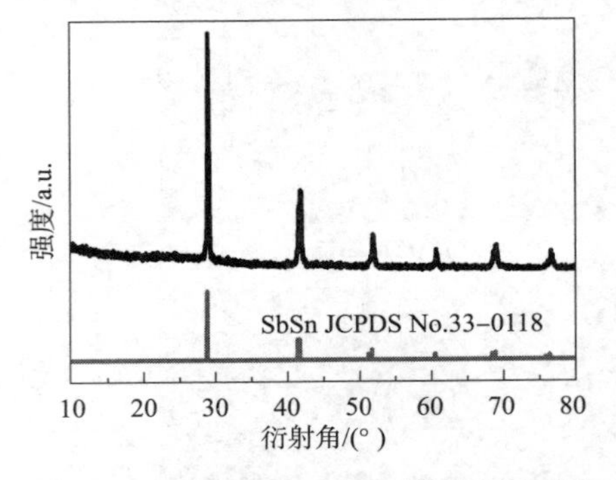

图 8-7　B-SbSn/NCFs 膜的 XRD 图

通过 XRD 测试来分析膜材料的物相及晶型。由图 8-7 可以看出材料的 XRD 峰与 SbSn 的标准 PDF 卡片(JCPDS 编号为 33-0118)一致，未出现 Sn 或者 Sb 杂峰，说明已成功制备出 SbSn 合金。由图 8-7 可以看出，膜材料的 XRD 峰峰形尖锐，说明结晶性较好。

同样地，在相同实验条件下，不加入空心介孔碳球，得到纺丝前驱体 PAN/$SnCl_2 \cdot 2H_2O/SbCl_3$ 纤维，经高温煅烧后，得到 SbSn/NCFs 膜。其 SEM、TEM 及 XRD 表征结果如图 8-8 所示。由图 8-8(a)可以看出纺丝前驱体的形貌呈纤维状，表面光滑，每根直径约为 500nm。图 8-8(b)和(c)分别为烧后的 SbSn/NCFs 膜的 SEM 和 TEM 图，SbSn 纳米颗粒被封装在氮掺杂碳纳米纤维中，烧后

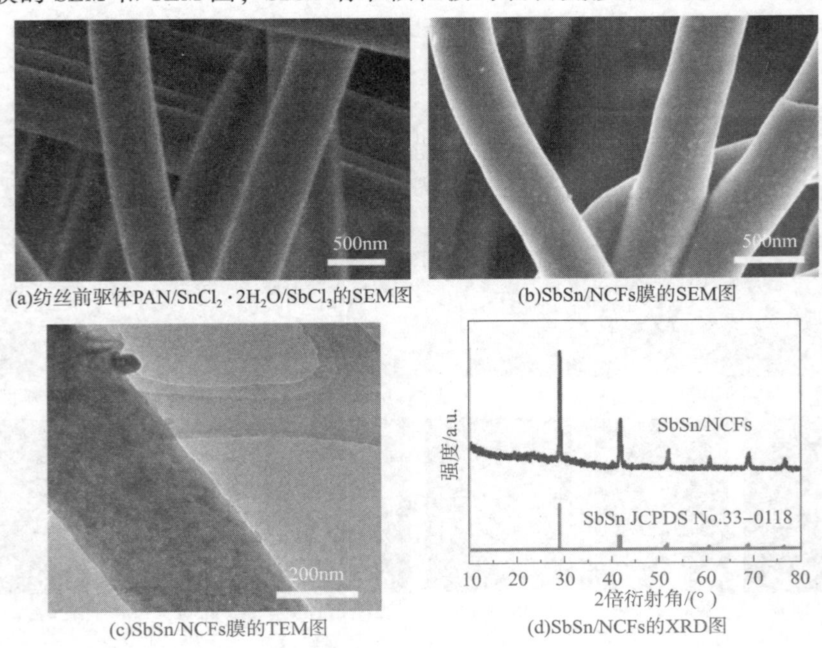

(a)纺丝前驱体PAN/$SnCl_2 \cdot 2H_2O/SbCl_3$的SEM图　(b)SbSn/NCFs膜的SEM图

(c)SbSn/NCFs膜的TEM图　(d)SbSn/NCFs的XRD图

图 8-8　纺丝前驱体 PAN/$SnCl_2 \cdot 2H_2O/SbCl_3$ 的表征

纤维直径约为450nm。由图 8 - 8(d) 显示的 XRD 图可以看出，SbSn/NCFs 膜的 XRD 峰与 SbSn 的标准 PDF 卡片(JCPDS 编号为 33 - 0118)相一致，证实了 SbSn/NCFs 膜的成功制备。

随后又制备了 B - Sn/NCFs 和 B - Sb/NCFs 膜材料作为对照，其中 B - Sn/NCFs 的测试表征结果于第 7 章介绍过，此处不再详细说明。B - Sb/NCFs 膜材料的形貌和结构表征结果如图 8 - 9 所示。通过图 8 - 9(a) 可以观察到纺丝前驱体的形貌呈豆荚状，并且纤维连续，直径在 500nm 左右。煅烧后的 SEM 和 TEM 图分别如图 8 - 9(b)、图 8 - 9(c) 所示，煅烧后依旧保持豆荚状，直径略小于 500nm。对比可以发现 B - SbSn/NCFs 膜内部合金较为规整，而 B - Sb/NCFs 膜内部颗粒大小不规则，这归因于 Sb 金属容易团聚。通过 XRD 图[图 8 - 9(d)]可以看出 XRD 峰与 Sb 的标准 PDF 卡片(JCPDS 编号为 85 - 1323)一致。图 8 - 10(a) 为 B - Sb/NCFs 材料的 SAED 图，其衍射环对应于 Sb 相的(202)、(012，016)晶面，并且通过 HRTEM 图[图 8 - 10(b) 和(c)]可知，测量的晶格条纹间距为 0.31nm，对应于 Sb 相的(012)晶面。图 8 - 10(d) ~ (h) 显示了 B - Sb/NCFs 膜的 TEM - EDS 图，可以观测到 C、N 和 Sb 元素的均匀分布。

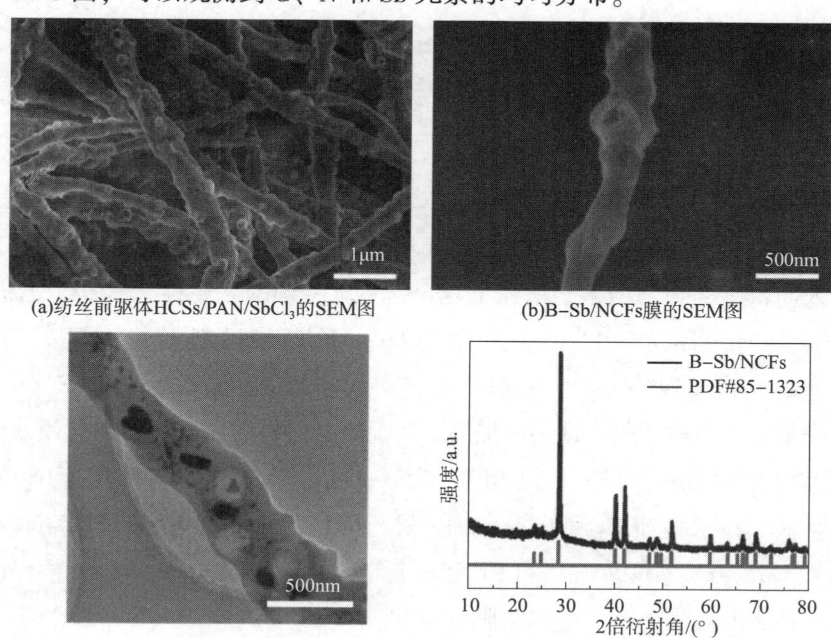

(a)纺丝前驱体HCSs/PAN/$SbCl_3$的SEM图 (b)B-Sb/NCFs膜的SEM图

(c)B-Sb/NCFs膜的TEM图 (d)B-Sb/NCFs膜的XRD图

图 8 - 9 B - Sb/NCFs 膜材料的表征

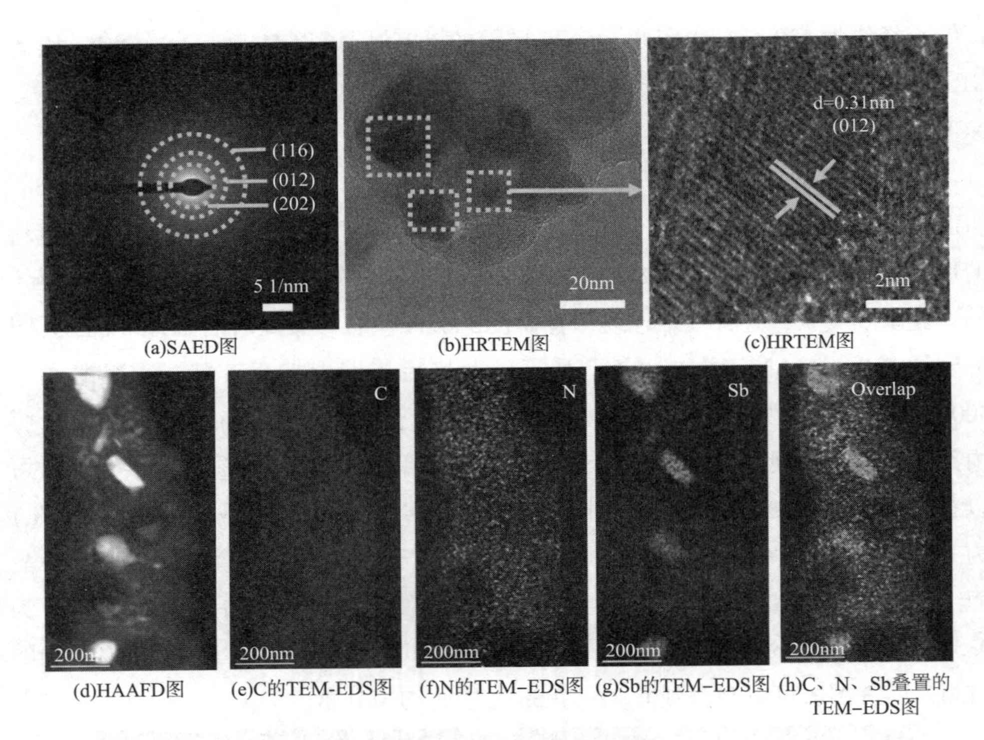

(a)SAED图 (b)HRTEM图 (c)HRTEM图

(d)HAAFD图 (e)C的TEM-EDS图 (f)N的TEM-EDS图 (g)Sb的TEM-EDS图 (h)C、N、Sb叠置的TEM-EDS图

图 8－10　B－Sb/NCFs 膜的表征

通过拉曼光谱表征探究复合材料的碳结构，测试结果如图 8－11(a)所示。B－SbSn/NCFs、B－Sn/NCFs、B－Sb/NCFs 和 SbSn/NCFs 材料的拉曼曲线大致相近，位于 1350 和 1590cm^{-1}处的 D 峰与 G 峰强度不同，其比值分别为 1.4、1.18、1.25 和 1.21。对比 B－SbSn/NCFs 和 SbSn/NCFs 材料的比值可知，空心介孔碳球的加入使得碳的缺陷增多，增强了复合材料碳结构的无序性，有利于电极材料中电子的传导。图 8－11(b)为在 30MPa 下四种材料的电导率，分别为 1.808$S\cdot m^{-1}$、4.659$S\cdot m^{-1}$、3.274$S\cdot m^{-1}$和 8.235$S\cdot m^{-1}$，B－SbSn/NCFs 膜的电导率最高，有助于倍率性能的提高。为了研究材料的比表面积和孔径分布，即进行了 N_2 吸脱附分析测试，经过 BET[图 8－11(c)～(f)]测试的 B－SbSn/NCFs、B－Sn/NCFs、B－Sb/NCFs 和 SbSn/NCFs 材料的比表面积分别为 111.64$m^2\cdot g^{-1}$、97.90$m^2\cdot g^{-1}$、88.37$m^2\cdot g^{-1}$和 91.15$m^2\cdot g^{-1}$。经过 Barrett－Joyner－Halenda(BJH)模型分析孔径分布，可以清晰地看出来 B－SbSn/NCFs、B－Sn/NCFs、B－Sb/NCFs 材料的孔径主要分布在 4nm 左右，而 SbSn/NCFs 材料的孔径主要分布在 1～4nm。这也说明空心介孔碳球加入后，材料的孔径分布较为均匀。

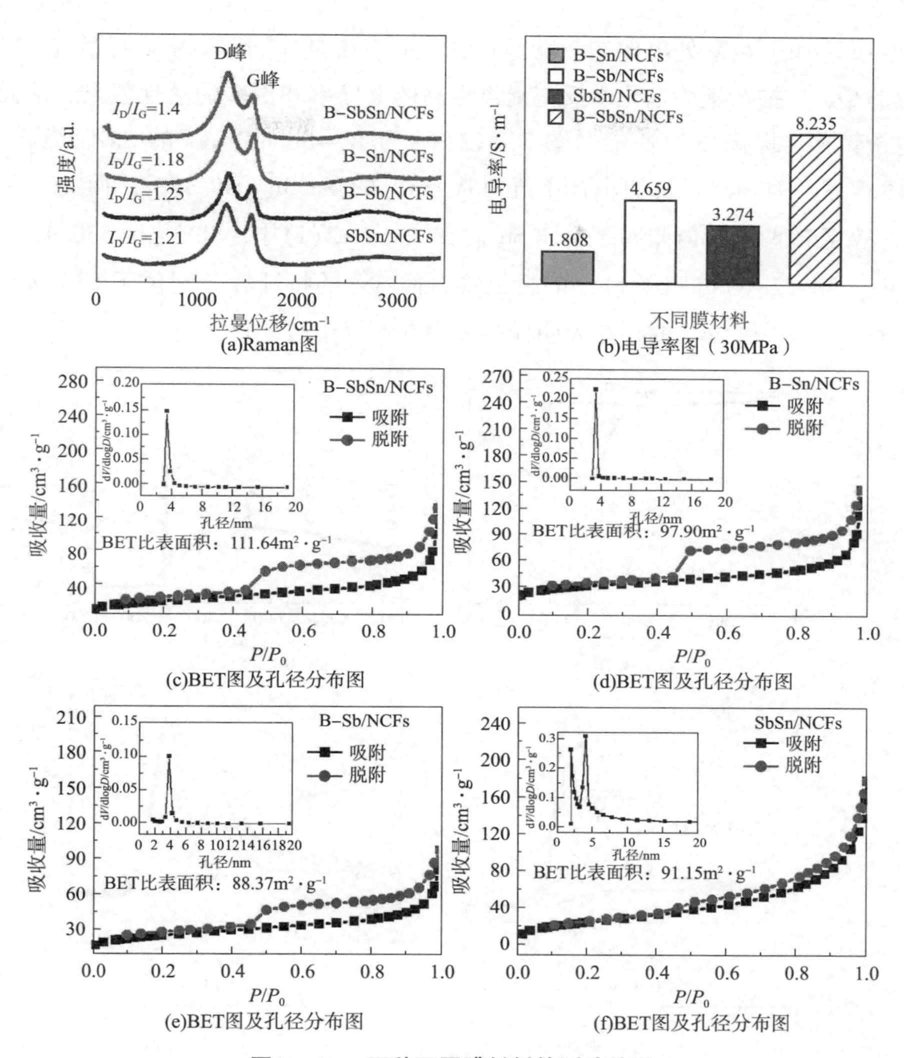

(a)Raman图 (b)电导率图（30MPa）

(c)BET图及孔径分布图 (d)BET图及孔径分布图

(e)BET图及孔径分布图 (f)BET图及孔径分布图

图8－11 四种不同膜材料的测试结果

图8－12(a)为B－SbSn/NCFs膜材料在氧气气氛下的热重图，第一次失重5.03%归因于水分的蒸发，第二次失重源于碳和SbSn的氧化($C + O_2 \rightarrow CO_2$，$SbSn + O_2 \rightarrow SnO_2 + Sb_2O_4$)。通过计算，B－SbSn/NCFs膜材料中活性物质SbSn的质量为51.4%。为了探究材料的表面组成及成键状态，即进行了XPS测试。图8－12(b)为B－SbSn/NCFs膜SbSn/NCFs膜材料的XPS全谱图，可以观察到C、N、Sn和Sb元素的存在，这与TEM－EDS结果保持一致。C 1s光谱图[图8－12(c)]在284.6eV、285.3eV和286.7eV处有三个峰，分别对应于C═C、C═N和C—N键，验证了碳基体中N的杂原子掺杂。图8－12(d)为N 1s光谱，在398.2eV、

400.3eV 和 401.6eV 处出现三个峰，分别对应于吡啶 N、吡咯 N 和石墨 N。需要注意的是，N 掺杂碳为电化学反应提供更高的电导率和更多的活性位点，从而促进电子转移，提高电池性能。图 8－12(e)为 B－SbSn/NCFs 的 Sn 三维光谱，485.9eV 和 494.4eV 处的两个峰值对应 Sn^{4+} 的 Sn $3d_{5/2}$ 和 $3d_{3/2}$，而 483.8 和 493.1eV 处的两个峰值归属于金属 Sn^0。在图 8－12(f)中，Sb $3d_{5/2}$(530.4eV)和 Sb $3d_{3/2}$(539.7eV)可归于 Sb^{3+} 的特征峰，而 Sb^0 的特征峰分别位于 528.0eV 和 537.5eV。Sb^{3+} 和 Sn^{4+} 的存在表明样品表面在空气中被氧化。

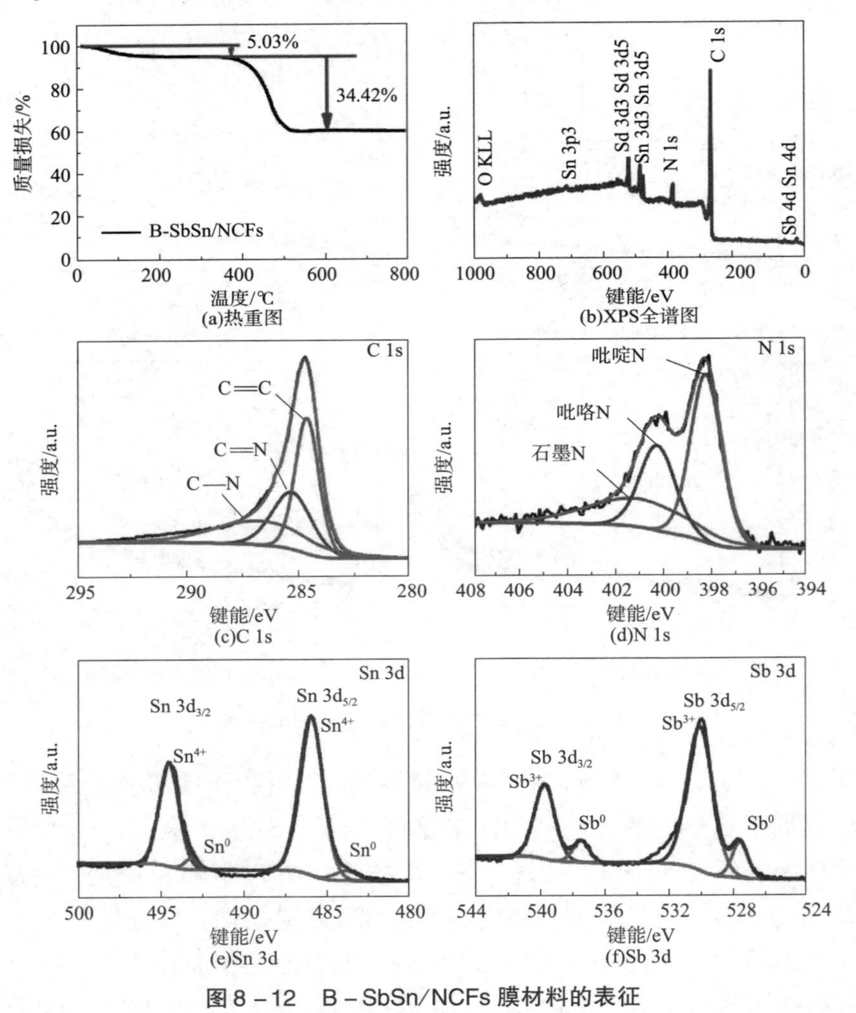

图 8－12　B－SbSn/NCFs 膜材料的表征

同样地，B－Sn/NCFs 和 B－Sb/NCFs 膜材料的全谱，C 1s 和 N 1s 的高分辨谱图如图 8－13(a)～(c)所示。其 C、N 成键情况和 N 存在的形式与 B－SbSn/

NCFs 相一致。B - Sn/NCFs 中 Sn 3d 的 XPS 谱如图 8 - 13(d)所示，其拟合的 Sn $3d_{5/2}$(486. 1eV)和 $3d_{3/2}$(494. 6eV)处的峰归属于 Sn^{4+}，位于 484. 1eV 和 493. 2eV 处的两个峰归属于 Sn^0。同时，在 B - Sb/NCFs 中 Sb 3d 的光谱[图 8 - 13(e)]中，Sb $3d_{5/2}$(530. 3eV)和 $3d_{3/2}$(539. 4eV)归属于 Sb^{3+}。此外，在 527. 7eV 和 536. 9eV 处有两个峰，对应于 Sb^0 的特征峰。

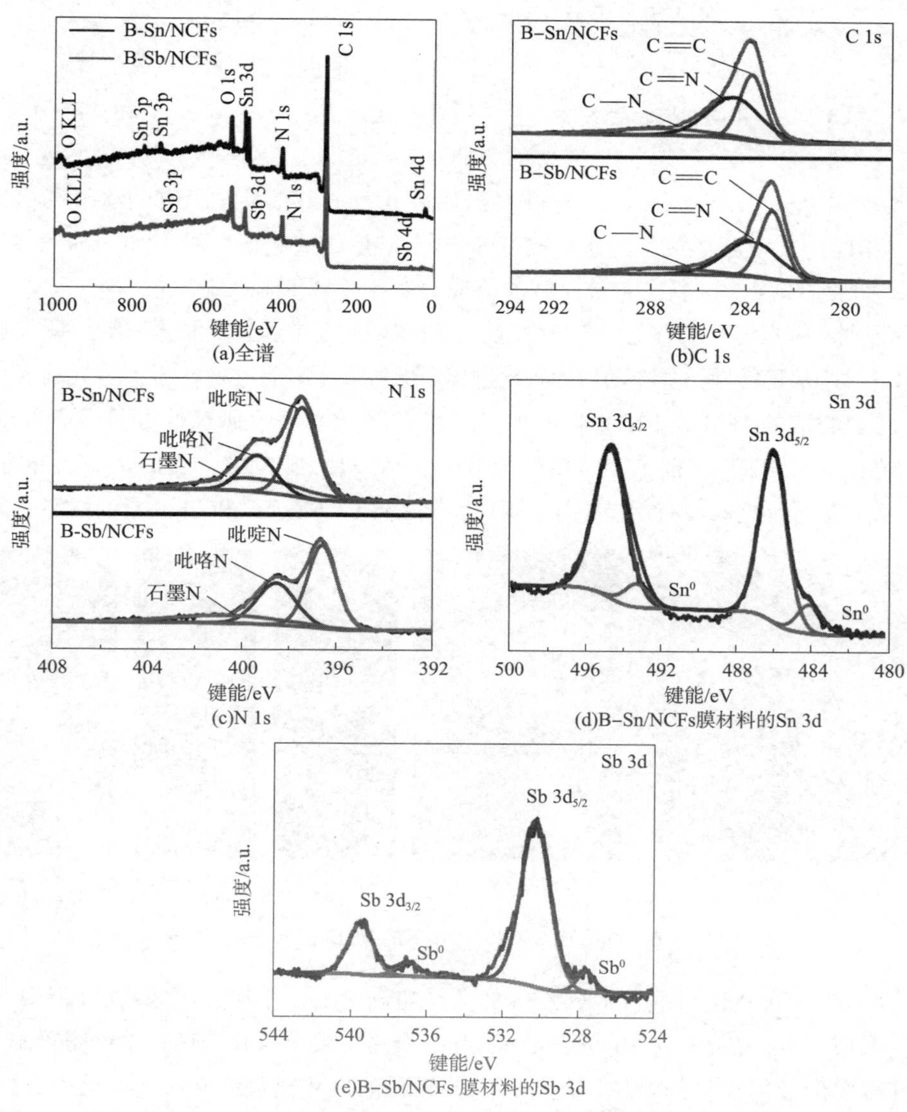

图 8 - 13　B - Sn/NCFs 和 B - Sb/NCFs 膜材料的 XPS 图

为了进一步研究 B - SbSn/NCFs 的物相和形态演变，在不同反应温度点进行

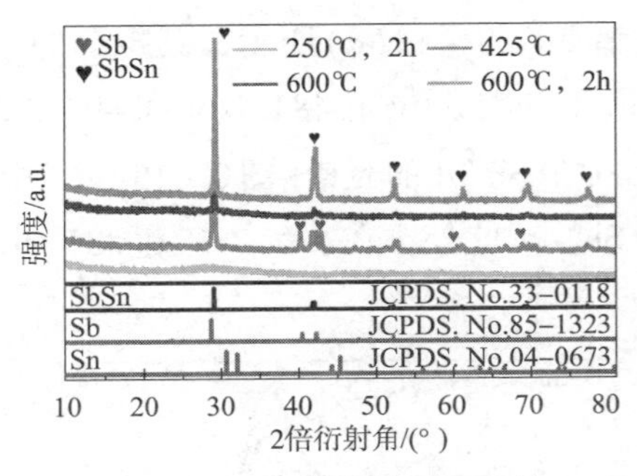

图 8－14　不同煅烧温度下的非原位 XRD

了非原位 XRD 和 TEM 测试。图 8－14 为不同反应温度点的非原位 XRD 图，在 250℃预氧化 2h 后，出现了一个 26°～27°的弱宽衍射峰，对应于碳峰，但没有明显的 SbSn 峰存在，说明 PAN 有一定程度的碳化，没有实际形成 SbSn。随着温度的升高，在 425℃时，出现了明显的峰，与 SbSn（JCPDS No. 33－0118）和 Sb（JCPDS No. 85－1323）特征峰相对应。说明在 425℃时，SbSn 和 Sb 两相同时存在。当温度达到 600℃时，所有的 XRD 峰都与 SbSn 相匹配，说明形成了纯度较高的 SbSn。但是，这些衍射峰不如 SbSn 的最终产物的衍射峰强，这意味着长时间的反应有利于生成 SbSn 的结晶。

根据文献报道，预氧化工艺在静电纺丝纤维的制备中起着重要的作用，并增强了纳米纤维的热稳定性，并在随后的碳化过程中保持了纤维的形状。图 8－15(a)和(b)显示了其对应的 TEM 和 HRTEM 图像，显示为带有空心介孔碳球的 N 掺杂碳纤维形貌。在图 8－15(c)～(h)TEM－EDS 图谱中，PAN/HCSs/$SnCl_2$·$2H_2O$/$SbCl_3$ 前驱体与预氧化后样品之间没有明显差异，可以看到 C、N、Sn、Sb 和 Cl 元素的均匀分布。

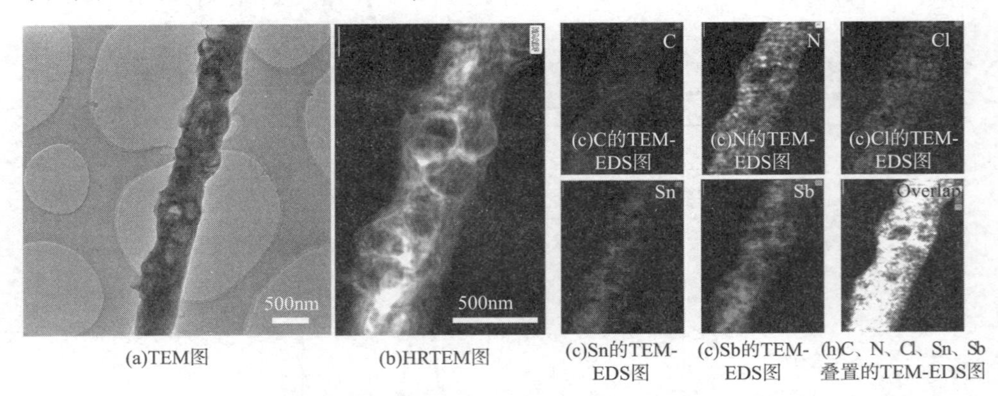

(a)TEM图　(b)HRTEM图　(c)Sn的TEM-EDS图　(c)Sb的TEM-EDS图　(h)C、N、Cl、Sn、Sb叠置的TEM-EDS图

图 8－15　样品在 250℃，2h 下的 TEM 图和 EDS 图谱

由 425℃的 XRD 图，即猜测 Sn 的活性略高于 Sb，因此，在煅烧过程中，Sn 一旦形成，Sn 倾向于与 Sb 结合形成 SbSn 合金。图 8－16 中的 TEM 图像显示，碳纤维中形成了大量的颗粒。此外，这些颗粒的尺寸比最终 SbSn 合金的尺寸小，说明随着反应的进行，颗粒逐渐长大。当温度达到 600℃时，在图 8－17 中的 TEM 图像可以观察到合金颗粒不断长大，直径可达 120～130nm。高分辨 TEM 也

显示出了 0.31nm 的晶格条纹间距，与 SbSn 相匹配。在 600℃下反应 2h，最终合成了豆荚状结构，其中 SbSn 颗粒被包裹在完整的碳基体中。

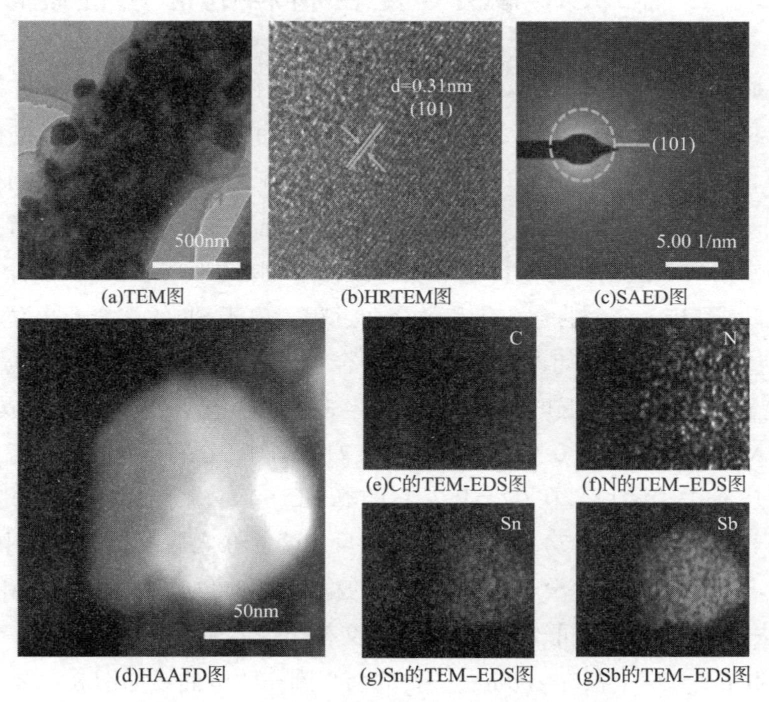

(a)TEM图 (b)HRTEM图 (c)SAED图

(d)HAAFD图 (e)C的TEM-EDS图 (f)N的TEM-EDS图 (g)Sn的TEM-EDS图 (g)Sb的TEM-EDS图

图 8－16　样品在 425℃时的 TEM 图和 EDS 图

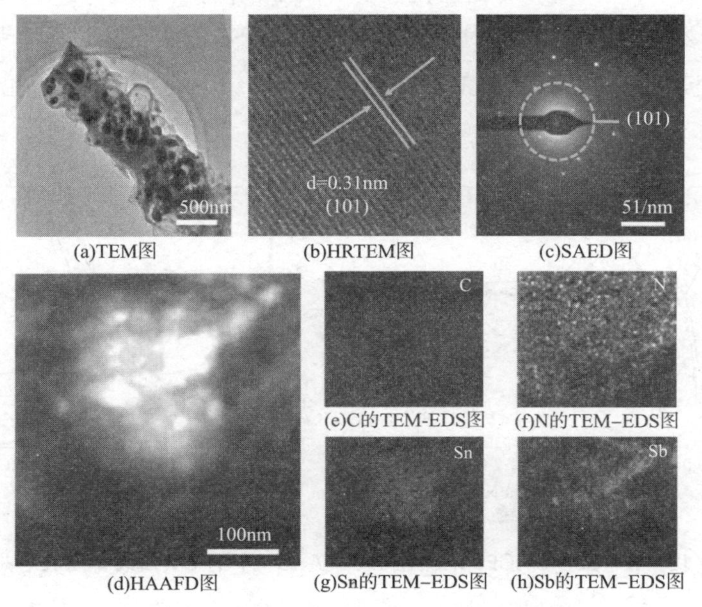

(a)TEM图 (b)HRTEM图 (c)SAED图

(d)HAAFD图 (e)C的TEM-EDS图 (f)N的TEM-EDS图 (g)Sn的TEM-EDS图 (h)Sb的TEM-EDS图

图 8－17　样品在 600℃时的 TEM 图和 EDS 图

8.3 B－SbSn/NCFs 复合材料的储钠性能研究

为了研究豆荚状 B－SbSn/NCFs 复合材料的电化学性能，将复合材料作为独立式负极材料，钠箔为对电极，组装成 CR2025 纽扣电池，测试复合材料的储钠性能。图 8－18(a)为 B－SbSn/NCFs 电极在 $0.2mV \cdot s^{-1}$扫描速率下的前 3 圈 CV 曲线，首圈阴极扫描中，在 0.8～1.2V 范围内出现了一个较宽的还原峰，但在随后的扫描中消失，这主要与固体电解质界面(SEI)膜的形成有关。CV 曲线上有 7 个峰，反映了 SbSn 合金的合金化和脱合金过程。由于 Sb 的合金化电位高于 Sn，在 0.56V 左右(峰 1)的峰值归因于 Sb 的合金化反应(Na_3Sb)。在 0.21V 左右(峰 2)甚至接近 0V(峰 3)的低电位峰与 Sn 发生多重合金化反应，依次生成 Na_9Sn_4、Na_3Sn 和 $Na_{15}Sn_4$。相反，0.09V(峰 4)和 0.21V(峰 5)分别与 $Na_{3.75}Sn$ 与 Na_3Sn 的脱合金反应有关。随后，在 0.65V 左右的峰(峰 6)对应于 Sb 和 Sn 的脱合金反应。结果表明，0.9V(峰 7)为 Sb 的脱合金反应峰，在之后的扫描过程中，CV 曲线逐渐重叠，表明该电化学过程具有较高的稳定性和可逆性。利用 Sn 和 Sb 不同合金化/去合金电位的协同效应，Sn 和 Sb 交替作为体积缓冲体。

B－SbSn/NCFs 电极在 $100mA \cdot g^{-1}$的前 3 圈充放电曲线如图 8－18(b)所示，放电过程中的平台与 SbSn 的合金化过程有明显的对应关系。充电曲线的两个平台分别在 0.2 和 0.6V 左右，对应 $Na_{3.75}Sn$ 和 Na_3Sb 的脱合金过程。另外 B－SbSn/NCFs 电极的充放电容量为 $831.8/1140.25mA \cdot h \cdot g^{-1}$，初始库伦效率(ICE)为 72.9%。

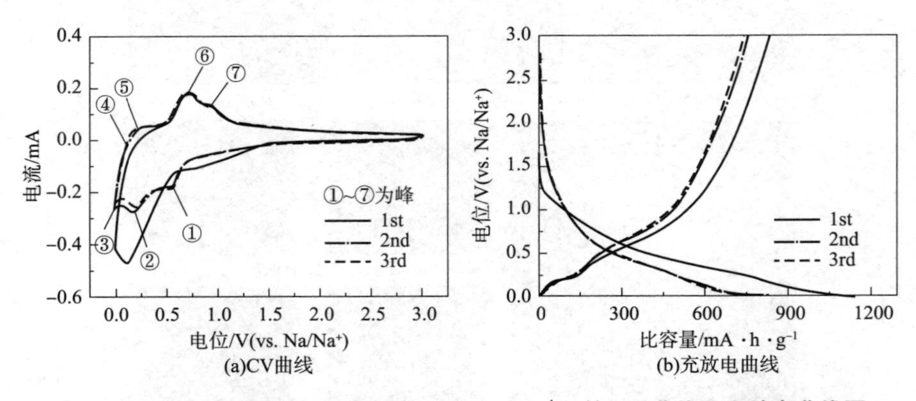

图 8－18　B－SbSn/NCFs 电极在 $0.2mV \cdot s^{-1}$下的 CV 曲线和充放电曲线图

同样地，SbSn/NCFs 和 B－Sb/NCFs 电极的前3 圈 CV 与充放电曲线如图8－19 所示。B－Sn/NCFs 电极的相关测试见第7 章，本章不再详细说明。B－Sb/NCFs 和 SbSn/NCFs 电极的 ICE 分别为 49.5% 和 57.4%。此外，在初始充放电过程中，不可逆容量损失是由于电解液的分解和可逆 SEI 膜所致。相比于其他几种电极，B－SbSn/NCFs 电极的 CV 曲线具有更好的重叠性和规律性，证明了 B－SbSn/NCFs 电极具有良好的可逆性和稳定性。在随后的循环中，充放电曲线趋于重叠，库伦效率提高，证明了 B－SbSn/NCFs 电极具有良好的可逆性和稳定性。

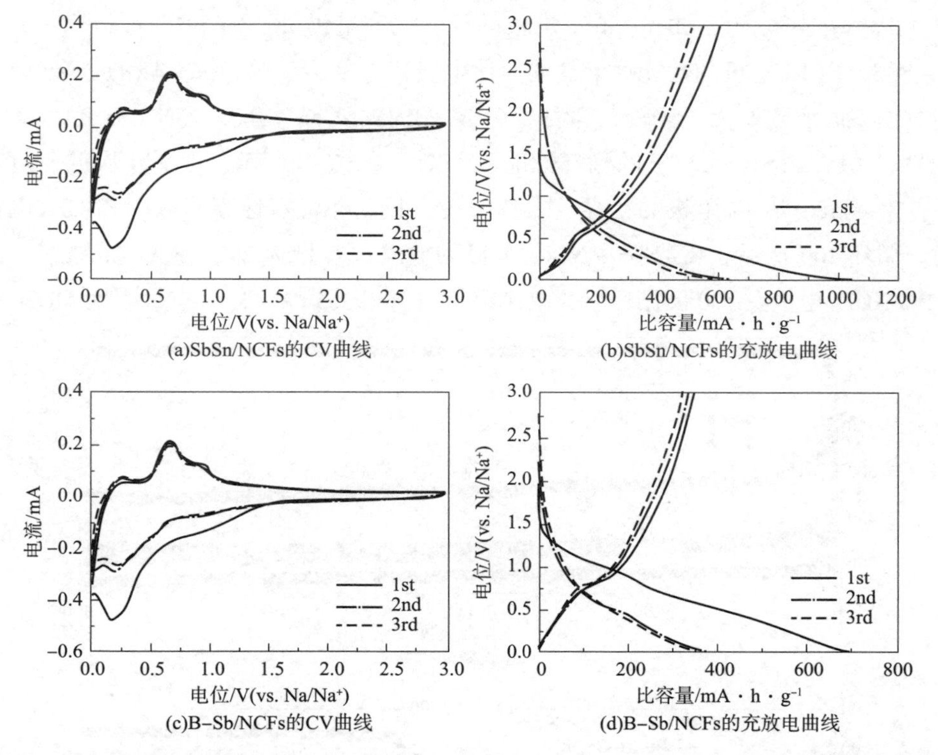

图8－19 SbSn/NCFs 和 B－Sb/NCFs 电极在 0.2mV · s^{-1}下的 CV 曲线和充放电曲线图

图8－20(a)为 B－SbSn/NCFs、B－Sn/NCFs、B－Sb/NCFs 和 B－NCFs 四种电极在 100mA · g^{-1}时的长循环性能图，初始放电比容量分别为 1203.5mA · h · g^{-1}、835.7mA · h · g^{-1}、700.4mA · h · g^{-1}和 498.3mA · h · g^{-1}，而初始充电比容量分别为 824.9mA · h · g^{-1}、587.3mA · h · g^{-1}、346mA · h · g^{-1}和 205.2mA · h · g^{-1}。经过 400 次循环后，B－SbSn/NCFs 电极的放电比容量达到 486.9mA · h · g^{-1}，库伦效率高达 99.97%。此外，B－Sn/NCFs 和 B－Sb/NCFs 电极的放电比容量分别

为 228.5mA·h·g^{-1}和 178.8mA·h·g^{-1}。B－Sn/NCFs 和 B－Sb/NCFs 电极较低的循环性能归因于随着循环次数的增加，Sn 和 Sb 的体积不断膨胀，颗粒破碎，导致容量迅速衰减。

图 8－20(b)为 0.1～1.6A·g^{-1}电流密度下电极的倍率性能，B－SbSn/NCFs 电极表现出优异的倍率性能，在 0.1A·g^{-1}、0.2A·g^{-1}、0.4A·g^{-1}、0.8A·g^{-1}和 1.6A·g^{-1}电流密度下的平均放电比容量分别为 728.2mA·h·g^{-1}、623.08mA·h·g^{-1}、525.02mA·h·g^{-1}、444.14mA·h·g^{-1}、388.2mA·h·g^{-1}。当电流密度恢复到 0.1A·g^{-1}时，B－SbSn/NCFs 电极的放电比容量仍可达到 591.4mA·h·g^{-1}。B－SbSn/NCFs 电极的性能优于其他对比电极，这是由于锡和锑金属的合金/脱合金电位不同所致。为了比较，即测试了 B－SbSn/NCFs、SbSn/NCFs 和 B－SnCo/NCFs 电极在 0.5A·g^{-1}下的循环性能。如图 8－20(c)所示，在 200 次循环过程中，B－SbSn/NCFs 电极的比容量衰减缓慢，且循环稳定性高于 SbSn/NCFs 电极的。循环 200 次后，B－SbSn/NCFs 电极的放电比容量为 292.4mA·h·g^{-1}，而 SbSn/NCFs 电极在 100 圈循环后放电比容量只有 193.5mA·h·g^{-1}，表明 HCSs 在

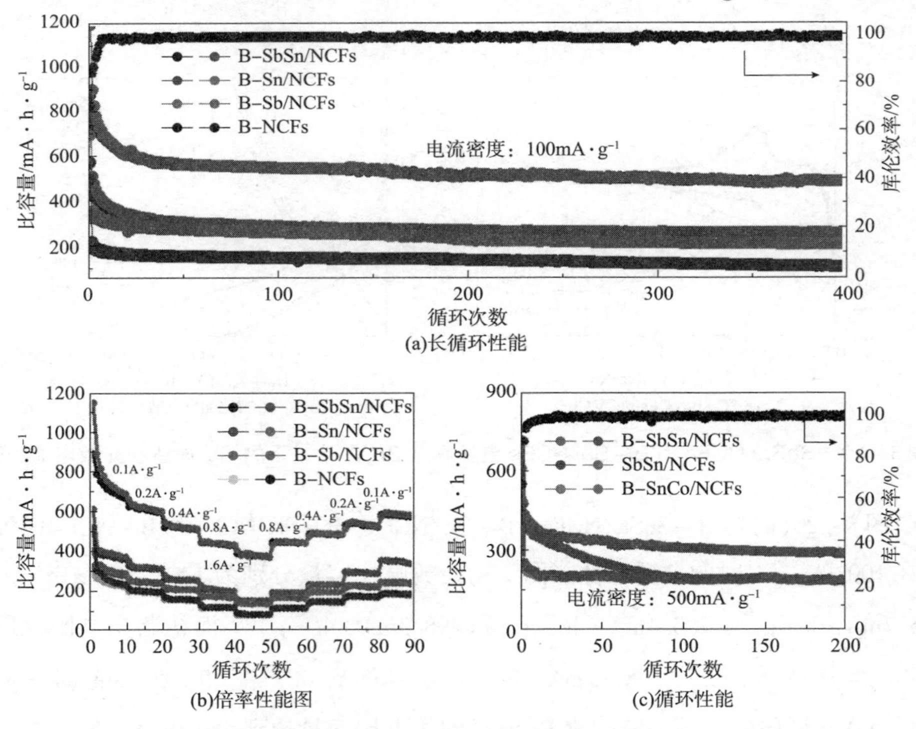

(a)长循环性能

(b)倍率性能图

(c)循环性能

图 8－20　不同电极的长循环性能、倍率性能和循环性能图

电化学性能中起着关键作用。另外，B－SnCo/NCFs 电极循环后比容量为 $216.8 mA \cdot h \cdot g^{-1}$，低于 B－SbSn/NCFs 电极的，也证明了电化学活性 Sb 金属对金属 Sn 的改性作用大于非活性金属 Co 的改性作用。

为了验证其良好的电化学性能，图 8－21(a)为 B－SbSn/NCFs、B－Sn/NCFs、B－Sb/NCFs 和 SbSn/NCFs 四个电极的电化学阻抗谱(EIS)图。显然，与其他三种比较电极相比，B－SbSn/NCFs 电极在循环前的 R_{ct} 最小(77.0Ω)，表明其具有较高的电荷转移能力和电化学活性。经过 3 次循环后，B－SbSn/NCFs 电极的 R_{ct} 从 77.0Ω 降至 49.6Ω，这是由于电极材料的持续活化以及在循环过程中形成稳定的 SEI 膜所致。此外，为了进一步探索钠离子的扩散过程，根据式(3－2)和式(3－3)计算 Z' 与 $\omega^{-1/2}$ 的关系。

如图 8－21(b)～(d)所示，B－SbSn/NCFs 电极的斜率最小，说明 B－SbSn/NCFs 电极的电导率最高，扩散动力学速度最快。进一步说明 HCSs 的加入提高了导电性，防止了合金颗粒的自团聚。此外，缩短了 Na^+ 的扩散通道，加速了 Na^+ 的扩散。

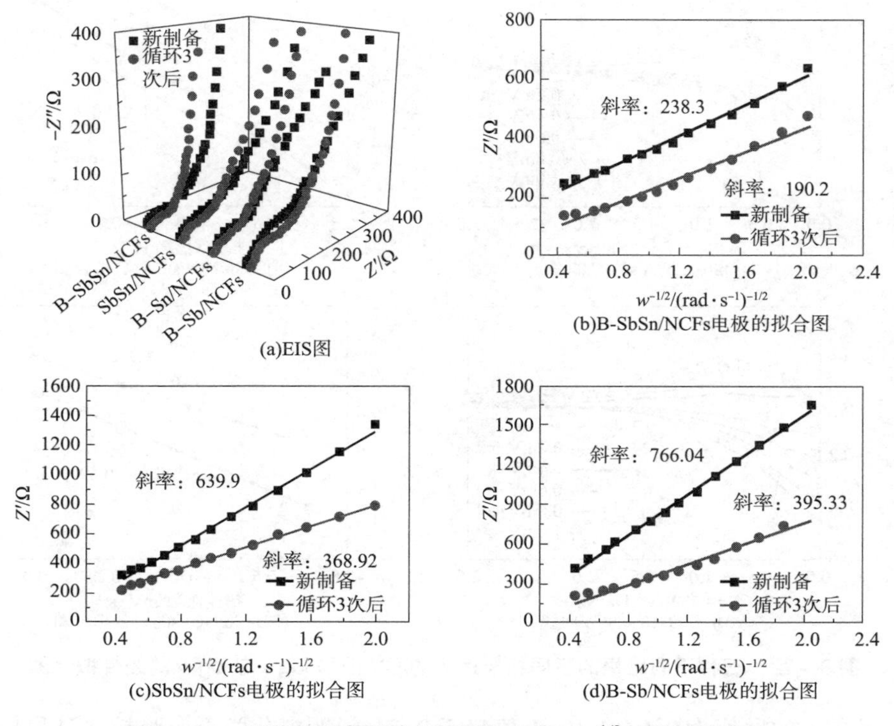

(a)EIS图

(b)B-SbSn/NCFs电极的拟合图

(c)SbSn/NCFs电极的拟合图

(d)B-Sb/NCFs电极的拟合图

图 8－21 四种不同电极的 EIS 图和 Z' 与 $w^{-1/2}$ 的线性拟合图

研究表明，Na^+反应动力学越快，SIB 电池的电化学性能越好。为了进一步研究 B－SbSn/NCFs、B－Sn/NCFs、B－Sb/NCFs 和 SbSn/NCFs 电极的倍率性能，在 0.2～1.0mV·s^{-1}扫描速率下进行 CV 测试，结果如图 8－22(a)、图 8－22(c)和图 8－22(e)所示。在大扫描速率下，B－SbSn/NCFs 电极具有良好的适应性。据报道，电流(i)与扫描速率(v)之间的动力学关系服从式(5－3)和式(5－4)。

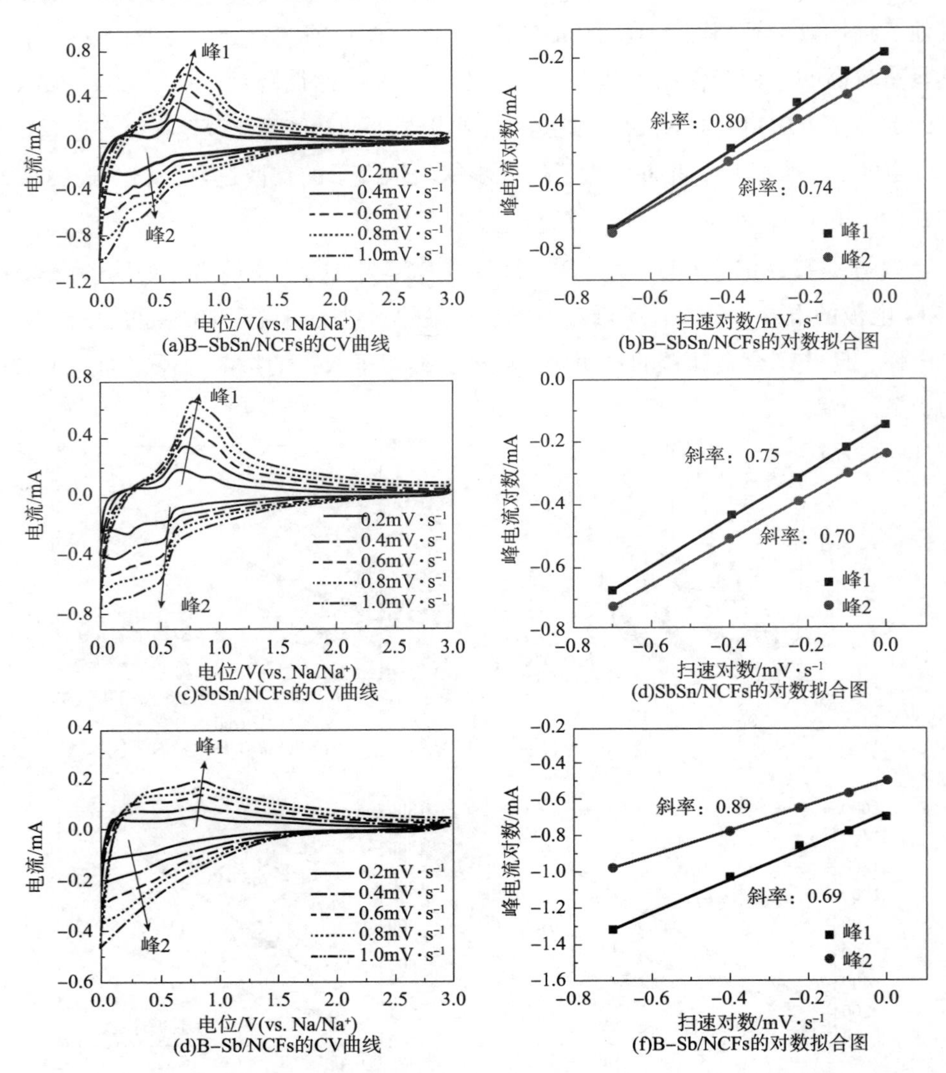

图 8－22　三种不同电极的不同扫描速率的 CV 图和 log i 与 log v 的线性拟合图

其中 b 的取值为 0.5～1.0，b 值趋于 0.5，说明电化学反应受扩散过程控制。相反，当 b 值接近 1.0 时，以电容控制过程为主。图 8－22(b)中，B－SbSn/

NCFs 电极两个峰的 b 值分别为 0.80 和 0.74，表明 B－SbSn/NCFs 电极电容控制占优势，加速了 Na^+ 反应动力学。同样地，图 8－22(d)、图 8－22(f) 中，B－Sb/NCFs(0.89 和 0.69) 和 SbSn/NCFs 电极(0.75 和 0.70) 的 b 值均小于 B－SbSn/NCFs 电极。

为探究扩散和电容控制的贡献率，在一定的扫描速率下，根据式(5－3)和式(5－4)计算赝电容贡献率。

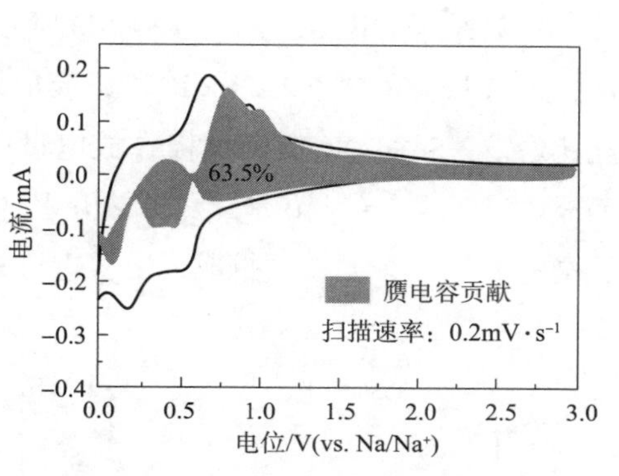

图 8－23　B－SbSn/NCFs 电极在 $0.2mV \cdot s^{-1}$ 时的赝电容图

图 8－23 为 B－SbSn/NCFs 电极在 $0.2mV \cdot s^{-1}$ 时的赝电容图，阴影部分为材料的赝电容贡献，可达到 63.5%。在该扫描速率下，SbSn/NCFs、B－Sb/NCFs 和 B－Sn/NCFs 电极的电容贡献分别为 52.78%、46.68% 和 60.72%，低于 B－SbSn/NCFs 电极(图 8－24)。随着扫描速率的增加，在 $0.4mV \cdot s^{-1}$、$0.6mV \cdot s^{-1}$、$0.8mV \cdot s^{-1}$ 和 $1.0mV \cdot s^{-1}$ 时，B－SbSn/NCFs电极的容量贡献也依次升高，分别为 71.17%、77.42%、82.68% 和 88.51%。通过比较，B－SbSn/NCFs 电极在不同扫描速度下的电容贡献均高于 B－Sn/NCFs、B－Sb/NCFs 和 SbSn/NCFs 电极。电容贡献的增加意味着电子传递速度快，扩散路径短，这有助于优异的倍率性能。豆荚状结构为体积膨胀提供了空间，增强了 Na^+ 的扩散动力学，提高了电极的倍率性能。

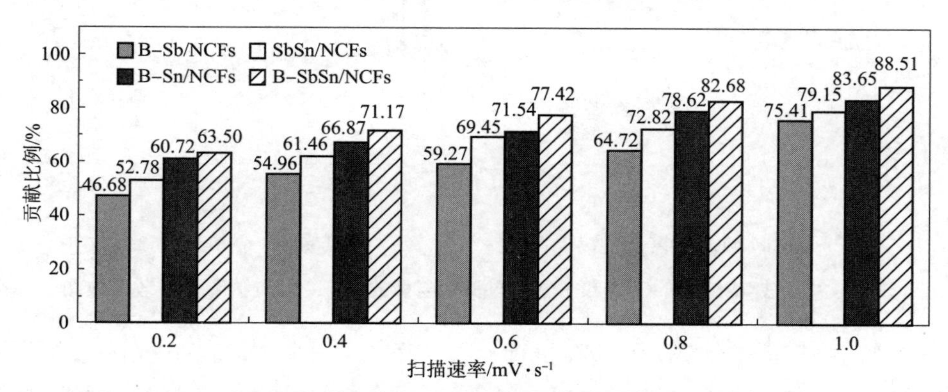

图 8－24　不同扫描速率下四种不同电极的赝电容比值图

为了测试 Na^+ 的扩散速率，即对 B－SbSn/NCFs 和 SbSn/NCFs 电极进行了恒电流间歇滴定(GITT)测试。测试结果如图 8－25(a)和(b)所示，扩散系数用下面的公式计算：

$$D_{Na^+}=\frac{4}{\tau\pi}\left(\frac{m_B V_M}{M_B S}\right)^2\left(\frac{\Delta E_s}{\Delta E_\tau}\right)^2 \tag{8-1}$$

计算结果如图 8－25(c)和(d)所示，放电过程中 B－SbSn/NCFs 膜电极的 D_{Na^+} 为 $6.12\times10^{-16}\sim2.29\times10^{-14}$，充电过程中 D_{Na^+} 为 $4.09\times10^{-14}\sim1.72\times10^{-13}$。相比之下，SbSn/NCFs 膜电极在放电过程中的 D_{Na^+} 为 $4.07\times10^{-18}\sim6.31\times10^{-16}$，而充电过程为 $4.9\times10^{-15}\sim2.19\times10^{-14}$。对比可知 B－SbSn/NCFs 膜电极可以提供更高的 D_{Na^+}，证明 Na^+ 扩散最快，这与 EIS 结果一致。

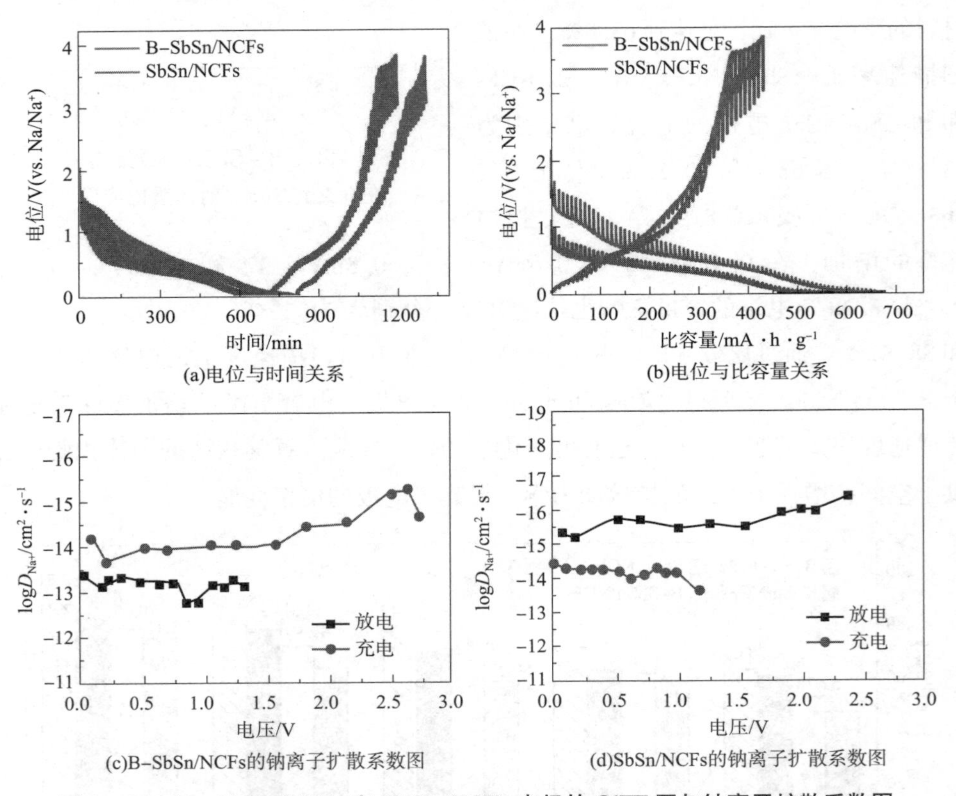

图 8－25　B－SbSn/NCFs 和 SbSn/NCFs 电极的 GITT 图与钠离子扩散系数图

为验证 SbSn 合金中钠的储存机理，研究了 B－SbSn/NCFs 电极在完全钠化和脱钠状态下的形貌结构并进行了表征(图 8－26 和图 8－27)。初始放电时，当电压达到 0.005V 时，电极形态保持了原始形貌——豆荚状[图 8－26(a)]，并且 SbSn 的粒径变化不明显，证明了独特的一体化碳基底有效地缓解了电极的体积膨胀。图 8－26(b)和(c)为完全钠化状态下电极的 HRTEM 图，0.26 和 0.46nm 处的两个晶格条纹间距分别对应 Na_3Sb 和 $Na_{3.75}Sn$ 的(103，220)晶面，也表明 SbSn 完全 Na 化。图 8－26(d)～(j)为 TEM－EDS mapping 图，C、N、Sn、Sb 和 Na 元素均匀地锚定在 B－SbSn/NCFs 上。

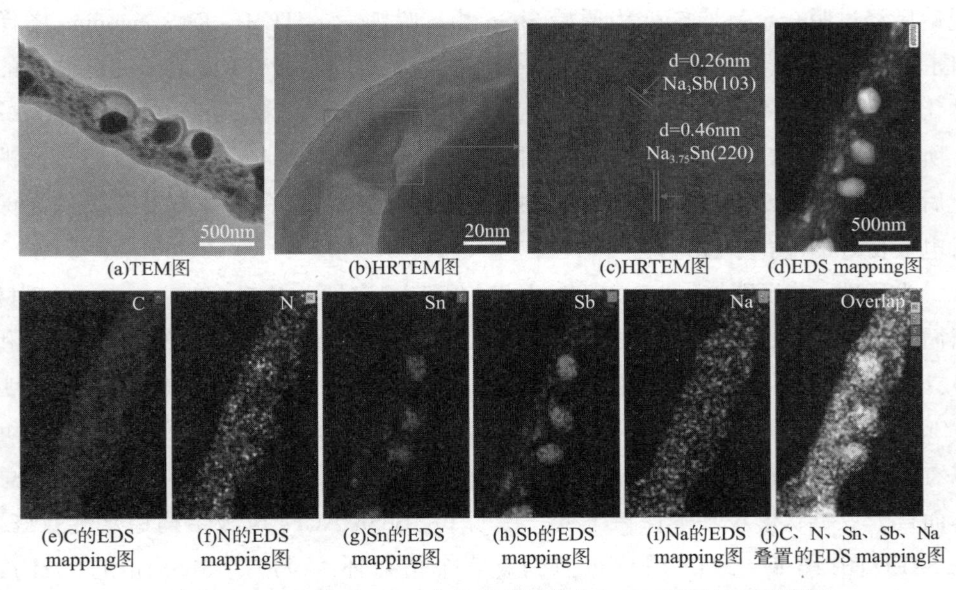

(a)TEM图 (b)HRTEM图 (c)HRTEM图 (d)EDS mapping图

(e)C的EDS mapping图 (f)N的EDS mapping图 (g)Sn的EDS mapping图 (h)Sb的EDS mapping图 (i)Na的EDS mapping图 (j)C、N、Sn、Sb、Na叠置的EDS mapping图

图 8－26　B－SbSn/NCFs 电极在首圈放电 0.005V 时的形貌表征

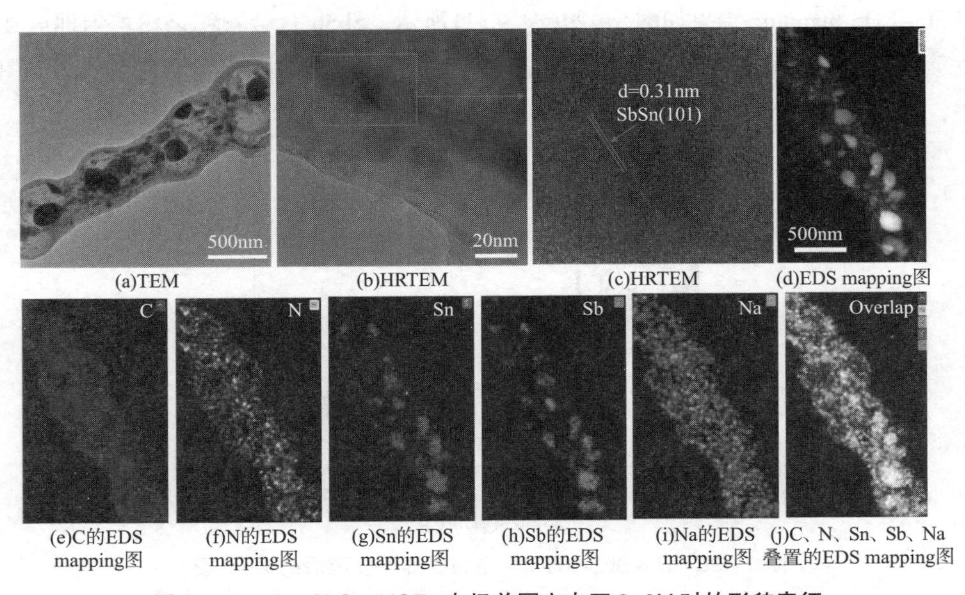

(a)TEM (b)HRTEM (c)HRTEM (d)EDS mapping图

(e)C的EDS mapping图 (f)N的EDS mapping图 (g)Sn的EDS mapping图 (h)Sb的EDS mapping图 (i)Na的EDS mapping图 (j)C、N、Sn、Sb、Na叠置的EDS mapping图

图 8－27　B－SbSn/NCFs 电极首圈充电至 3.0V 时的形貌表征

当充电至3.0V时，如图8－27(a)所示，电极形态保持原始状态，纤维的直径约为400nm，SbSn粒子的最大直径约为230nm，这意味着完全脱钠后电极的稳定性良好。在该状态下，HRTEM图像[图8－27(b)和(c)]只显示了间距为0.31nm的晶格条纹，对应于SbSn相的(101)晶面，说明Na_3Sb和$Na_{3.75}Sn$相在脱钠后经过脱合金反应转变为原始SbSn相。脱钠后的TEM－EDS mapping图像[图8－27(d)～(j)]显示元素分布均匀。值得注意的是，SEI膜或未完全脱钠的钠化产物也会导致钠的存在，所以TEM－EDS mapping图像显示了钠的存在。综上所述，B－SbSn/NCFs电极在完全钠化后生成Na_3Sb和$Na_{3.75}Sn$相，完全去钠化后又转变为SbSn相。该电极通过独特的一体化碳基底缓冲体积变化，从而保持电极良好的电化学稳定性。

为了进一步证明B－SbSn/NCFs电极的循环稳定性，对B－SbSn/NCFs电极材料循环400圈后的结构和形貌进行表征。XRD图(图8－28)显示在29.1°、41.5°和41.7°处有三个明显的峰，分别对应于SbSn相的(101)、(012，110)晶面，表明SbSn在合金化和脱合金过程中具有较高的可逆反应。从TEM图[图8－29(a)]可以看出，与新鲜样品相比，SbSn颗粒有一定程度的团聚，体积有所变化，但总体而言，豆荚状形貌基本保持不变，说明B－SbSn/NCFs电极结构稳定性较好。在SAED图[图8－29(b)]中可看到有三个衍射环，对应于SbSn相的(021)，(012，101)晶面，这与XRD结果一致。为了直观地展示循环后电极的元素分布，TEM－EDS mapping结果如图8－29(c)～(i)所示。SbSn合金颗粒仍然均匀地嵌在豆荚状氮掺杂碳基体中，解释了电极的循环稳定性高的原因。此外，在mapping图中，可以观测到Na元素的存在，可能源于SEI膜以及钠化产物未完全脱钠。

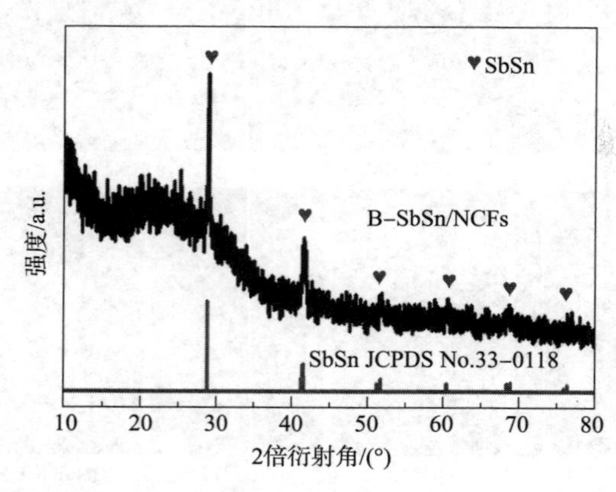

图8－28　B－SbSn/NCFs电极循环400圈后的XRD图

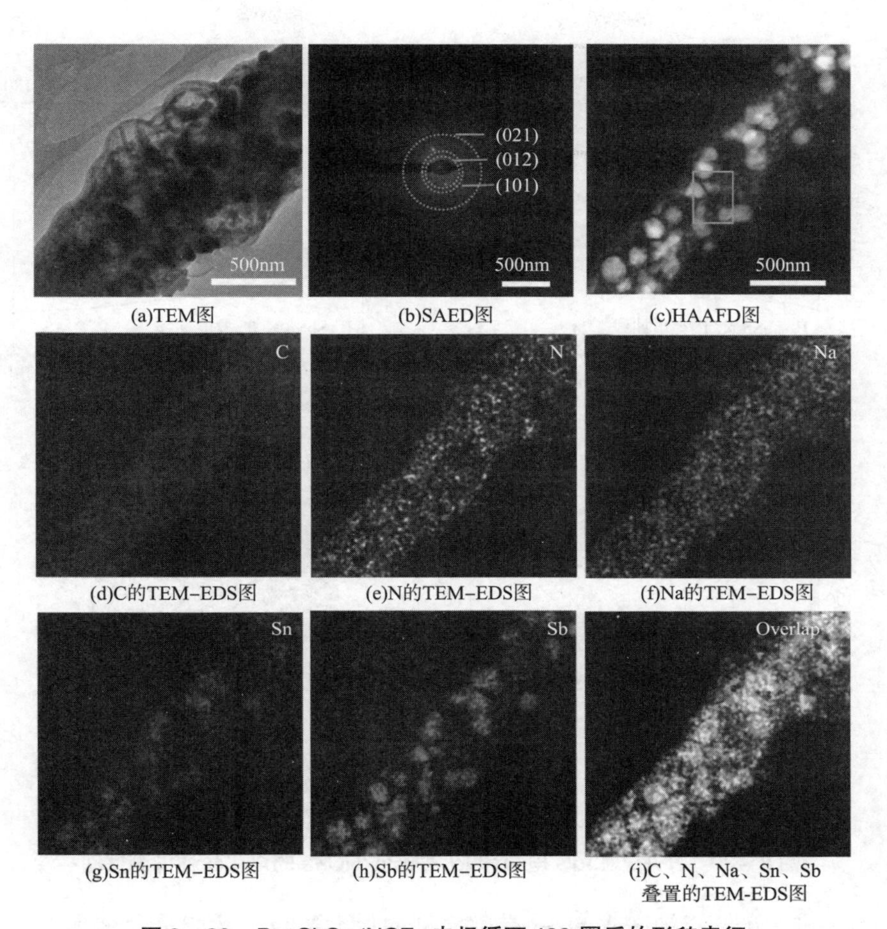

(a)TEM图 (b)SAED图 (c)HAAFD图

(d)C的TEM-EDS图 (e)N的TEM-EDS图 (f)Na的TEM-EDS图

(g)Sn的TEM-EDS图 (h)Sb的TEM-EDS图 (i)C、N、Na、Sn、Sb叠置的TEM-EDS图

图 8－29　B－SbSn/NCFs 电极循环 400 圈后的形貌表征

在 B－SbSn/NCFs 膜电极优异储钠性能的鼓舞下，即用 B－SbSn/NCFs 膜负极和第 2 章中制备的 NVPF@3dC 正极组装为全电池，测试其电化学性能。图 8－30(a)和(b)分别为 NVPF@3dC 正极和 B－SbSn/NCFs 膜负极的充放电曲线。显然，全电池的充放电平台将分别出现在 3.68V 和 2.58V 附近。因此，将全电池的工作电压设置在 1.5～4.2V。图 8－30(c)展示了全电池在 $100mA\cdot g^{-1}$下的循环性能，首圈的充/放电比容量为 $497.8/331mA\cdot h\cdot g^{-1}$，库伦效率约为 66.49%。循环 100 次后，放电比容量可达 $125.8mA\cdot h\cdot g^{-1}$。将柔性的 B－SbSn/NCFs 负极材料和 NVOPF@3dC 正极材料组装成软包电池，如图 8－30(d)所示，可以点亮 14 个发光二极管(LEDs)，充分显示了巨大的应用潜力。

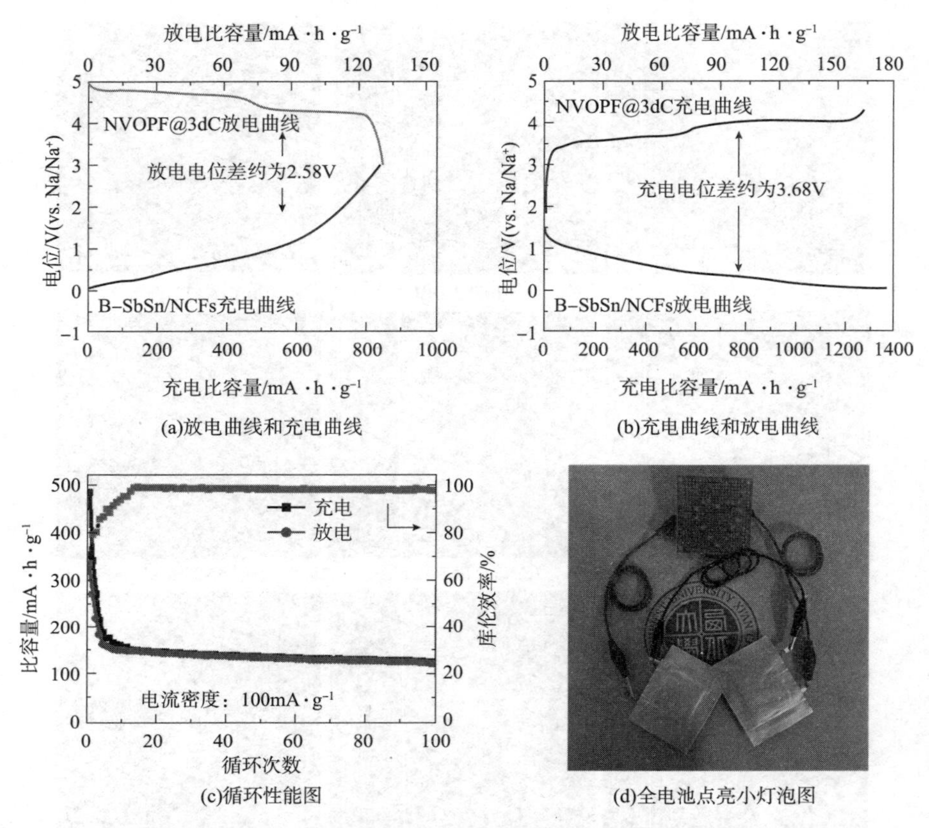

(a)放电曲线和充电曲线　(b)充电曲线和放电曲线

(c)循环性能图　(d)全电池点亮小灯泡图

图 8-30　NVPF@3dC 电极和 B-SbSn/NCFs 的电化学性能测试图

为了进一步探究钠嵌入 SbSn 晶胞模型的最大数目，从能量角度出发，在不考虑晶格变化的情况下，即进行了密度泛函理论(DFT)计算。图 8-31 为模拟计算的超晶胞图，其中红、蓝和黄色球分别代表 Sn、Sb 和 Na 原子。理论计算结果如图 8-32(a)所示，在形成能值为负的情况下，SbSn 的 2×2×2 超晶胞中插入的 Na 的最大数量为 9，此时 Na_9SbSn 的形成能为 -2.295eV。而当插入 10 个 Na 原子时，$Na_{10}SbSn$ 的形成能为 0.064eV，这意味着含 10 个 Na^+ 的 SbSn 的 2×2×2 超晶胞不稳定，可能会开始破裂。此外，随着 Na 数目的变化，计算得到的所有模型的晶胞参数和体积也发生了变化。图 8-32(b)为 $Na_xSbSn(x=1\sim9)$ 的体积变化图，可以看到随着 Na 原子数目增多，体积变化也越大，当 $x=9$ 时，相较于纯 SbSn 体积变化为 1.15。

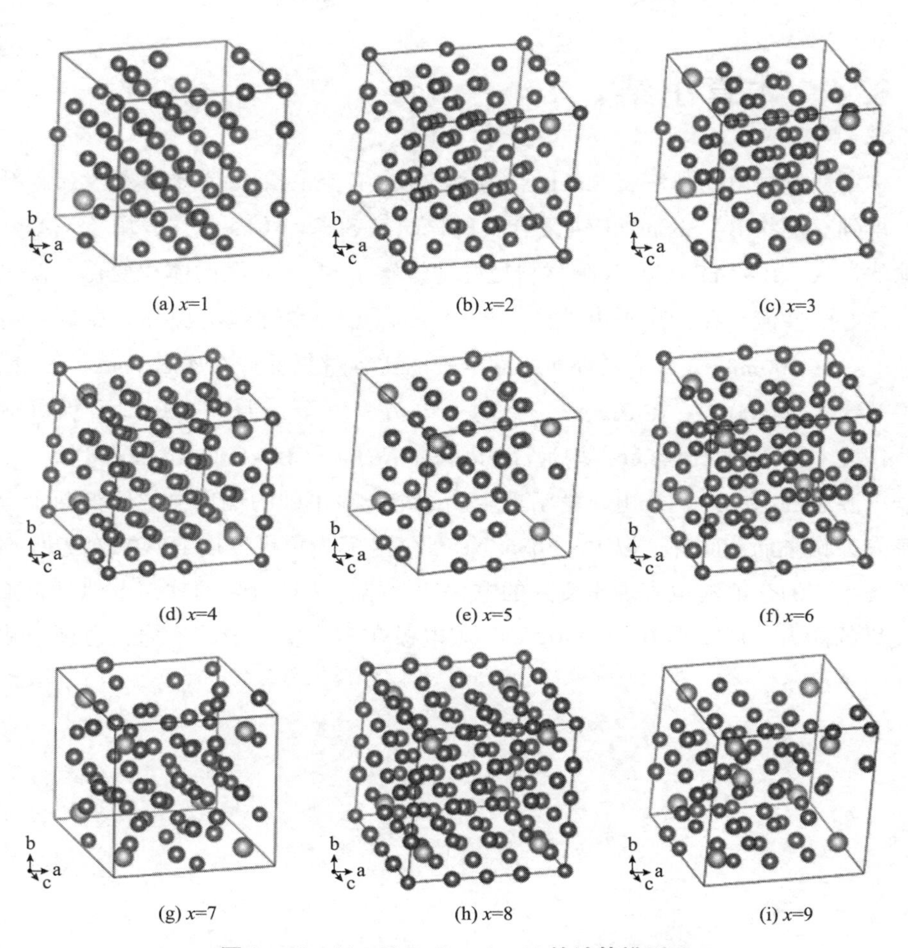

图 8－31　Na_xSbSn ($x=1\sim9$) 的计算模型图

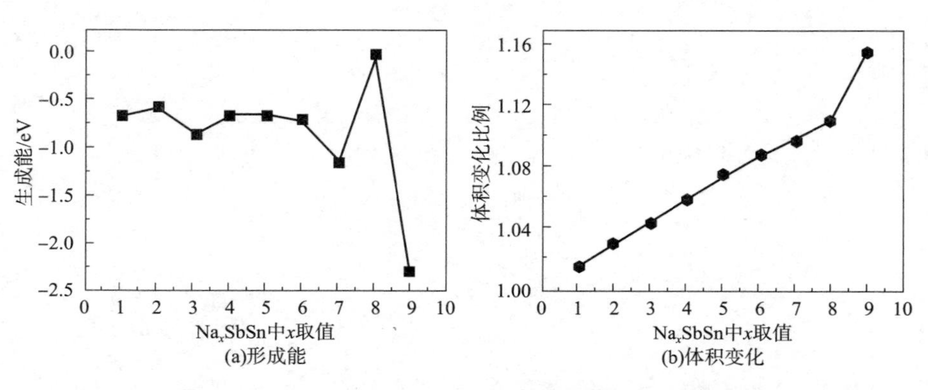

图 8－32　Na_xSbSn ($x=1\sim9$) 的形成能和体积变化图

8.4 本章小结

本章通过静电纺丝法将 SbSn 合金封装在含有空心介孔碳球的氮掺杂碳纤维中，得到豆荚状 B－SbSn/NCFs 复合膜材料。与 SbSn/NCFs 相比，由于空心介孔碳球的加入，B－SbSn/NCFs 膜材料更好地缓解了 SbSn 合金的体积变化，使电极具有良好电性能。在钠离子电池中，B－SbSn/NCFs 柔性膜电极具有良好的电化学性能：在 $100mA \cdot g^{-1}$ 下循环 400 圈电极的比容量仍保持在 $486.9mA \cdot h \cdot g^{-1}$，库伦效率接近 100%；在 $0.5A \cdot g^{-1}$ 的大电流密度下，循环 200 圈后仍可达到 $292.4mA \cdot h \cdot g^{-1}$ 的比容量，均远高于 SbSn/NCFs 和 B－SnCo/NCFs 电极。该高性能也源于 Sn 和 Sb 两个电化学活性金属的结合，不同的钠化电位使得两个金属交替作为膨胀剂。此外，以 B－SbSn/NCFs 膜电极为负极，以 NVOPF@3dC 材料为正极组装的全电池也表现出良好的电化学性能，并且组装的软包电池具备点亮 LED 灯的能力，展示了 B－SbSn/NCFs 膜电极在实际生产中的潜力，有望应用于柔性电子设备。

9 碳复合过渡金属硒化物二维材料

过渡金属硒化物(TMSe)由于其较高理论容量、优良的导电性和低环境污染等优点，被认为是一种有潜力的钠离子电池(SIBs)负极材料。与过渡金属硫化物/氧化物相比，其具有更宽的层间距和较弱的金属键(M－Se)，这有利于钠离子发生嵌入和脱嵌反应，从而提高电极材料的反应活性。此外，金属硒化物存在较低的反应电压范围因此可以避免钠枝晶的形成。本章采用水热反应和高温热处理的方法将一种超薄的多孔碳片引入二维材料当中制备出多种二维复合材料，如 $MoSe_2$@C、SnSe@C 和 $SnSe_2$@C 等，有效地减少了金属硒化物的体积膨胀，提高电极材料结构的稳定性。

9.1 碳复合过渡金属硒化物二维材料的制备

9.1.1 超薄多孔碳纳米片的制备

(1)10g 柠檬酸单钠盐在氩气气氛下 780℃退火 3h。(2)得到黑色样品冷却至室温后，用2M 盐酸(HCl)溶液洗涤 12h 以完全去除钠化合物。(3)用去离子水和无水乙醇多次离心获得超薄多孔碳纳米片，并在 80℃下干燥 10h。

9.1.2 二维材料 $MoSe_2$@C 的制备

(1)将 20mg 多孔碳加到含有 10mL 去离子水和 10mL N、N－二甲基甲酰胺(DMF)的混合溶液中超声。(2)将 80mg 二水合钼酸铵($Na_2MoO_4 \cdot 2H_2O$)加入上述溶液中继续超声至溶解。(3)在搅拌的情况下逐滴加入溶解有 65.7mg 硒粉的水合肼($N_2H_4 \cdot H_2O$)混合溶液中搅拌。(4)将得到的混合溶液移至 50mL 的高压反应釜中，在真空干燥箱中进行 180℃的水热反应 12h。(5)等反应完毕冷却至室温，将混合溶液用去离子水和无水乙醇离心数次后，将固体粉末放在80℃的烘箱中烘干。(6)将其放在管式炉中，在H_2/Ar气氛下500℃热处理4h后得到二维$MoSe_2$@C复合材料。(7)不加碳的情况下制得$MoSe_2$。

9.1.3 二维材料SnSe@C的制备

SnSe@C的制备过程与$MoSe_2$@C的制备过程一样，只是将原材料二水合钼酸钠($Na_2MoO_4 \cdot 2H_2O$)换为五水合四氯化锡($SnCl_4 \cdot 5H_2O$)，同时加入硒粉的量不同。不加碳的情况下制得SnSe。

9.1.4 二维材料$SnSe_2$@C的制备

(1)将20mg多孔碳加到含有10mL去离子水和10mL N，N－二甲基甲酰胺的混合溶液中超声。(2)80mg五水合四氯化锡($SnCl_4 \cdot 5H_2O$)加入上述溶液中继续超声至溶解，并搅拌1h。(3)将得到的混合溶液移至50mL的高压反应釜中，在真空干燥箱中进行180℃的水热反应12h。(4)待反应完毕冷却至室温，将混合溶液用去离子水和无水乙醇离心数次后，得到的固体粉末放在80℃的烘箱中烘干获得SnO_2@C前驱体。(5)将得到的SnO_2@C硒粉以质量1∶3的比例放置在氧化铝石英舟上，在H_2/Ar混合气的状态下加热到350℃保温2h，最终获得二维$SnSe_2$@C复合材料。(6)不加碳的情况下制得$SnSe_2$。

9.2 碳复合过渡金属硒化物二维材料的形貌和结构分析

在制备二维复合材料之前，需要先制备超薄多孔碳纳米片，即使用柠檬酸单钠盐作为碳源，在氩气氛的管式炉中以780℃热处理3h。即通过酸洗和离心干燥获得了具有多层碳结构的超薄多孔碳纳米片。图9－1为超薄多孔碳纳米片的XRD和SEM图，从图9－1(a)中可以看出在25°处有一个宽而大的峰，而42°处有一个弱峰，这可以归属于多孔碳结构的峰，表明了该碳片具有无定形碳的结构。为了进一步了解多孔碳片的微观形貌，即进行了SEM测试。从图9－1(b)、图9－1(c)能够清楚地观察到超薄多孔碳纳米片的骨架是由无数个纳米多孔碳片堆积形成的一个大的表面光滑平整的碳结构。值得注意的是，这种特殊的多孔结构有利于活性材料的均匀分散，同时还可以提高材料的导电性，加快电子的迁移。

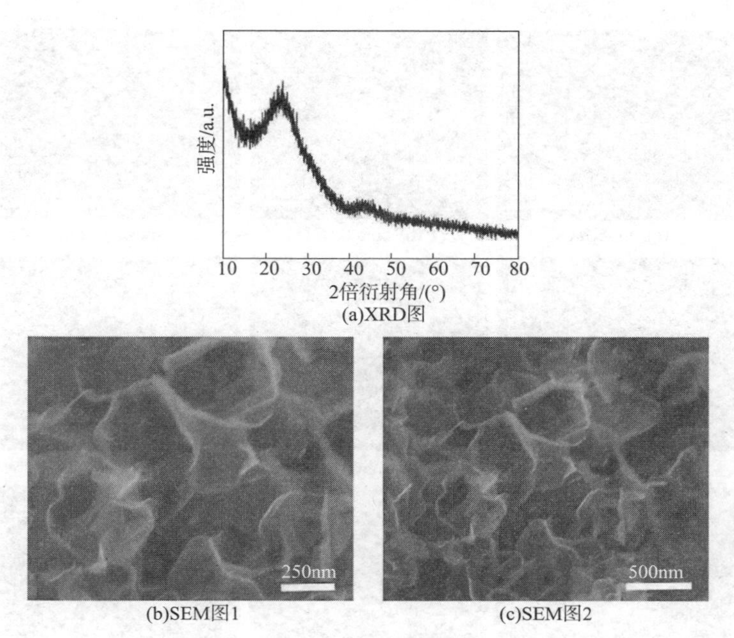

(a)XRD图

(b)SEM图1　　(c)SEM图2

图 9－1　超薄多孔碳纳米片的 XRD 和 SEM 图

为了了解二维材料 $MoSe_2$@C、SnSe@C 和 $SnSe_2$@C 的形貌特征，分别对其进行了 SEM 测试。图 9－2 是不同扫描倍数下 $MoSe_2$@C、SnSe@C 和 $SnSe_2$@C 的 SEM 图，从图 9－2(a)和(b)可以观察到，二维的 $MoSe_2$@C 小纳米颗粒均匀地生长在光滑的多孔碳片表面上。图 9－2(d)和(e)为二维材料 SnSe@C 的 SEM 图，从图中可以发现在光滑的碳片上不规则地生长着 SnSe 纳米小颗粒，导致碳基底的表面变得很粗糙。图 9－2(g)和(h)是二维材料 $SnSe_2$@C 的 SEM 图，从图中可以观察到厚度约为 5nm 的 $SnSe_2$ 纳米片无序地分散在碳纳米片上，使得超薄多孔碳纳米片上生长着大量 $SnSe_2$ 的纳米片。另外，未与碳材料复合的单独的 $MoSe_2$、SnSe 和 $SnSe_2$ 的 SEM 图谱分别展示在图 9－2(c)、(f)、(i)中，从图中可以观察到，单独的 $MoSe_2$、SnSe 和 $SnSe_2$ 都容易发生团聚现象。

此外，在二维材料 $SnSe_2$@C 的制备过程中，先得到前驱体 SnO_2@C，然后其与 Se 粉在管式炉中硒化处理得到 $SnSe_2$@C。其中前驱体 SnO_2@C 的 XRD 和 SEM 图展示在图 9－3 中，如图 9－3(a)所示，在前驱体的 XRD 的衍射图中可以看出所有的峰都能够很好地与 SnO_2 (JCPDS No. 41－1445) 的 (110)、(101)、(200)、(211)、(220)和(301)等晶面匹配，并且没有其他物质的杂峰，这表明所得到的前驱体为纯净的 SnO_2。图 9－3(b)和(c)是前驱体 SnO_2 的 SEM 图，从图 9－3(b)～(c)可以看出粒径不一的纳米颗粒不规则地长在多孔碳片上。

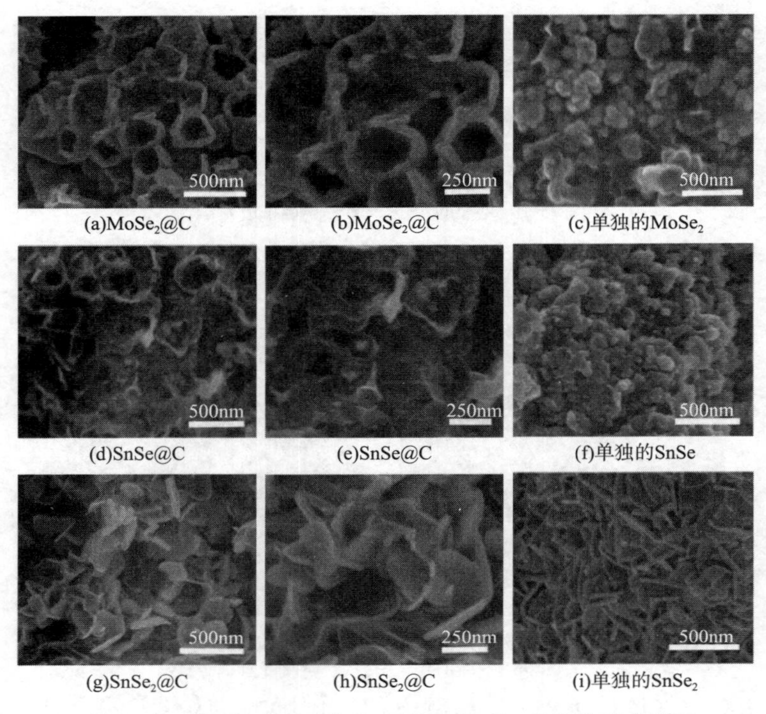

图 9－2　$MoSe_2$@C、SnSe@C 和 $SnSe_2$@C 的 SEM 图

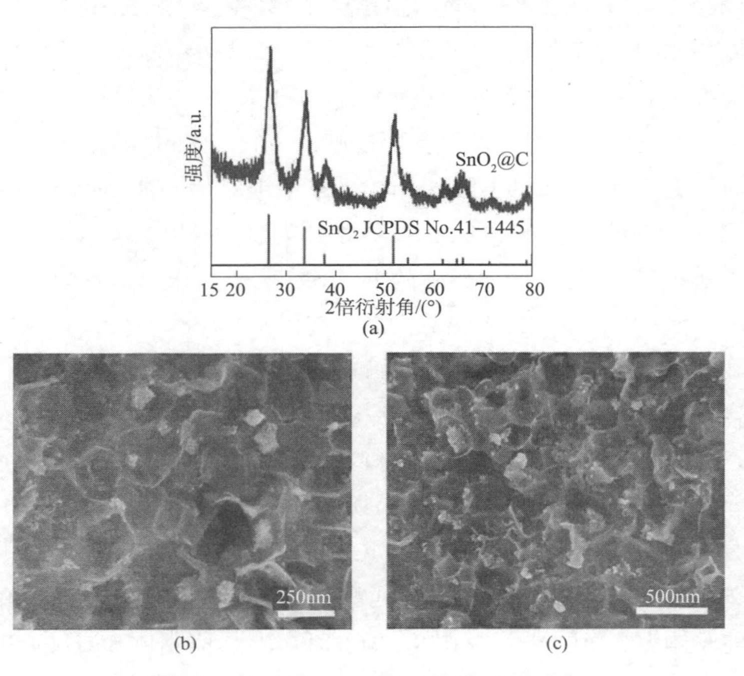

图 9－3　SnO_2@C 的 XRD 和 SEM 图

为了进一步研究二维材料（$MoSe_2$@C、SnSe@C 和 $SnSe_2$@C）的物相组成和晶体结构，对其分别进行了 XRD 测试。如图 9－4(a) 所示，XRD 曲线显示了在 13.7°、31.4°、37.8°和 55.9°处有四个明显的衍射峰，分别与二维材料 $MoSe_2$（JCPDS#29－0914）标准卡片的(002)、(100)、(103)和(110)晶面匹配，这表明制备的 $MoSe_2$@C 具有较高的纯度。SnSe@C 的 XRD 衍射图展示在图 9－4(b)中，从图中可以发现所有的特征峰都与标准卡片（JCPDS#32－1382）匹配，且没有其他杂质峰存在，这说明高纯度的 SnSe@C 被成功制备出来。图 9－4(c) 为二维材料 $SnSe_2$@C 的 XRD 图谱，从图中可以看出 14.4°、30.7°、40.1°、47.6°和 60.1°等处的峰分别与 $SnSe_2$ 相的(001)、(101)、(102)、(110)和(004)晶面相匹配。从图谱中未见有杂质峰，表明实验所得到的 $SnSe_2$@C 产物结晶度良好而且纯度较高。

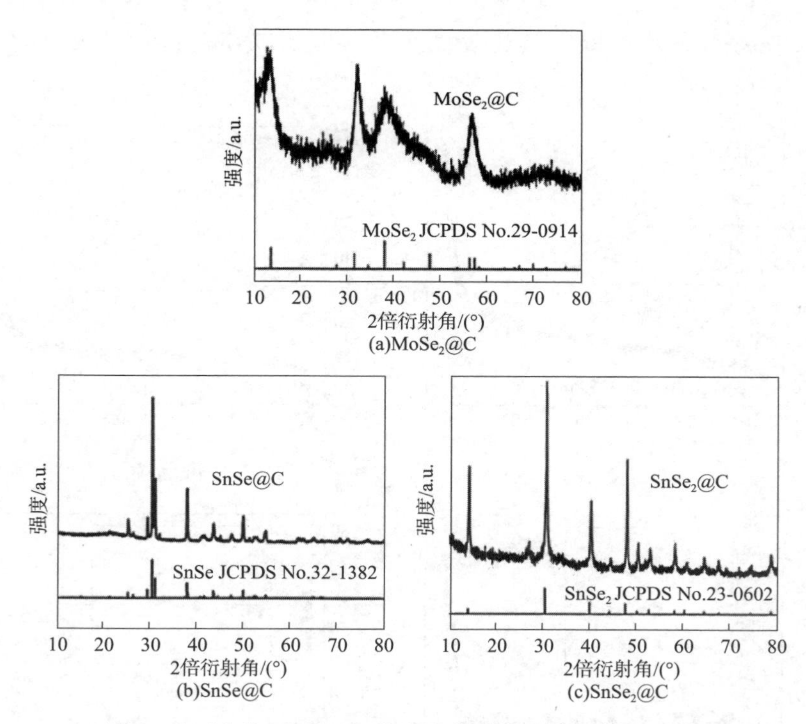

图 9－4　$MoSe_2$@C、SnSe@C 和 $SnSe_2$@C 的 XRD 图

为了研究三种二维材料碳结构的无序程度，进行了拉曼测试。$MoSe_2$@C、SnSe@C 和 $SnSe_2$@C 材料的拉曼光谱如图 9－5 所示，从图中即可以观察到两个峰，分别是 1350cm^{-1}处的 D 峰（无序碳）和 1580cm^{-1}处的 G 峰（石墨烯碳）。通

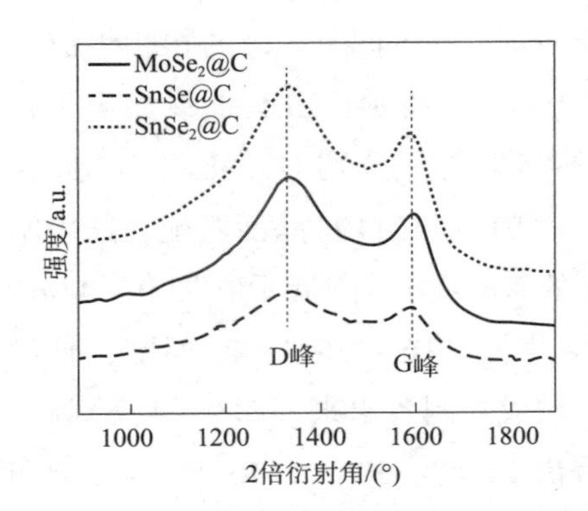

图 9－5　$MoSe_2$@C、SnSe@C 和 $SnSe_2$@C 的拉曼光谱

常用 D 峰和 G 峰的比值(I_D/I_G)评估材料的无序度和缺陷程度，计算得到 $MoSe_2$@C、SnSe@C 和 $SnSe_2$@C 的 I_D/I_G 值分别是 1.29、1.27 和 1.31。三种二维材料的 I_D/I_G 值基本相同，表明它们碳原子结构的无序程度基本相同。

为了得到多孔碳片和三种二维材料的比表面积和空隙结构，对碳片、$MoSe_2$@C、SnSe@C 和 $SnSe_2$@C 进行了氮气吸附－脱附测试。图 9－6(a)～(d)分别是碳片、$MoSe_2$@C、SnSe@C 和 $SnSe_2$@C 的比表面积与孔径分布曲线图。经过 Brunauer－Emmett－Teller公式计算得出其比表面积分别是 275.8$m^2 \cdot g^{-1}$、25.1$m^2 \cdot g^{-1}$、20.7$m^2 \cdot g^{-1}$和 41.9$m^2 \cdot g^{-1}$。

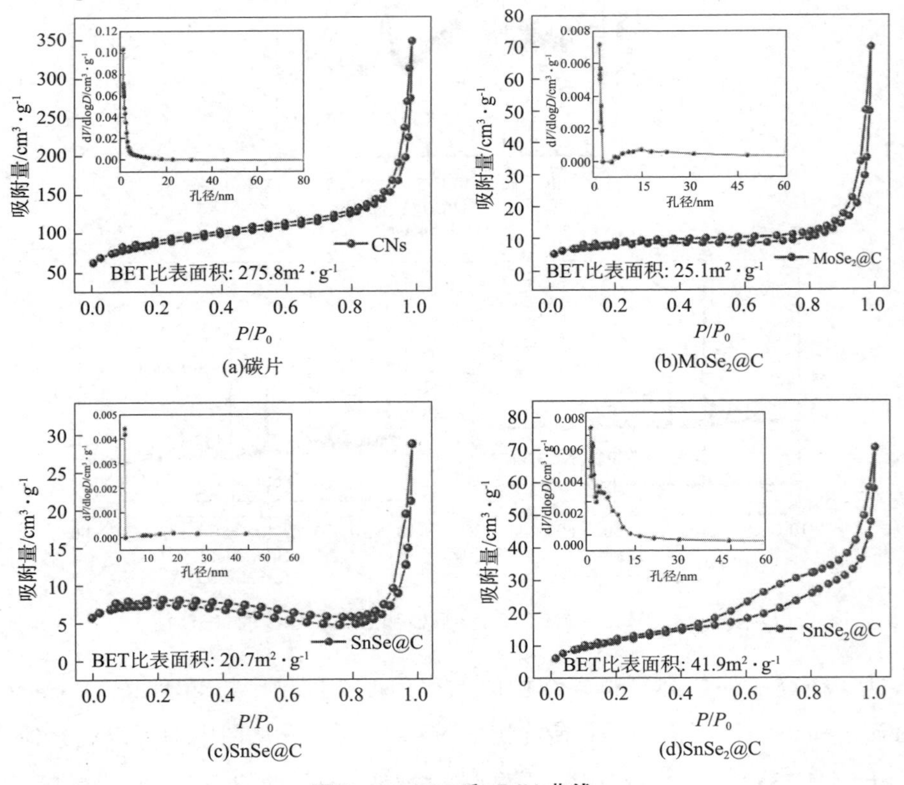

图 9－6　BET 和 BJH 曲线

为了进一步确定三种二维材料中碳含量的比例，在空气气氛下从室温到700℃对三种材料进行了热重分析，测试结果如图9－7所示。图9－7(a)为$MoSe_2$@C的热重分析图，在300℃之后重量开始增加，这主要是因为$MoSe_2$氧化生成了MoO_3和SeO_2。之后在360℃以后重量大幅度减少的原因是因为SeO_2和碳生成CO_2已挥发，最终产物只剩下了MoO_3，通过计算得到碳的含量是14.9%。采用同样的方法可以计算出来SnSe@C和$SnSe_2$@C的碳含量分别是23.1%和10.1%。

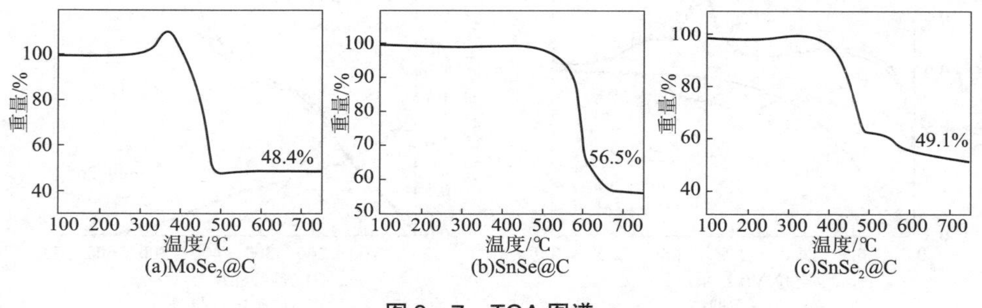

图9－7　TGA图谱

9.3　碳复合过渡金属硒化物二维材料电化学性能研究

为了探求二维材料（$MoSe_2$@C、SnSe@C和$SnSe_2$@C）在钠离子电池中的电化学性能表现，分别对其进行了电化学测试。在此，以二维材料$MoSe_2$@C为代表测试其在充放电过程中所表现出来的电化学行为。图9－8(a)是$MoSe_2$@C在电压范围是0.005～3.0V并且扫描速率为0.2mV·s^{-1}下的前3圈循环伏安曲线图。首圈放电过程，在1.35V附近处出现一个较强的还原峰，这可以归因于Na^+插入$MoSe_2$的层中形成了Na_xMoSe_2。而在0.30V处有一个宽峰可以归因于Na_x-$MoSe_2$进一步转化形成Mo/Na_2Se以及活性物质与电解液发生反应形成了一种不可逆的固体电解质(SEI)膜。在1.70V左右处有一个宽的氧化峰归因于单质Mo与Na_2Se反应又生成了Na_xMoSe_2，在后续的循环过程中这个氧化峰稍微有些许的偏移，这可能是由于极化反应的发生所引起的。图9－8(b)为$MoSe_2$@C在0.1A·g^{-1}电流密度下的充放电曲线图。从图9－8(b)可得$MoSe_2$@C在首圈充放电比容量为464.8／652.1mA·h·g^{-1}，其首圈库伦效率(ICE)为71.2%，库伦效率不高是因为SEI膜的生成和不可逆反应的发生。图9－8(c)为二维材料$MoSe_2$@C

和 $MoSe_2$ 在电流密度为 $0.1A\cdot g^{-1}$，电压范围为 0.005 ~ 3.0V 条件下的循环性能图。在经过 110 个循环之后，$MoSe_2$@C 电极仍可维持 $373.5mA\cdot h\cdot g^{-1}$，而 $MoSe_2$ 电极仅有 $244.6mA\cdot h\cdot g^{-1}$。$MoSe_2$@C 电极除了有较为不错的循环性能，其倍率性能也表现得不错。如图 9 – 8(d) 所示，在电流密度从 $0.1A\cdot g^{-1}$、$0.2A\cdot g^{-1}$、$0.4A\cdot g^{-1}$、$0.8A\cdot g^{-1}$ 和 $1.6A\cdot g^{-1}$ 依次增加时，二维材料 $MoSe_2$@C

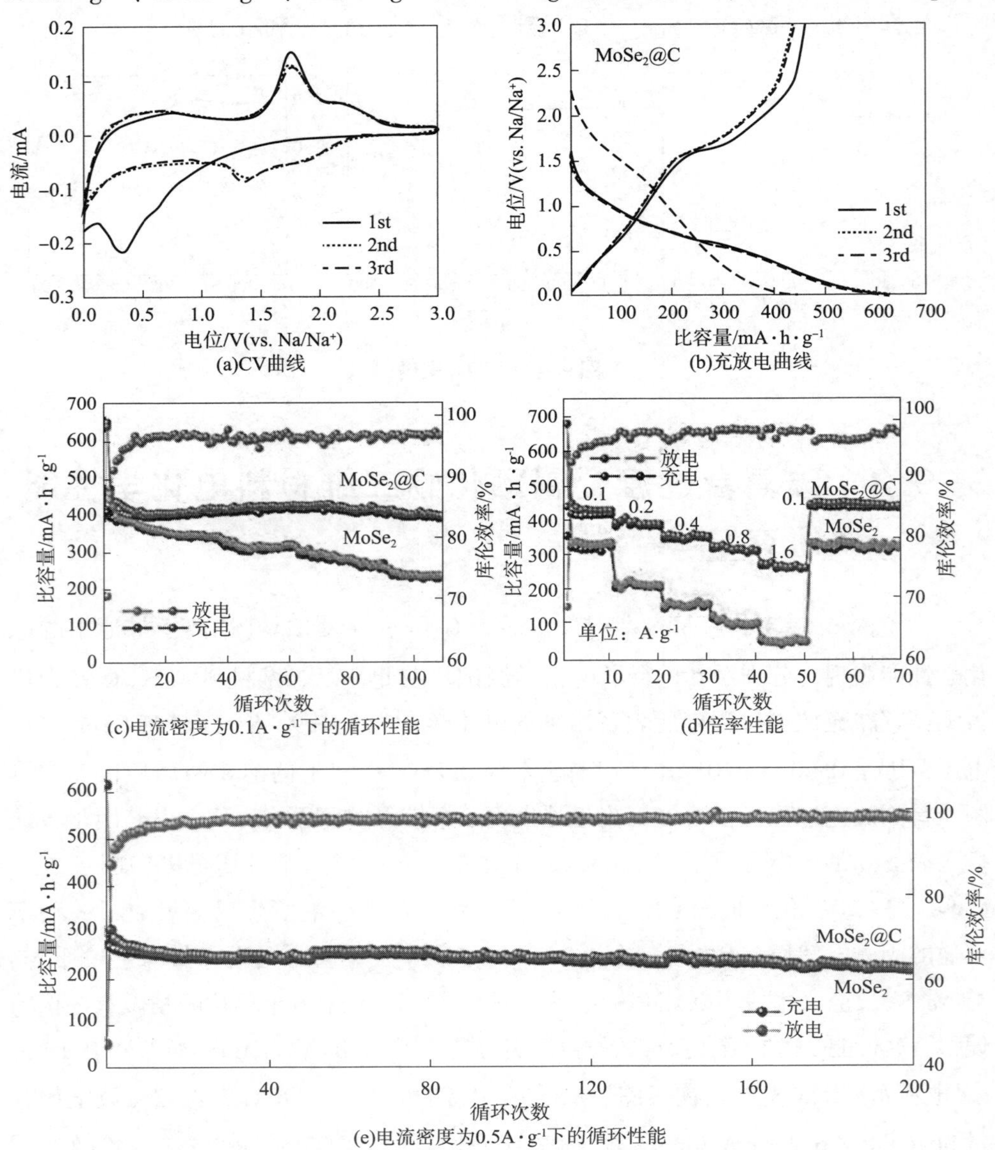

图 9 – 8　$MoSe_2$@C 材料的电化学性能测试图

的可逆容量分别是400～500mA·h·g^{-1}、374.3mA·h·g^{-1}、341.1mA·h·g^{-1}、314mA·h·g^{-1}和267.6mA·h·g^{-1}。然而当电流密度从1.6A·g^{-1}迅速回到0.1A·g^{-1}时，其比容量可恢复到423.9mA·h·g^{-1}，而$MoSe_2$很明显是低于$MoSe_2$@C。在0.5A·g^{-1}条件下的长循环性能测试展示在图9-8(e)中，$MoSe_2$@C电极在充放电循环200次后仍可以保持213.9mA·h·g^{-1}，最终表明$MoSe_2$与碳材料复合之后电化学性得到了显著增强。

为了进一步研究二维材料$MoSe_2$@C在钠离子半电池中的电容行为，即在不同扫描速度下进行了CV测试。如图9-9(a)所示，当扫描速率增加时，CV曲线基本一样，只是随着扫描速率增加材料的氧/还原峰强度也有所增大。另外由式(5-1)可以知道峰值电流(i)和扫描速率(v)之间的关系。由图9-9(b)中$\log i$与$\log v$的斜率拟合得到b值，其可以说明在电化学过程中钠的储存类型，即扩散控制还是电容控制。最终通过斜率拟合得到峰1和峰2的b值分别是0.78和0.65，这就表明$MoSe_2$@C电极在储存钠的过程中是扩散控制($b=0.5$)和电容控制($b=1$)

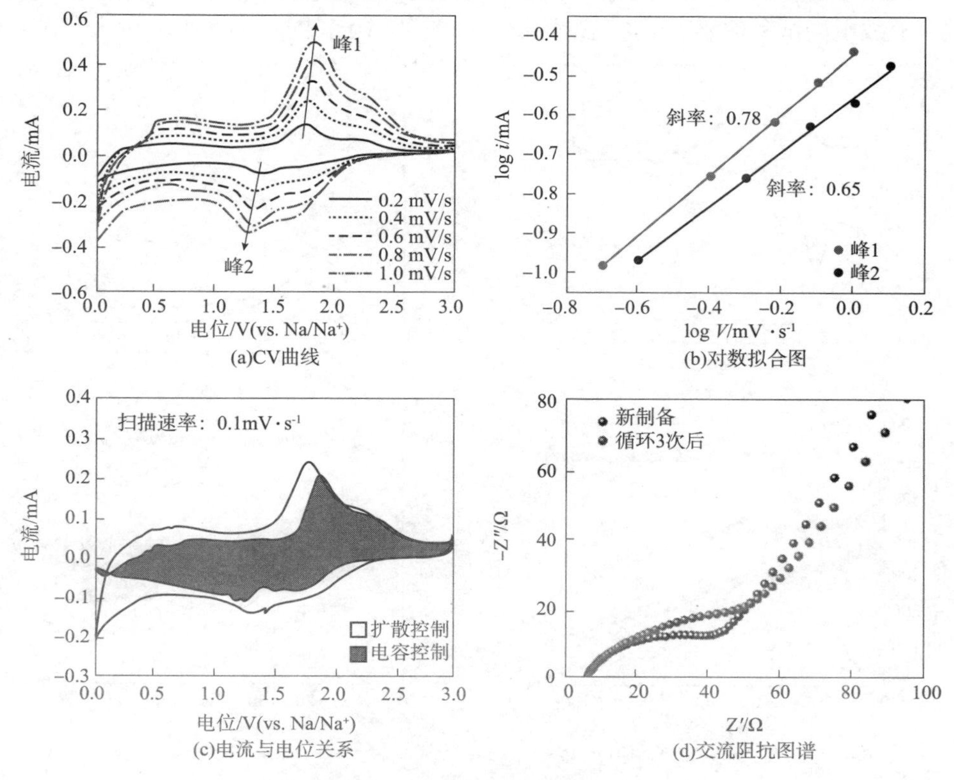

图9-9 $MoSe_2$@C电极性能测试图

共同控制的组合行为。此外，通过文献研究发现电容行为有利于获得更高的倍率性能。为了掌握不同电流密度下的电容行为所占的比例，能够通过式(5－3)和式(5－4)计算。其中 $k_1\nu^{1/2}$ 和 $k_2\nu$ 分别代表扩散控制行为和电容控制行为。

对于 $MoSe_2$@C 电极，在扫描速度为 0.1mV · s^{-1}时，其电容控制行为占比可以达到 67.2% [图 9－9(c)]。为了探究 $MoSe_2$@C 在钠离子半电池中的传输动力学和电荷转移特征，测试了电化学阻抗图谱(EIS)，如图 9－9(d)所示。从图中可以观察到在循环之前和循环 3 圈之后的阻抗图谱都是由高频部分的半圆弧和低频部分的一条斜线组成。其中半圆代表 SEI 膜电阻(R_f)和电极－电解质界面的电荷转移电阻(R_{ct})，斜率的大小与钠离子在电极中的扩散速率有关。很明显，该电极材料在充放电 3 次后的阻抗逐渐变大，这主要是因为 SEI 膜的不可逆生成以及经过几圈不断的充放电后电极发生了衰退，这使得后面的循环中材料的循环性能和倍率性能均快速衰减。

另外，还对二维材料 SnSe@C(SnSe)和 $SnSe_2$@C($SnSe_2$)分别进行了 CV 测试、充放电测试和钠离子半电池的测试，如图 9－10 和图 9－11 所示。从图 9－10

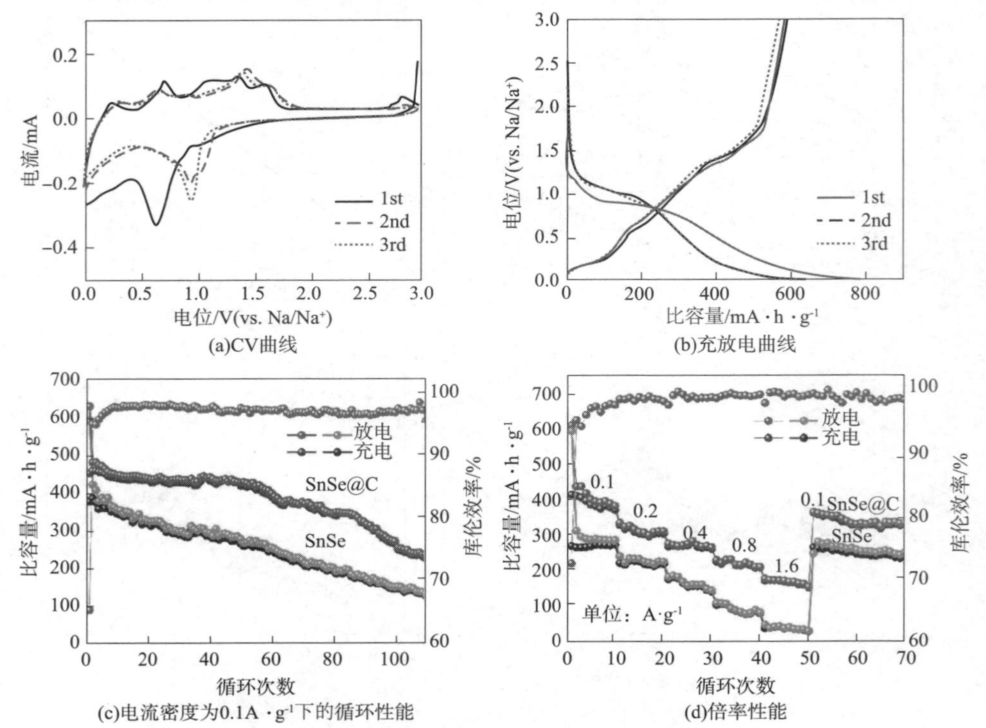

图 9－10　SnSe@C 材料的电化学性能测试图

和图9－11可以观察到，SnSe@C材料容量较高但是衰减很快，在电流密度为0.1A·g^{-1}时循环110圈后容量为177.6mA·h·g^{-1}，而$SnSe_2$@C具有较为稳定的比容量，在经过110个循环以后容量仍然可以保持为237.7mA·h·g^{-1}。虽然三种二维材料和未与多孔碳复合的材料相比，在钠离子半电池中电化学性能均有所提高，但是仍然需要通过不断地改进增强其结构和性能，以便未来能应用到商业生产当中。

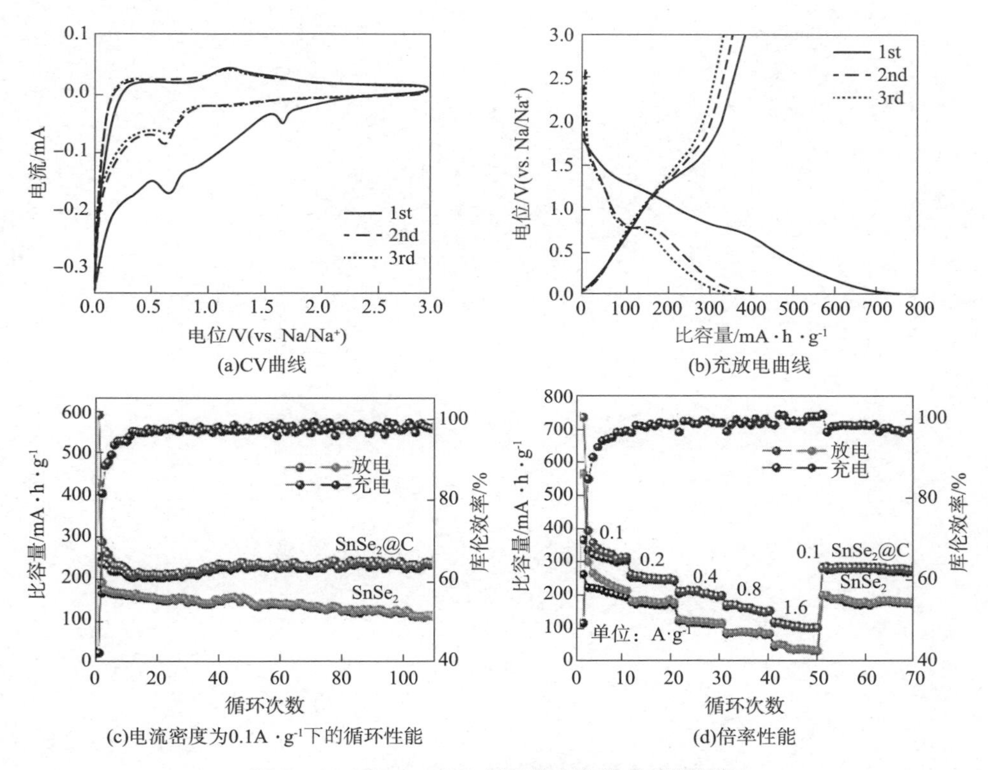

图9－11 $SnSe_2$@C材料的电化学性能测试图

9.4 本章小结

在本章中，采用简单的水热反应和高温热处理的方法合成了三种二维材料$MoSe_2$@C、SnSe@C和$SnSe_2$@C，随后即对样品的组成、微观形貌等进行了一系列表征。并将这三种二维材料作为负极材料用于钠离子半电池时表现出了较好的储钠容量和不错的倍率性能（相较于不与多孔碳片复合的二维材料）。这主要归因于：①超薄多孔碳片复合有利于缓解钠离子脱嵌时产生体积膨胀问题，同时还可以减少钠离子的扩散路径；②纳米级材料的构建不仅扩大了电极与电解质的接触面积，还提供了更多的表面活性位点；③活性物质与多孔碳的紧密结合，能够有效防止活性物质颗粒的团聚。

10　碳复合金属硒化物二维范德华异质结

异质结的构建可以整合单独金属硒化物的优点，同时还可以避免其缺点。两相之间的非均匀界面缓和了电极材料在充放电过程中的体积膨胀，使其具有更加稳定的电化学性能。同时，异质结结构可以在相界面上形成晶格畸变和电子再分配，从而产生一个内置的电场。这种内部电场可以提高热力学和动力学的稳定性，二维范德华异质结是一种特殊的异质结，是由两种二维层状结构的材料复合在一起形成的，可以在两种二维材料之间形成一个快速的离子和电子迁移通道。本章使用碳材料对金属硒化物二维范德华异质结进行修饰，成功地制备了二维范德华异质结 $MoSe_2/SnSe_2$@C，并将它们用作 SIBs 负极材料。

10.1　碳复合金属硒化物二维范德华异质结的制备

10.1.1　超薄多孔碳纳米片的制备

(1)将 10g 柠檬酸单钠盐在氩气气氛下 780℃退火 3h。(2)得到黑色样品冷却至室温后，用 2M HCl 溶液洗涤上述样品 12h 以完全去除钠化合物。(3)用去离子水和无水乙醇多次离心获得超薄多孔碳纳米片，并在 80℃下干燥 10h。

10.1.2　二维范德华异质结 $MoSe_2/SnSe_2$@C 的制备

(1)将 10mg 多孔碳加到 10mL 去离子水和 10mL N，N－二甲基甲酰胺的混合液中超声分散。(2)将 45mg $Na_2MoO_4 \cdot 2H_2O$ 和 35mg $SnCl_4 \cdot 5H_2O$ 分别加到上述溶液中溶解。(3)将 36.7mg Se 溶解在 10mL 水合肼中，再将两种溶液混合搅拌。(4)将得到的溶液转倒至 50mL 的水热釜中，在 180℃的烘箱中水热反应 12h。(5)用乙醇和超纯水高速离心洗涤，并干燥 12h。(6)将所得产物置于 500℃ Ar 气氛下的炉管中 4h，得到前驱体 $MoSe_2/SnO_2$@C。(7)获得的 $MoSe_2/SnO_2$@C 和 Se 分别以 1:3 的比例放置在氧化铝石英舟上。(8)将这些样品在 H_2/Ar 流速下煅烧 2h，以获得 $MoSe_2/SnSe_2$@C。

10.2 $MoSe_2/SnSe_2$@C 二维范德华异质结的表征

10.2.1 $MoSe_2/SnSe_2$@C 材料的形貌和结构分析

$MoSe_2/SnSe_2$@C 材料的合成过程如图 10-1 所示。(1)使用柠檬酸钠作为碳源，在 Ar 气氛的管式炉中以 780℃热处理 3h。(2)通过酸洗和离心干燥获得了具有多层碳结构的超薄多孔碳纳米片。这种特殊的多孔结构有利于活性材料的均匀分散。(3)将多孔碳加入 N，N-二甲基甲酰胺和去离子水的混合液中进行超声分散，依次加入 $Na_2MoO_4 \cdot 2H_2O$、$SnCl_4 \cdot 5H_2O$、$N_2H_4 \cdot H_2O$ 和 Se 粉进行持续搅拌。其中 $Na_2MoO_4 \cdot 2H_2O$ 和 $SnCl_4 \cdot 5H_2O$ 分别作为 Mo 源和 Sn 源，$N_2H_4 \cdot H_2O$ 作为还原剂还原 Se 粉。(4)将上述溶液放入反应釜中 180℃反应 12h，得到前驱体 $MoSe_2/SnO_2$@C。(5)将获得的前驱体和 Se 分别以 1:3 的比例放置在氧化铝石英舟上。将这些样品在 H_2/Ar 混合气流下 350℃煅烧并保温 2h，以获得 $MoSe_2/SnSe_2$@C。其中前驱体 $MoSe_2/SnO_2$@C 的 XRD 和 SEM 分别展示在图 10-2 中。从图 10-2 可以观察到所有的衍射峰峰形都比较尖锐，而且与 $MoSe_2$(JCPDS#29-0914)和 SnO_2(JCPDS#41-1445)的峰完全对应，这表明前驱体 $MoSe_2/SnO_2$@C 具有优良的结晶性和纯度。此外，通过扫描电镜发现，大小不一的纳米颗粒不均匀地分散在多孔碳片上。

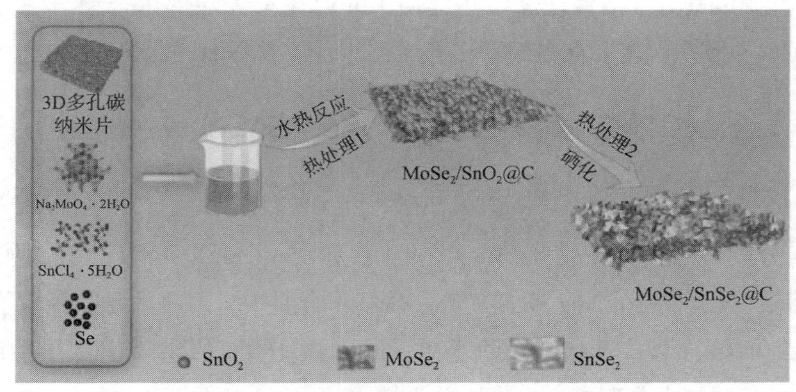

图 10-1　$MoSe_2/SnSe_2$@C 制备示意图

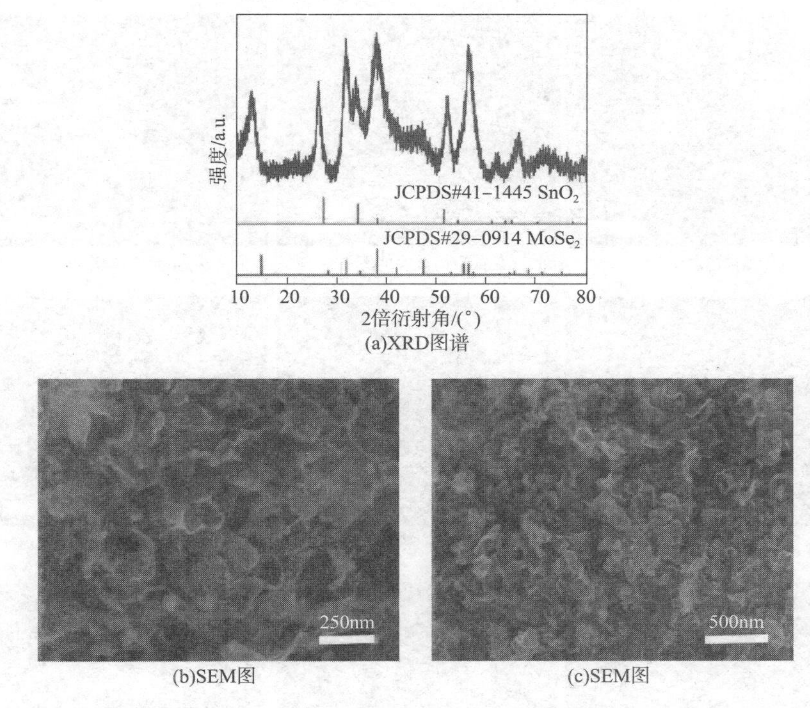

(a)XRD图谱

(b)SEM图

(c)SEM图

图 10－2　$MoSe_2/SnO_2$@C 的 XRD 图谱和 SEM 图

为了进一步证明该前驱体是由 $MoSe_2$ 和 SnO_2 组成的，即进行了透射电子显微镜(TEM)、高分辨率透射电镜(HRTEM)、选定区域电子衍射(SAED)和元素映射图像测试(图 10－3)。在 HRTEM 测试中，可以看到两种晶格条纹，其中 0.331nm 和 0.66nm 分别可以归属于 SnO_2 的(110)晶面和 $MoSe_2$ 的(002)晶面。此外，从 SAED 图中可以看到 $MoSe_2$ 的(103)和(100)晶面和 SnO_2 的(002)和(110)晶面。同时，元素映射图显示了 $MoSe_2/SnO_2$@C 中 Mo、Sn、Se、O 和 C 元素的均匀分布。最后，对前驱体 $MoSe_2/SnO_2$@C 硒化，得到了目标产物 $MoSe_2/SnSe_2$@C。

随即使用 SEM 和 TEM 手段对二维范德华异质结 $MoSe_2/SnSe_2$@C 进行了微观形貌和内部结构的测试。图 10－4(a)是 $MoSe_2/SnSe_2$@C 的 SEM 图，从图 10－4(a)可以注意到纳米片在多孔碳纳米片不规则生长导致样品表面不均匀，其中大的纳米片厚度约为 25nm。复合材料的 TEM 图如图 10－4(b)和(c)所示，可以直观地看到，材料的碳片具有中空结构，上面有大的片状结构和颗粒状结构。中空结构可以有效地扩大材料的表面积，从而促进电解质与活性物质之间的接触。高

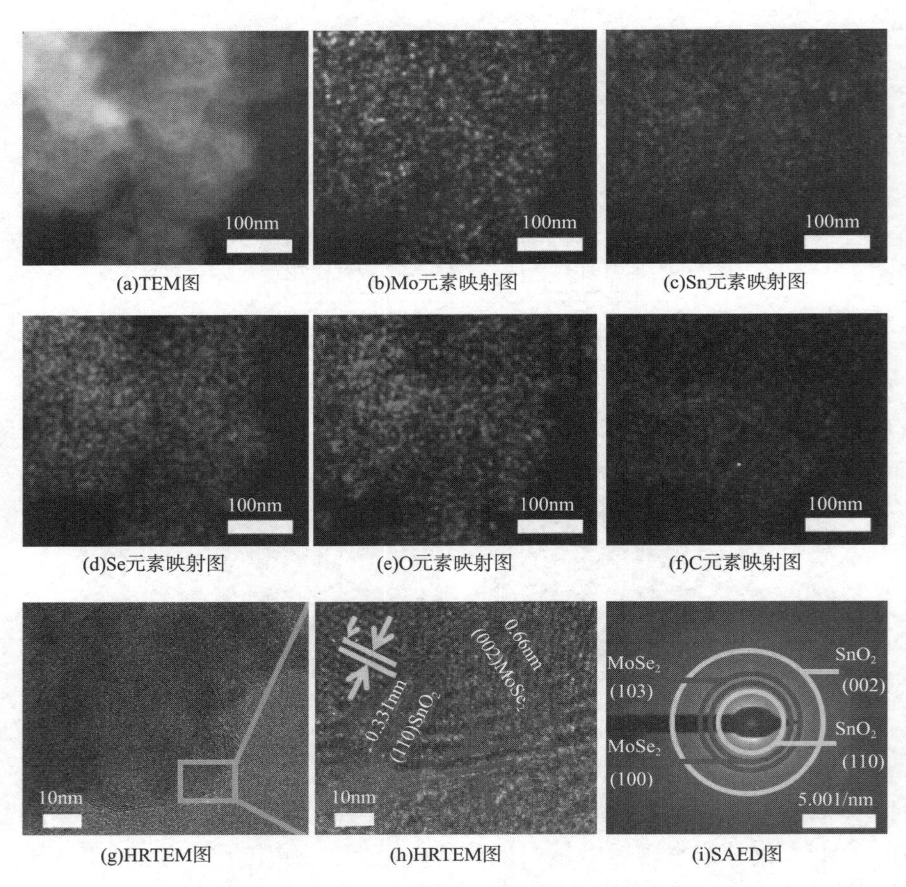

图 10－3　$MoSe_2/SnO_2$@C 材料的测试分析

分辨率透射电镜(HRTEM)图像[图 10－4(d)和(e)]可以看到，层间距为 0.66nm 和 0.29nm，分别与 $MoSe_2$ 的(002)晶面和 $SnSe_2$ 的(101)晶面相匹配，其中 0.66nm 明显是大于 $MoSe_2$ 的标准(002)晶面数值，之所以变大可能是因为异质结的形成。更宽的层间距可以加速 Na^+ 在电极材料中的转移，从而显著提高钠的存储性能。在选定的区域中，电子衍射图[SAED，图 10－4(f)]可以观察到 $MoSe_2$ 的(103)和(110)晶面以及 $SnSe_2$ 的(101)和(003)晶面，表明制备的材料有良好的纯度。图 10－4(g)～(l)为 $MoSe_2/SnSe_2$@C 复合材料对应的元素映射图，从图中可以发现 Sn、Mo、Se 和 C 在复合材料中均匀分布。

另外如图 10－5 所示，能量分散 X 射线(EDX)测试表明，Mo、Sn 和 Se 的原子比为 5.04∶4.07∶17.4，这与 $MoSe_2/SnSe_2$ 的结构基本匹配。

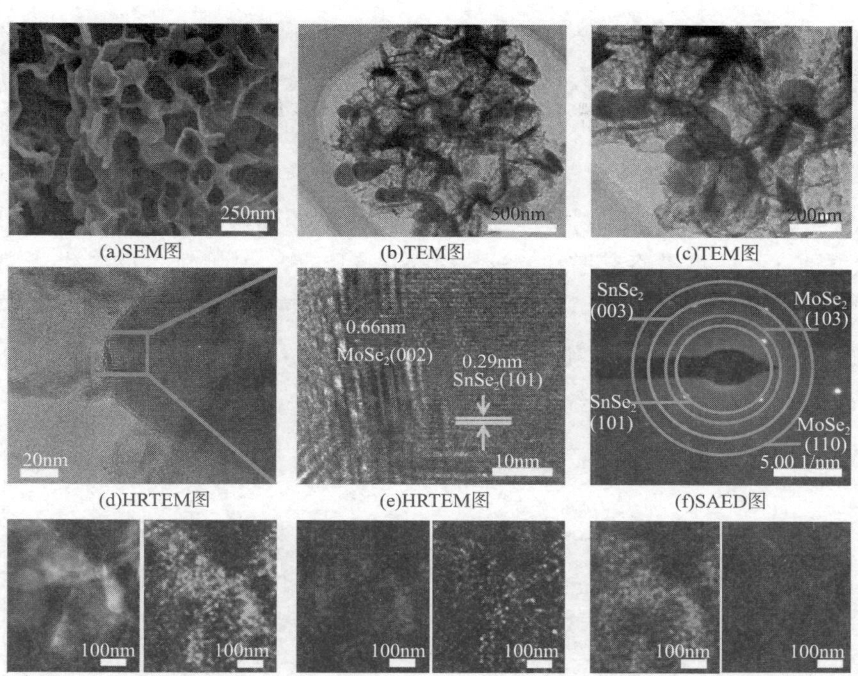

(a)SEM图 (b)TEM图 (c)TEM图
(d)HRTEM图 (e)HRTEM图 (f)SAED图
(g)元素映射图 (h)元素映射图 (i)Sn元素映射图 (j)Mo元素映射图 (k)Se元素映射图 (l)C元素映射图

图 10 - 4　$MoSe_2/SnSe_2$@C 材料的测试分析

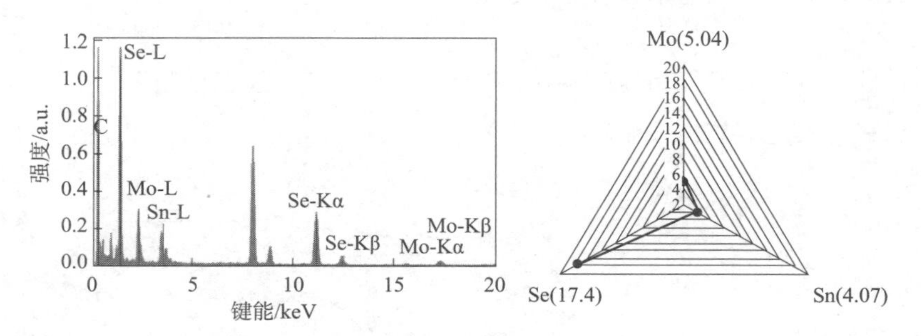

图 10 - 5　$MoSe_2/SnSe_2$@C 的 EDX 光谱及相应的 Mo、Sn 和 Se 的元素比

通过 XRD 测试对 $MoSe_2/SnSe_2$@C 材料进行了晶体结构分析，如图 10 - 6(a)所示。从图 10 - 6(a)可以清晰地看到 13.7°、37.9°和 55.9°处有特征峰，它们分别可以与六方 $MoSe_2$(PDF#29 - 0914)的(002)、(103)和(110)晶面相对应。而 14.4°、30.7°和 44.1°处的衍射峰可以与六方 $SnSe_2$(PDF#23 - 0602)的(001)、(101)和(003)晶面匹配。谱图中没有其他杂质峰，说明 $MoSe_2/SnSe_2$@C 复合材料具有高纯度和良好的结晶度。为了探讨复合材料的碳结构的无序程度，又对其进行了拉曼试验。$MoSe_2/SnSe_2$@C、$MoSe_2$@C 和 $SnSe_2$@C 材料的拉曼光谱如图

10-6(b)所示，在1350cm^{-1}和1580cm^{-1}左右有两个特征峰，分别是无序碳和石墨烯碳。其中$SnSe_2$@C、$MoSe_2$@C和$MoSe_2/SnSe_2$@C的D键和G键(I_D/I_G)强度比分别为1.21、1.23和1.26，说明$MoSe_2/SnSe_2$@C复合材料存在更多的无序碳和缺陷，这可以为钠的插入提供更多的活性位点。为了进一步估算样品中碳的含量，即分别对$MoSe_2/SnSe_2$@C进行了热重分析(TGA)，如图10-6(c)所示。380℃之前样品的重量略有增加，这与$MoSe_2$和$SnSe_2$发生氧化反应生成MoO_3、SnO_2和SeO_2有关。在380~475℃重量大幅度减轻可归因于碳材料的氧化挥发和SeO_2的升华。根据上述反应和$MoSe_2/SnSe_2$@C中Mo与Sn的摩尔比，计算$MoSe_2/SnSe_2$@C中的多孔碳的含量约为22.9%。

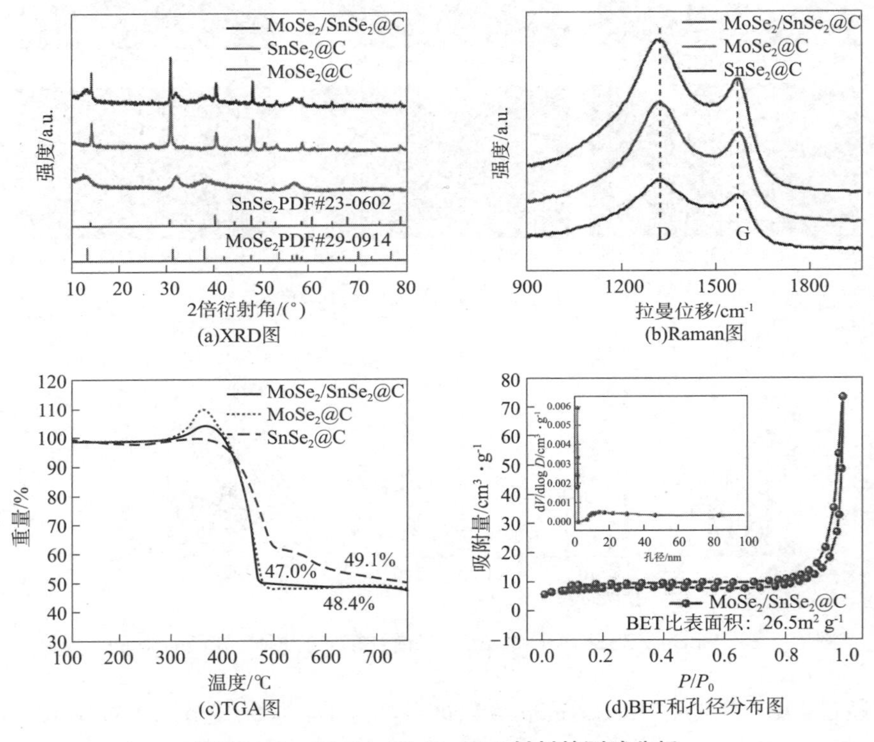

图10-6 $MoSe_2/SnSe_2$@C材料的测试分析

图10-6(d)为$MoSe_2/SnSe_2$@C的氮气吸附/解吸等温线以及孔径分布图。$MoSe_2/SnSe_2$@C的比表面积为26.5$m^2 \cdot g^{-1}$。根据Barrett-Joyner-Halenda(BJH)分析得到孔径分布情况，$MoSe_2/SnSe_2$@C二维复合材料表现出典型的Ⅳ型曲线。从图10-6(d)可以看出，二维复合材料的孔径分布主要集中在2~10nm，表明材料具有介孔结构，这有利于Na^+和电子的快速传输。

此外，还利用了X射线光电子能谱(XPS)研究了 $MoSe_2/SnSe_2$@C二维复合材料的表面化学组成和价态。图10-7(a)是 $MoSe_2/SnSe_2$@C复合材料在0~750eV范围内的全谱图，清楚地显示出了材料表面存在Sn、Mo、Se、C和O元素，这与EDX的结果一致。O元素在全谱中的存在可能是由于XPS只测量复合材料的表面，这些复合材料已经在空气中发生了部分氧化。$MoSe_2/SnSe_2$@C二维复合材料的C 1s光谱如图10-7(b)所示，在285.9eV和284.6eV处的两个明显的峰分别可归因于C—O和C—C。在图10-7(c)中，228.9eV和232.1eV处的两个峰分别归因于 Mo^{4+} 的 $3d_{5/2}$ 和 $3d_{3/2}$，而229.4eV处的峰属于Se的3s。图10-7(d)显示了 $MoSe_2/SnSe_2$@C复合材料的Sn 3d图谱。487.5eV和495.9eV的两个峰分别归属于 Sn^{4+} 的Sn $3d_{5/2}$ 和Sn $3d_{3/2}$。图10-7(e)显示了Se 3d的光谱，这两个峰分别对应Se的 $3d_{5/2}$(55.2eV)和 $3d_{3/2}$(56.1eV)。化学键的存在提高了界面的稳定性，从而缓解了循环过程中体积膨胀的问题。

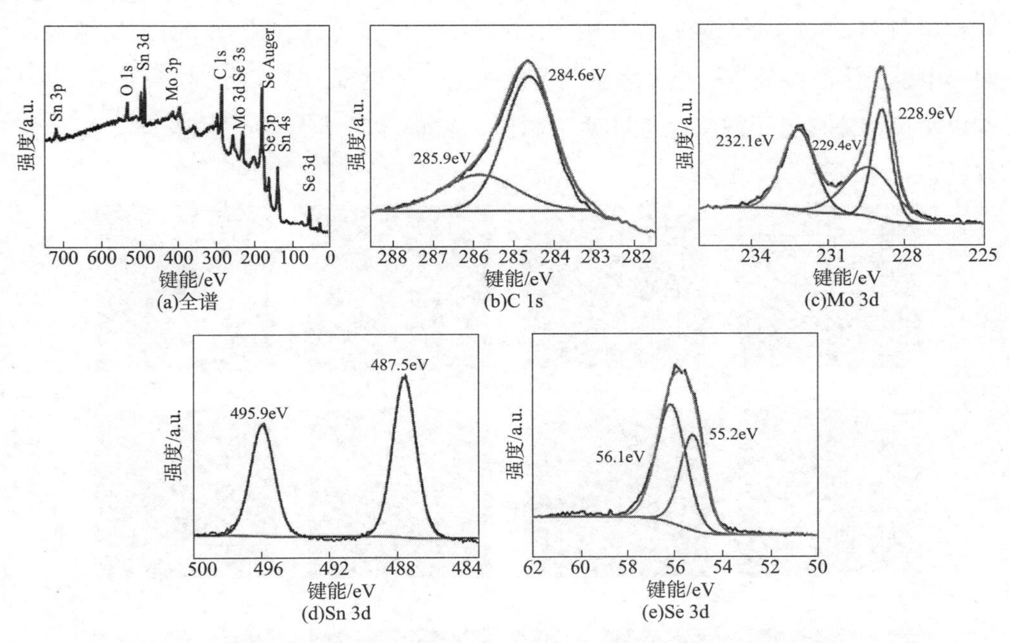

图10-7 $MoSe_2/SnSe_2$@C材料的XPS图

此外为了证明二维范德华异质结 $MoSe_2/SnSe_2$@C拥有更多的硒缺陷，进行了电子顺磁共振分析(EPR)，测试结果展示在图10-8中。从图10-8可以看出，三种材料的 g 值均为2.001，对应于硒空位，这说明三种电极材料都存在硒缺陷。当三种电极材料用相同的质量进行测试时，二维范德华异质结 $MoSe_2/$

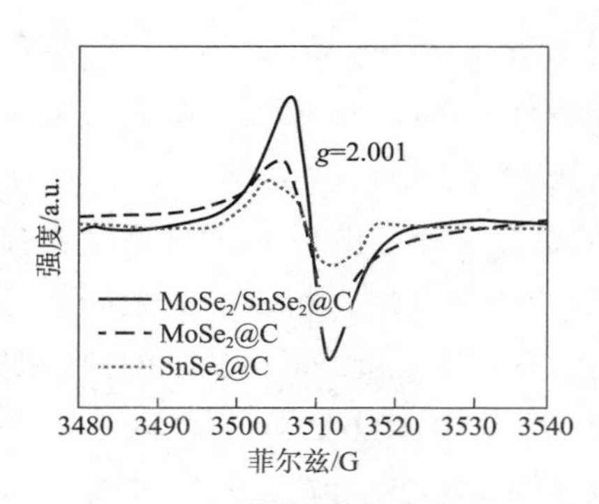

图 10－8　三种不同材料的 EPR 光谱

$SnSe_2$@C 的峰值强度明显高于其他两种对比材料，说明 $MoSe_2/SnSe_2$@C 材料拥有更多的硒缺陷。因此这表明异质结构的形成产生了更多的缺陷和活性位点。

另外，还进行了接触角测试，以深入研究二维范德华异质结材料 $MoSe_2/SnSe_2$@C 和两种单独的二维材料 $MoSe_2$@C 和 $SnSe_2$@C 与 $NaClO_4$ 电解质溶液之间的润湿情况。从图 10－9 可以看出，当电解液滴与三种材料接触时，$MoSe_2/SnSe_2$@C、$MoSe_2$@C 和 $SnSe_2$@C 的接触角分别是 20. 8°、25. 6° 和 29. 4°。接触 1s 后，随着液滴沿膜表面扩散，接触角变小。当电解液与三个样品完全湿润时，三个样品的总润湿时间分别为 4s、5s 和 6s。值得注意的是，与对比材料 $MoSe_2$@C 和 $SnSe_2$@C 相比，$MoSe_2/SnSe_2$@C 二维范德华异质结结构材料与电解质溶液接触角更小，完全润湿所需的时间更短，这表明 $MoSe_2/SnSe_2$@C 与电解质溶液接触更好，这也证明了二维范德华异质结 $MoSe_2/SnSe_2$@C 具有更好的电化学性能。

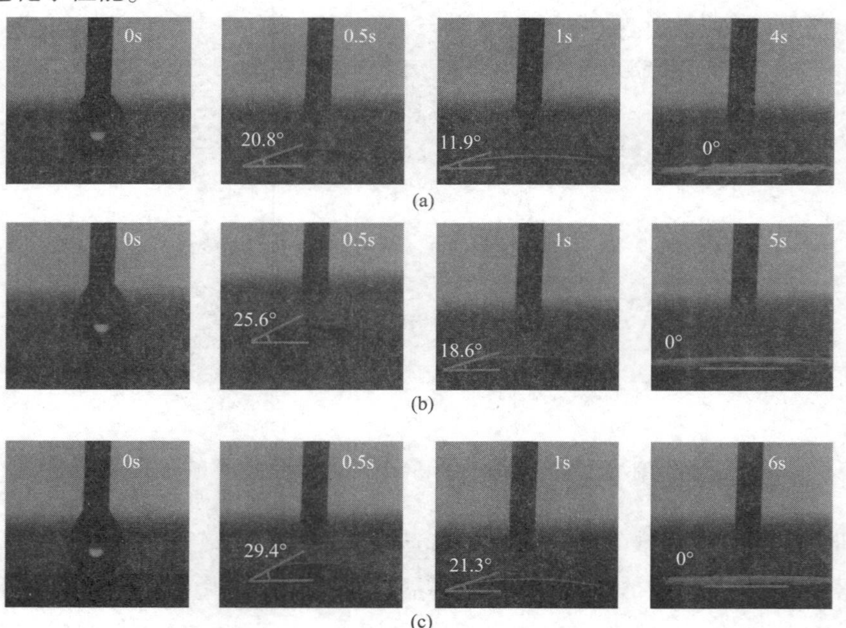

图 10－9　$NaClO_4$ 电解液对 $MoSe_2/SnSe_2$@C、$MoSe_2$@C 和 $SnSe_2$@C 膜的表面润湿行为

为了进一步研究 $MoSe_2/SnSe_2$@C 的相变过程，即对不同煅烧时间的前驱体 $MoSe_2/SnO_2$@C 进行了 XRD 测试，如图 10－10 所示。从图 10－10 中可以清楚地发现，当前驱体在 350℃ 煅烧 50min 时，SnO_2 开始转化为 $SnSe_2$，$SnSe_2$ 的(110)晶面对应的峰逐渐出现，而 $MoSe_2$ 和 SnO_2 的特征峰基本没有变化。当煅烧时间增加到 60min 时，$SnSe_2$ 的(110)晶面对应的峰更高更尖锐，说明增加反应时间可以促进材料的结晶。与此同时，其他的特征峰也发生了显著的变化。如 $SnSe_2$ 出现了越来越多的特征峰，包括对应于(001)、(101)、(100)和(211)晶面的峰。此外，SnO_2 的特征峰已完全消失，说明 SnO_2 已与硒粉充分反应生成 $SnSe_2$。最后，当煅烧时间延长到 80min 时，$SnSe_2$ 的结晶效果最好，其纯度较好。综上所述，煅烧时间的延长对材料的晶体结构有较大的影响。

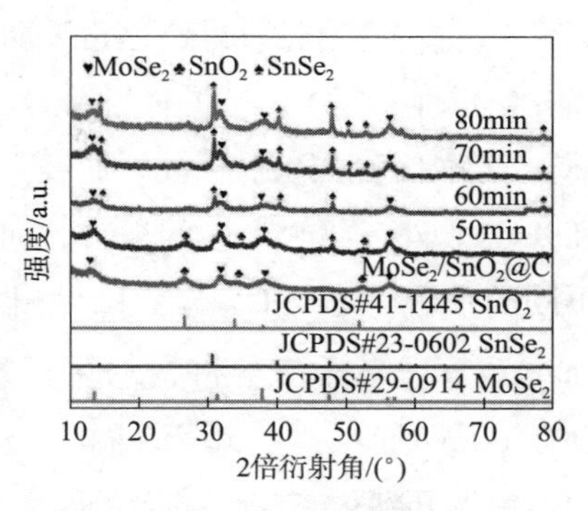

图 10－10　材料在不同煅烧时间下测得的 XRD 图(350℃)

10.2.2　$MoSe_2/SnSe_2$@C 材料的电化学性能研究

$MoSe_2/SnSe_2$@C、$MoSe_2$@C 和 $SnSe_2$@C 电极的优异物理化学特性与其电化学性质相关。因此，即采用 CR－2025 型半电池进行电化学测试，以评估二维范德华异质结材料的钠存储性能。图 10－11(a)展示了 $MoSe_2/SnSe_2$@C 在扫描速率为 $0.2mV \cdot s^{-1}$ 和扫描范围为 0.005～3.0V 条件下的前 3 个循环的 CV 曲线图。在初始放电过程中，在 1.42V、0.66V 和 0.34V 左右处可以明显地观察到 3 个还原峰。其中，在 1.42V 处的还原峰对应于 Na^+ 与 $MoSe_2$ 发生插层与转化反应生成 Na_xMoSe_2。此外，位于 0.66V 处的峰对应于 Na^+ 插入 $SnSe_2$ 层中和随后发生合金化反应形成 $Na_{15}Sn_4$。值得注意的是，位于 0.34V 处的宽峰在随后的反应过程中消失了，这是因为在第一个循环过程中，材料与电解液发生反应生成了 SEI 膜所导致的。在随后的充电过程中，位于 1.31V 和 0.26V 处的两个弱峰可归因于 $Na_{15}Sn_4$ 的脱合金反应生成了单质 Sn。此外，在 1.76V 和 2.23V 附近出现的氧化峰，可以推断为 Sn 作为催化剂促进了 $MoSe_2$ 的可逆形成。在第 2 圈和第 3 圈扫描过程中，还原峰稍微向较高电压处移动而氧化峰几乎保持不变，这主要是因为电极的激活所导致。表明了 Na 和 Na^+ 之间的相互转换具有良好的可逆性。另外，在随后的扫描中，CV 曲线的氧化/还原峰重合性良好，这也证明了 $MoSe_2/SnSe_2$@C 二维范德华材料具有良好的循环稳定性。图 10-11(b)为 $MoSe_2/SnSe_2$@C 电极在电流密度为 0.1A·g^{-1}条件下前 3 个循环的恒电流充/放电曲线。从图 10-11(b)可以看出，放电曲线在 1.42V 和 0.66V 处有两个不同的平台，而充电曲线在 1.31V、2.20V 和 1.70V 处有 3 个不同的平台，这与 CV 分析结果相一致。此外，从充放电曲线中可以得到 $MoSe_2/SnSe_2$@C 二维范德华材料的第一次充/放电比容量分别为 733.9mA·h·g^{-1}和 1151.6mA·h·g^{-1}，其第一圈库伦效率为 63.7%。值得注意的是，ICE 从第二个周期以后上升到90.7%，并逐步提高。为了比较，还计算了 $MoSe_2$@C 和 $SnSe_2$@C 的首圈库伦效率，分别为 62.1% 和 48.6%。$MoSe_2/SnSe_2$@C 电极具有最高的 ICE，这是因为其二维范德华异质结结构可以有效地提高离子和电子的迁移速率。

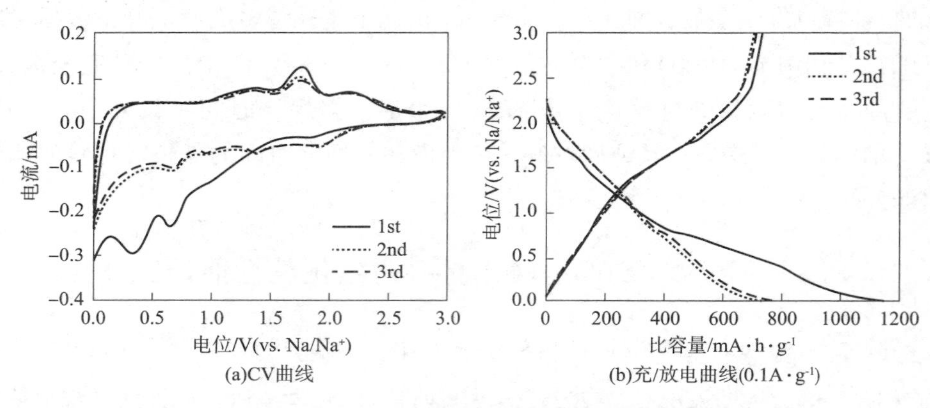

图 10-11　$MoSe_2/SnSe_2$@C 复合材料的电化学性能曲线比较

$MoSe_2/SnSe_2$@C、$MoSe_2$@C 和 $SnSe_2$@C 在电流密度为 0.1A·g^{-1}下的循环性能对比图如图 10-12(a)所示。$MoSe_2/SnSe_2$@C 二维范德华材料在进行 110 个循环之后比容量为 591.4mA·h·g^{-1}，容量保留率为 75.5%。其中初始容量损失严重主要是由于阳极表面 SEI 膜的形成和不可逆反应的发生。相比之下，单独的二维材料 $MoSe_2$@C 和 $SnSe_2$@C 在充放电 110 个循环以后比容量仅为 401.5mA·h·g^{-1}和 276.8mA·h·g^{-1}。$MoSe_2/SnSe_2$@C 杰出的循环性能是由于二维范德华异质结在相界面处的形成，这将导致晶格畸变和电子重新分配，产生了更多的缺陷，从而提高了反应动力学。与此同时，碳材料的引入可以缓解体积的膨胀，从而保持结构的完整性。图 10-12(b)是三种材料的倍率性能图。$MoSe_2/SnSe_2$@C 电极在 0.1A·g^{-1}时的放电容量为 625.9mA·h·g^{-1}，当电流密度增加到 0.2A·g^{-1}、0.4A·g^{-1}、0.8A·g^{-1}和 1.6A·g^{-1}时，其比容量分别为 460.8mA·h·g^{-1}、

384.8mA · h · g^{-1}、325.9mA · h · g^{-1}和 250.2mA · h · g^{-1}。值得注意的是，当电流密度重新恢复到 0.1A · g^{-1}时，比容量仍可达到 598.7mA · h · g^{-1}。与 $MoSe_2$@C 和 $SnSe_2$@C 电极相比，可以清楚地观察到 $MoSe_2/SnSe_2$@C 电极的可逆容量高于其他两种对比材料，这与长循环的测试结果一致。此外，在电流密度为 0.5A · g^{-1}下，$MoSe_2/SnSe_2$@C、$MoSe_2$@C 和 $SnSe_2$@C 的长循环性能图展示在图 10－12(c)。从图 10－12(c)可以看出，经过 200 个循环后，其比容量分别为 334.1mA · h · g^{-1}、213.9mA · h · g^{-1}和 142.8mA · h · g^{-1}。

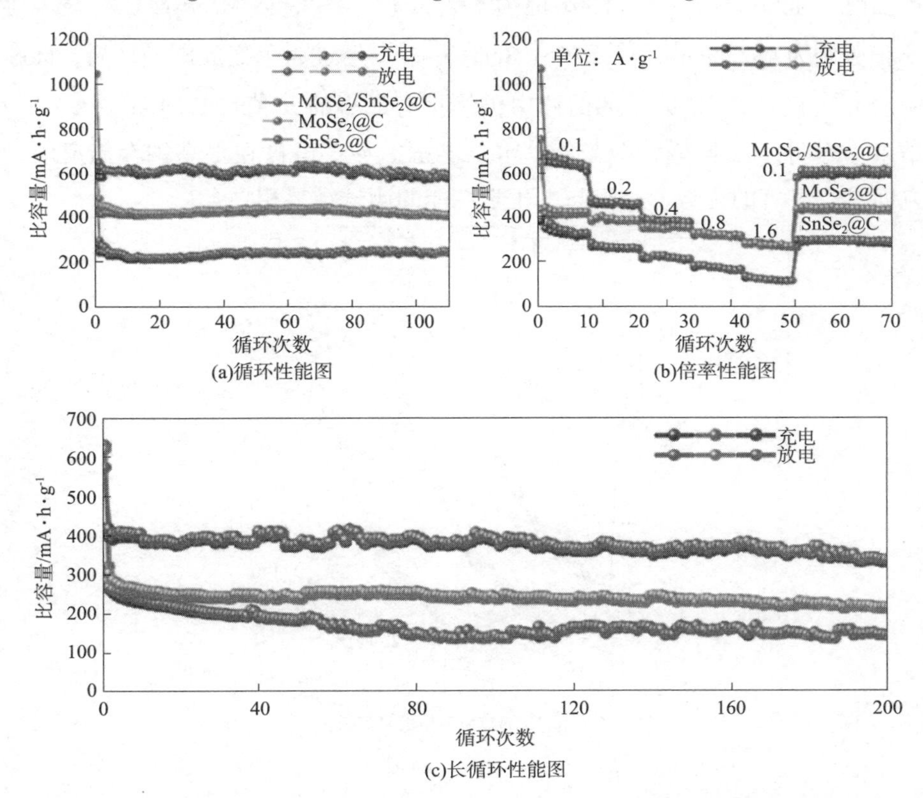

图 10－12　$MoSe_2/SnSe_2$@C，$MoSe_2$@C 和 $SnSe_2$@C 材料的循环性能对比图

为了探索和分析 Na^+转移速率和电荷位移特性对电化学性能的影响，对三种材料在 3 个循环前后的电化学阻抗(EIS)进行了测试，如图 10－13(a)所示。从图 10－13(a)可以看出每种材料循环后的电阻均有所变大，这是由于在首圈充放电过程中 SEI 膜的形成导致电阻增大。其中高频区域的半圆和中频区域的半圆决定了电极表面的 SEI 薄膜电阻(R_s)和电荷转移电阻(R_{ct})的大小。Na^+在材料中扩散的 Warburg 阻抗(Z_w)与低频区域的倾斜度相关。在 EIS 图中，电荷转移电阻越大，中频

半圆弧的直径越大。Na^+的扩散电阻与低频区的斜率成反比，电阻越低，斜率越高。从图 10－13(a)可以看出，由于活性物质和电解质发生了不可逆的反应生成了固体电解质(SEI)膜，这导致在经过三次充放电后其阻抗变大。$MoSe_2/SnSe_2$@C、$MoSe_2$@C 和 $SnSe_2$@C 电极的 Na^+扩散系数(D_{Na^+})可以根据式(3－2)和式(3－3)计算。

图 10－13(b)～(c)分别是 3 个循环前、后 $MoSe_2/SnSe_2$@C、$MoSe_2$@C 和 $SnSe_2$@C 电极的 Z'和 $\omega^{-1/2}$之间的关系。从图 10－13(b)和(c)可以看出，电池在循环之前，$MoSe_2/SnSe_2$@C 的 σ 值为 172.3cm^2·s^{-1}，而 $MoSe_2$@C 和 $SnSe_2$@C 的 σ 值分别为 432.2cm^2·s^{-1}和 551.8cm^2·s^{-1}。经过 3 个充放电循环后，$MoSe_2/SnSe_2$@C 电极在 Z'和 $\omega^{-1/2}$的曲线中仍然具有最小的 σ 值(271.4cm^2·s^{-1})。以上结果均表明，二维范德华异质结 $MoSe_2/SnSe_2$@C 电极在提高钠存储反应动力学方面具有显著的优势，这也与电化学性能的测试结果相吻合。

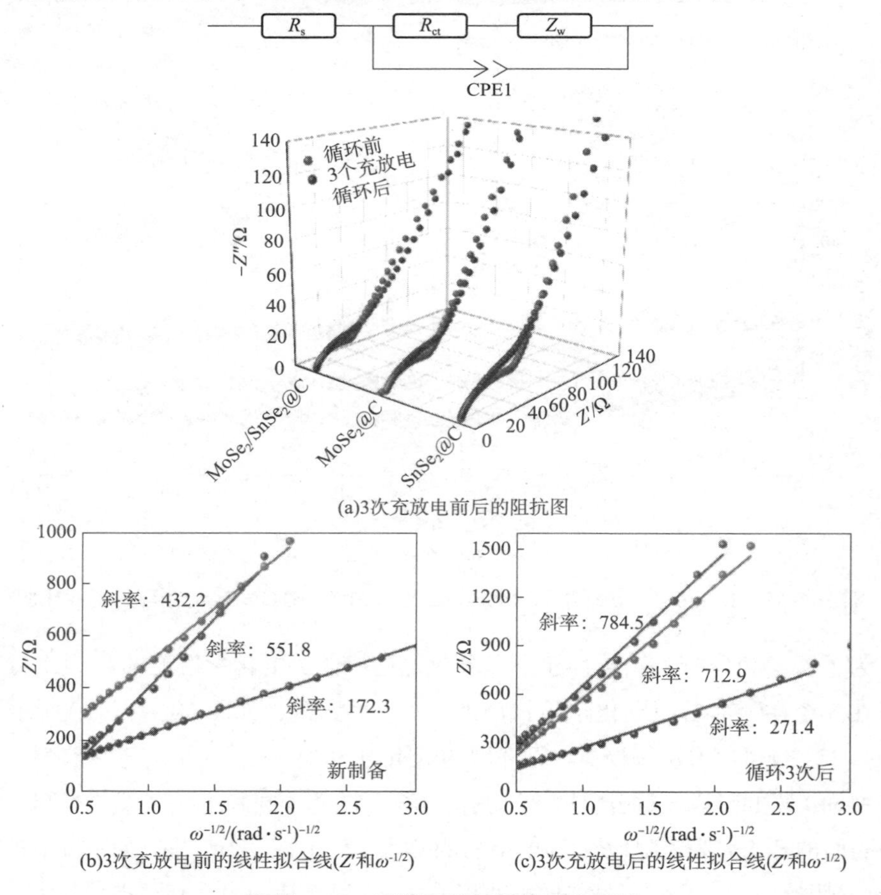

图 10－13　三种不同材料的 EIS 测试

为了进一步研究 $MoSe_2/SnSe_2$@C 电极的传输动力学和电容行为，在不同扫描速率下进行了 CV 测试[图 10－14(a)]。从图 10－14(a)中可以看出，当扫描速率从 $0.2mV \cdot s^{-1}$增加到 $1.0mV \cdot s^{-1}$时，测试出的 CV 曲线具有非常相似的氧化/还原峰。b 值是通过图 10－14(b)中的 $\log i - \log v$ 曲线拟合斜率计算得到的，其中 i 和 v 分别表示峰值电流和扫描速率。因此，能得到公式：$i = av^b$。

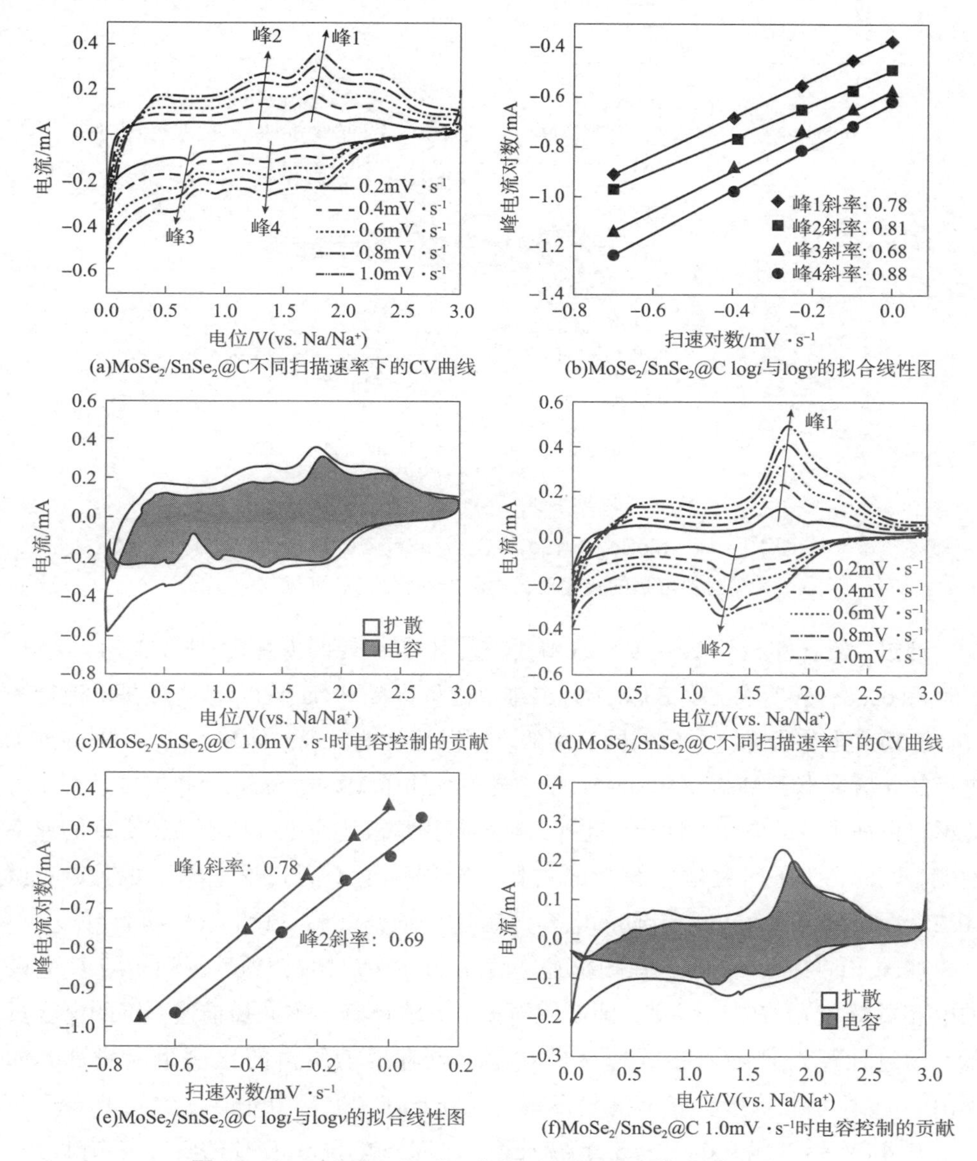

图 10－14 $MoSe_2/SnSe_2$@C、$MoSe_2$@C 和 $SnSe_2$@C 材料电极的传输动力学和电容行为测试

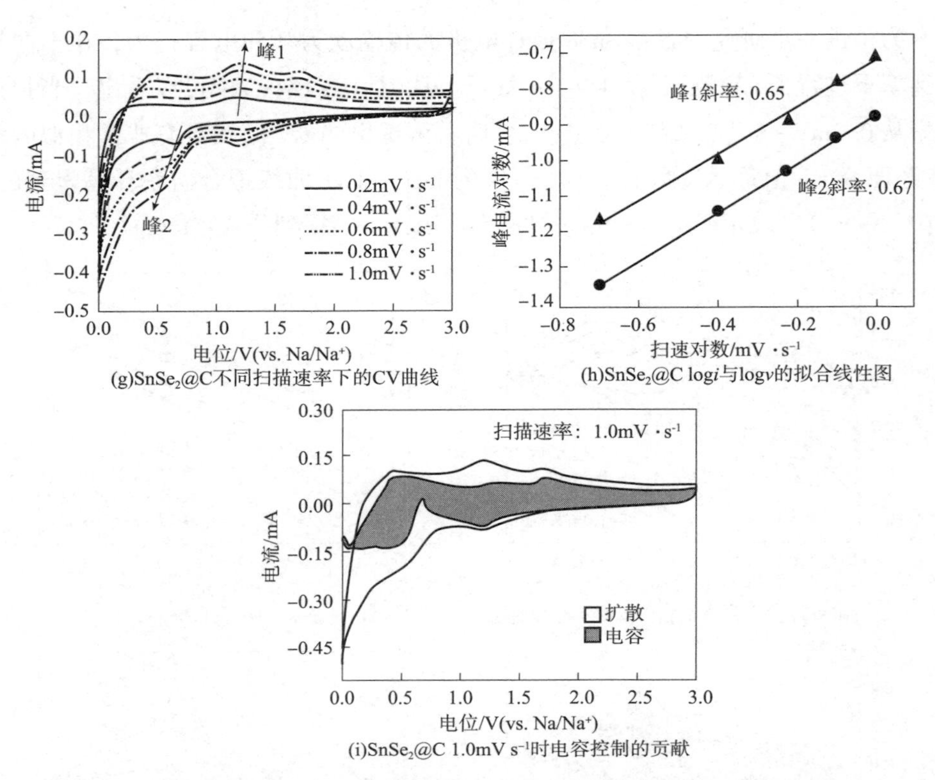

(g)$SnSe_2$@C不同扫描速率下的CV曲线

(h)$SnSe_2$@C log$i$与log$v$的拟合线性图

(i)$SnSe_2$@C 1.0mV s^{-1}时电容控制的贡献

图10－14　$MoSe_2$/$SnSe_2$@C、$MoSe_2$@C和$SnSe_2$@C材料电极的传输动力学和电容行为测试(续)

通过计算，$MoSe_2$/$SnSe_2$@C在峰1、2、3和4处的b值分别为0.78、0.81、0.68和0.88，表明$MoSe_2$/$SnSe_2$@C二维范德华材料中Na^+的存储类型是电池行为(b=0.5)和电容行为(b=1)共同控制的。可以清楚地发现，$MoSe_2$@C和$SnSe_2$@C电极的b值都小于$MoSe_2$/$SnSe_2$@C的。这也证明了$MoSe_2$/$SnSe_2$@C电极具有比对比材料更加优越的电化学性能。此外，电容行为常被认为更有利于获得更好的速率性能。因此，为了研究电容容量的占比，即进行了不同扫描速率下的CV测试(0.2～1.0mV·s^{-1})。Na^+存储的电容贡献可以通过式(5－3)和式(5－4)计算。

如图10－14(c)所示，在扫描速率为1.0mV·s^{-1}时，$MoSe_2$/$SnSe_2$@C电极的电容贡献为75.7%。因此，即使用同样的方法计算了不同扫描速率下的电容贡献。通过计算发现随着扫描速率的增加，电容贡献所占的比例也会增加，如图10－15所示。从图中能够清楚发现，在0.2mV·s^{-1}、0.4mV·s^{-1}、0.6mV·s^{-1}、0.8mV·s^{-1}和1.0mV·s^{-1}扫描速率下，$MoSe_2$/$SnSe_2$@C的赝电容贡献分别为56.7%、62.1%、67.5%、71.3%和75.7%，这明显高于$MoSe_2$@C和$SnSe_2$

@C 的赝电容贡献。同时也证明了 $MoSe_2/SnSe_2$@C 二维范德华材料拥有更加优异的循环性能和速率性能。这可以归因于 $MoSe_2/SnSe_2$@C 的二维范德华异质结结构及其与碳材料的合成，增加了材料的比表面积和电导率。

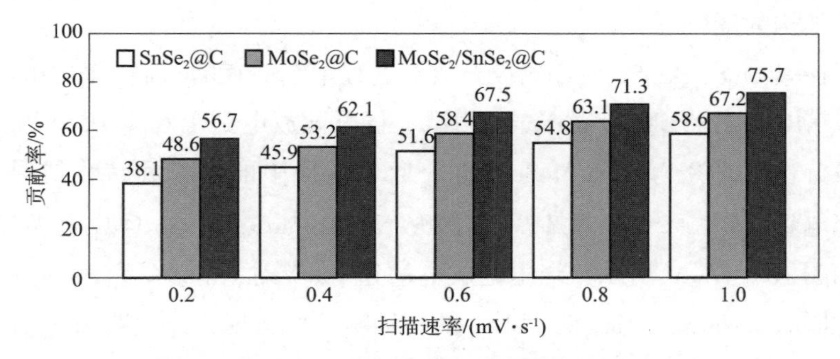

图 10－15 不同扫描速率下电容控制的贡献

此外，采用了恒流间歇滴定技术(GITT)探究了三种电极材料的反应动力学。在电压范围为 0.005～3.0V 的 GITT 曲线展示在图 10－16(a)中。通过单步 GITT 试验，可以计算出 Na^+的扩散速率[图 10－16(b)]。单步测试过程包括脉冲、恒定电流和弛豫三部分。此外，D_{Na^+}值可根据式(3－4)得到。

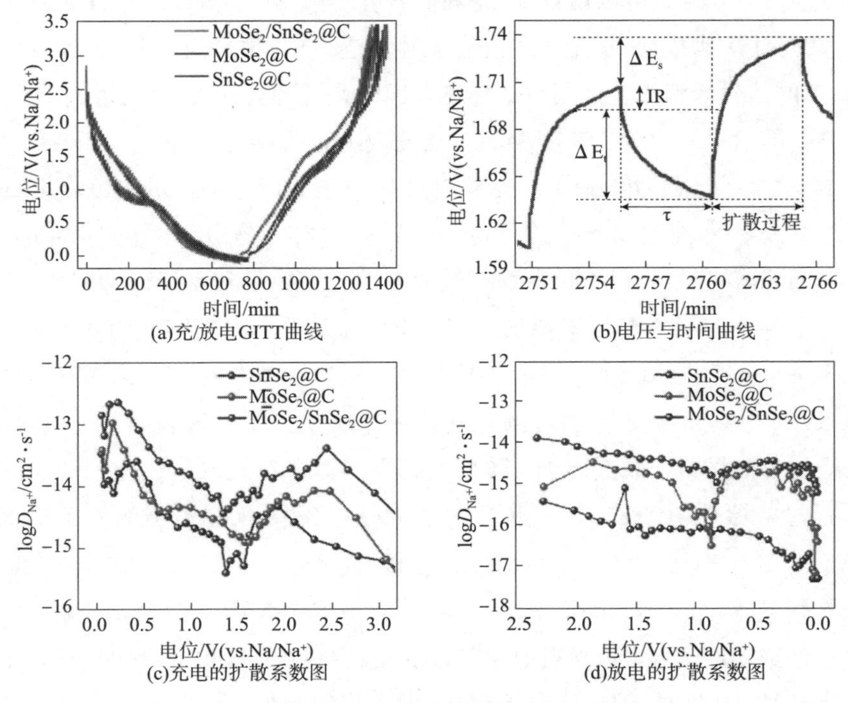

图 10－16 三种不同材料的反应动力学测试

$MoSe_2/SnSe_2$@C、$MoSe_2$@C和$SnSe_2$@C的D_{Na^+}值如图10－16(c)和(d)所示。很明显，在充放电过程中，$MoSe_2/SnSe_2$@C的D_{Na^+}值都高于$MoSe_2$@C和$SnSe_2$@C的，表明$MoSe_2/SnSe_2$@C的Na^+扩散动力学更快。其原因是二维范德华异质结结构的形成。

为了探索$MoSe_2/SnSe_2$@C电极充放电过程中钠储存的机制，图10－17展示了非原位XRD、HRTEM和mapping测试。将电池放电到1.6V、0.5V和0.005V进行分段分析，研究Na^+在$MoSe_2/SnSe_2$@C电极中的嵌入和转化情况。同时，将电池充电到1.8V、2.5V和3.0V，探究Na^+在$MoSe_2/SnSe_2$@C电极中的脱嵌情况。如图10－17(a)所示，当电池放电达到1.6V时，$MoSe_2$和$SnSe_2$的信号消失，与此同时，Na_2Se、$Mo_{15}Se_{19}$和Sn的特征峰开始出现，这说明$SnSe_2$已完成储钠过程，而$MoSe_2$开始向$Mo_{15}Se_{19}$的过渡态转变。当电压放到0.5V时，$Na_{15}Sn_4$的特征峰出现，表明Sn开始发生合金化反应；当电极放电到0.005V时，Sn的特征峰消失，合金$Na_{15}Sn_4$的峰变强，说明Sn已经完全发生合金化反应。同时Na_xMoSe_2特征峰也显现出来，这也证明了Na^+被成功地嵌入$MoSe_2$的层间距中。这表明$MoSe_2$和$SnSe_2$在此电压状态下钠的存储已经完成。另外在充电过程中，当电压充到1.8V时，可以观察到Sn的信号峰，说明$Na_{15}Sn_4$已经开始发生脱合金反应，然而其他成分的信号并没有发生明显的变化。当电压充到2.5V时，Na_xMoSe_2的信号峰消失，证明Na_xMoSe_2已开始了脱钠反应；当电极充电到3.0V时，$MoSe_2$的信号峰出现，表明$MoSe_2$在充放电过程中是可逆的。而$SnSe_2$最终以Sn的形式存在，证明$SnSe_2$在充放电过程中是不可逆的，最终以合金的形式储存钠。因此，即推测$MoSe_2$的可逆转化反应的发生是由于催化剂Sn的生成，即$SnSe_2$向Sn转化过程中不可逆反应过程的发生。从图10－17(b)可以发现，连续放电过程中Na^+的含量逐渐增加。当放电电压从1.6V变化到0.005V时，Na^+的含量从4.45%增加到13.71%，说明在放电过程中Na^+在不断插入材料中。在从0.005V充电到3.0V时，Na^+的含量最终降到2.62%。这表明在充电过程中，Na^+已经从电极材料中脱嵌出去。该研究结果与Na^+在充放电过程中的反应机理一致。通过非原位HRTEM进一步证实了$MoSe_2/SnSe_2$@C电极的储钠机理。在0.005V[图10－17(c)]时，Na_2Se的(200)和$Na_{15}Sn_4$的(220)的晶格条纹被发现，同时还看到了Na_xMoSe_2的晶格条纹，这与上述非原位XRD的分析结果匹配，证实了Na^+已经成功地嵌入电极材料中。在mapping测试中[图10－17(d)]，也证明了Na^+成功嵌入，并且C、Mo、Sn、Se、Na元素均匀分布。在3.0V[图10－17(e)]

时，可以观察到 $MoSe_2$ 的(002)和 Sn 的(101)的特征晶格，这进一步证明 $MoSe_2$ 实现了可逆转换，但没有观察到 $SnSe_2$ 的特征晶格条纹，这也表明 $SnSe_2$ 在充放电过程中 Na^+ 的脱嵌是不可逆的。如图 10－17(f)所示，当充电达到 3V 时，可以观察到 C、Mo、Sn、Se 和 Na 等元素。钠的存在是由于不完全脱钠过程造成的。此外，结合非原位 XRD 图中的Ⅶ，可以发现微量 Na 元素是以合金 $Na_{15}Sn_4$ 形式存在的。

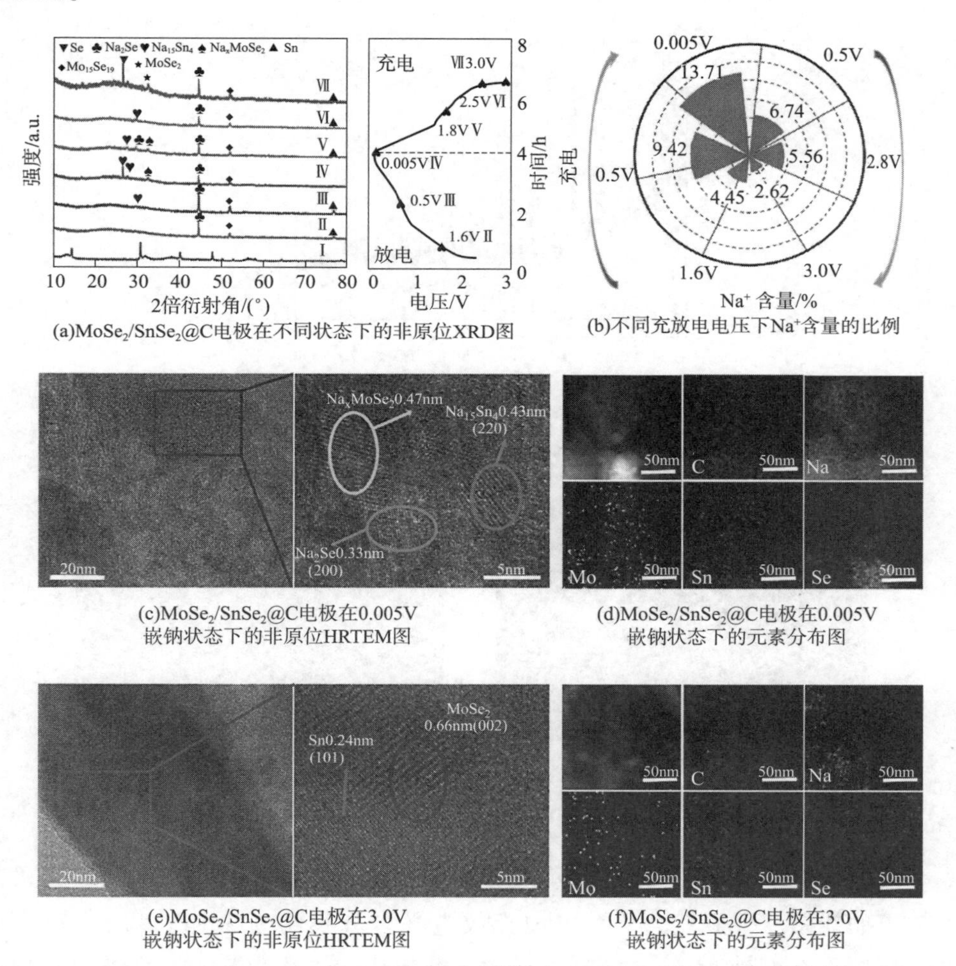

(a)$MoSe_2/SnSe_2$@C电极在不同状态下的非原位XRD图　(b)不同充放电电压下Na^+含量的比例

(c)$MoSe_2/SnSe_2$@C电极在0.005V嵌钠状态下的非原位HRTEM图　(d)$MoSe_2/SnSe_2$@C电极在0.005V嵌钠状态下的元素分布图

(e)$MoSe_2/SnSe_2$@C电极在3.0V嵌钠状态下的非原位HRTEM图　(f)$MoSe_2/SnSe_2$@C电极在3.0V嵌钠状态下的元素分布图

图 10－17　$MoSe_2/SnSe_2$@C 电极的非原位 XRD、HRTEM 和 mapping 测试

由于二维范德华异质结 $MoSe_2/SnSe_2$@C 作为钠离子电池的负极材料表现出了优秀的电化学性能，这促使我们通过将其与 $Na_3V_2(PO_4)_2F_3$@C 阴极相结合去进一步探索其在全电池中的电化学性能。为了评价 $MoSe_2/SnSe_2$@C 负极的适用性，在组装全电池时正极的含量是过量的，并且在电池测试过程中是用负极的质量进行计算的。在全电池组装中，负极材料与正极材料的质量比为1：3。图10－18(a)显示了$Na_3V_2(PO_4)_2F_3$@C的XRD图，从图10－18(a)能够观察到，衍射峰完全对应于标准卡(JCPDS#01－089－8485)，没有任何杂质峰。图10－18(b)和(c)是阴极材料的微观形貌图，从图10－18(b)和(c)可以清楚地观察到，许多纳米片堆叠成一个球状结构。

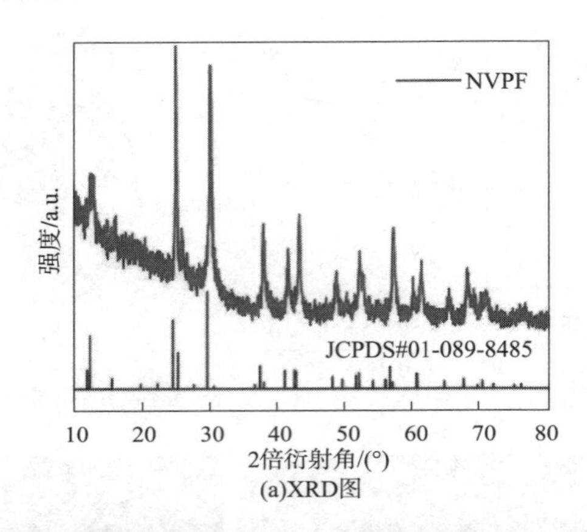

(a)XRD图

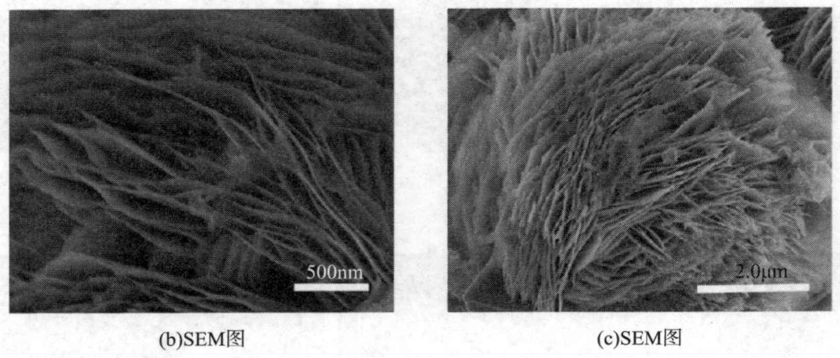

(b)SEM图　(c)SEM图

图10－18　$Na_3V_2(PO_4)_2F_3$@C正极材料的物相和形貌表征图

图10－19(a)和(b)分别展示了$MoSe_2/SnSe_2$@C负极和NVPF@C正极的充放电曲线图。很显然，整个电池充放电平台分别约为3.34V和1.82V。因此，可以将全电池$MoSe_2/SnSe_2$@C//NVPF@C的工作电压窗口设置为1.5～4.2V。全电池的充放电曲线和CV曲线分别如图10－20(a)和(b)所示。此外，对$MoSe_2/SnSe_2$@C//NVPF@C的速率能力进行了评估。如图10－20(c)所示，电流密度为0.25A·g^{-1}时全电池比容量为342.6mA·h·g^{-1}，0.5A·g^{-1}时容量为197.9mA·h·g^{-1}，1.0A·g^{-1}时比容量为127mA·h·g^{-1}，2.0A·g^{-1}时容量

为91.1mA·h·g^{-1}，即使在4.0A·g^{-1}的大电流密度下，比容量仍然保持在64.9mA·h·g^{-1}。图10－20(d)显示了全电池在0.5A·g^{-1}时的容量性能图。$MoSe_2$/$SnSe_2$@C//NVPF@C的首次放/充比容量为444.9/262.9mA·h·g^{-1}，其首圈库伦效率(ICE)为59.1%。同时，随着连续充放电过程的进行，库伦效率逐渐增强，经过100个循环后，比容量还可以达到117.1mA·h·g^{-1}，全电池表现出了良好的循环性能。图10－20(e)显示了在电流密度为1.0A·g^{-1}时的循环性能图，在充放电200次后比容量为76.9mA·h·g^{-1}。令人兴奋的是，组装成的全电池可以点亮小型LED灯[图10－20(f)]。通过上述实验，证明$MoSe_2$/$SnSe_2$@C电极在半电池和全电池体系中均表现出了良好的储钠性能，表明该二维范德华材料具有巨大的实际应用潜力。

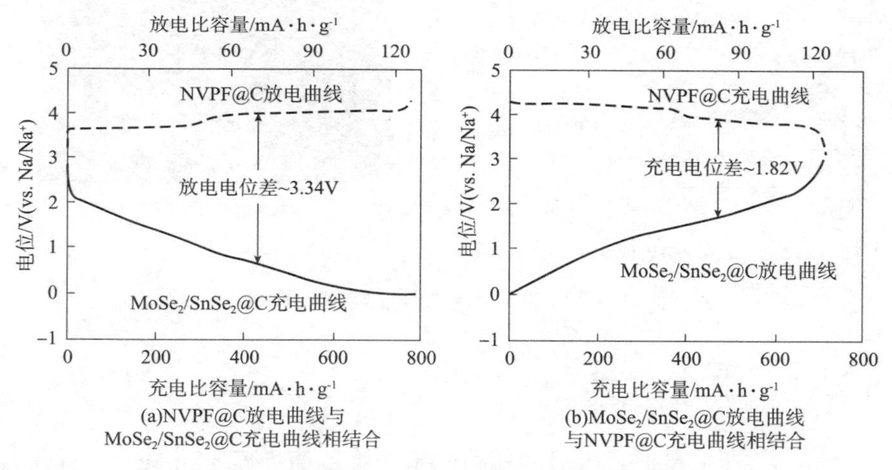

(a)NVPF@C放电曲线与$MoSe_2$/$SnSe_2$@C充电曲线相结合

(b)$MoSe_2$/$SnSe_2$@C放电曲线与NVPF@C充电曲线相结合

图10－19 NVPF@C与$MoSe_2$/$SnSe_2$@C充放电曲线

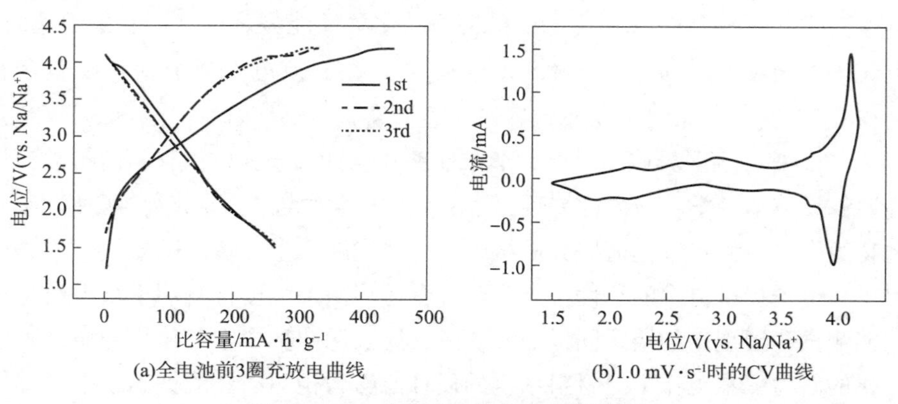

(a)全电池前3圈充放电曲线

(b)1.0 mV·s^{-1}时的CV曲线

图10－20 全电池电化学性能测试图

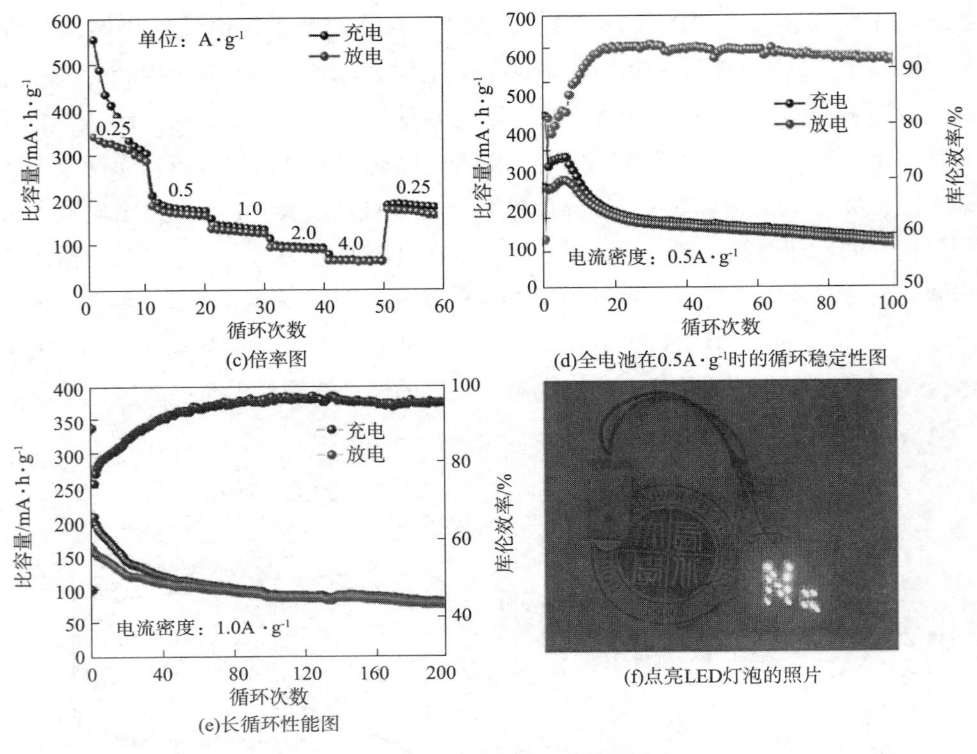

图 10－20 全电池电化学性能测试图(续)

10.3 本章小结

本章中，在上章的基础上成功地构建了二维范德华异质结 $MoSe_2/SnSe_2$@C，并对其分别进行了一系列的材料表征和电化学表征。当将其作为负极材料用作钠离子电池时，$MoSe_2/SnSe_2$@C 电极材料的电化学性能显著地优于它的对比材料。在电流密度为 0.1A·g^{-1}时，$MoSe_2/SnSe_2$@C 在充放电 110 个循环以后容量为 591.4mA·h·g^{-1}。相比于上章比容量明显提高，主要是因为：在 $MoSe_2$ 和 $SnSe_2$（$MoSe_2$ 和 SnSe）之间异质结界面的形成能够加速钠离子在电极材料的扩散，从而提高储钠反应动力学，使电池展现出了良好的电化学性能。同时，两种过渡金属硒化物组合成一种二维范德华异质结电极材料能够产生更多的硒缺陷，这可以为钠离子和电子提供更多的活性位点。此外，还将两种电极材料用于全电池中进行了储能测试，展现出的结果同样令人满意，这表明两种二维范德华异质结材料有商业化的潜力。本工作中对材料结构的设计能够为构建高性能钠离子电池提供实验证明。

11 双金属异质结 WSe_2/NiSe@C 复合纳米片

本章采用一锅法将所选试剂均溶解于 DMF 中进行溶剂热反应，之后进行高温退火处理便得到高结晶性、高纯度的双金属异质结 WSe_2/NiSe 复合纳米片。异质结界面由此形成，从而产生了许多晶格畸变和扭曲，促进了 Na^+ 的快速传导。在适宜的 PH 环境下，盐酸多巴胺自聚合形成聚多巴胺（PDA）均匀包裹在 WSe_2/NiSe 纳米片表面，为储钠过程提供更多的缓冲作用，增强了结构稳定性，再将其高温碳化，得到双金属 WSe_2/NiSe@C 纳米片，成功地将异质结和碳包裹策略引入材料设计中，为后续表现出优异的储钠性能奠定了基础。

11.1 双金属异质结 WSe_2/NiSe@C 复合纳米片的制备

11.1.1 WSe_2/NiSe 异质结的制备

（1）将 0.1g 硼氢化钠（$NaBH_4$）溶解在 30mL N，N－二甲基甲酰胺（DMF）中。（2）将 309.365mg 二水钨酸钠（$Na_2WO_4 \cdot 2H_2O$）和 5mL 去离子水溶于上述溶液中，得到 A 溶液。（3）在 1mL 去离子水中加入 59.250mg 六水氯化镍（$NiCl_2 \cdot 6H_2O$），得到 B 溶液。（4）在 A 溶液中加入 238mg 硒粉和 B 溶液，搅拌 3h 后倒入 40mL 水热釜，在 200℃下反应 12h。（5）在还原气氛（H_2/Ar＝5%/95%）下，600℃退火 1h。（6）关掉氢气，在氩气条件下 600℃再次退火 1h，得到产物 WSe_2/NiSe。

11.1.2 WSe_2/NiSe@C 的制备

（1）将 WSe_2/NiSe 分散到 Tris 缓冲液（10mmol，50mL）中超声 2h。（2）将 25mg 盐酸多巴胺溶解在上述溶液中搅拌 8h，用乙醇和水清洗所得产物。（3）在氩气条件下 500℃退火 2h，合成 $WSe_2/NiSe@C$。

11.1.3 $WSe_2@C$ 的制备

(1)将 0.1g $NaBH_4$ 溶解在 30mL DMF 溶液中。(2)将 309.365mg $Na_2WO_4 \cdot 2H_2O$ 和 5mL 去离子水溶于上述溶液中。(3)加入 238mg 硒粉搅拌 3h，之后在水热釜中 200℃下反应 24h。(4)采用同样的包碳工艺。(5)在氩气条件下 600℃退火 2h，制备出 $WSe_2@C$。

11.1.4 NiSe@C 的制备

(1)在 30mL 溶有 0.1g $NaBH_4$ 的 DMF 溶液中依次加入 59.250mg $NiCl_2 \cdot 6H_2O$、1mL 去离子水和 238mg 硒粉，搅拌 3h，在 200℃的水热釜中反应 12h。(2)在相同的条件下直接进行碳涂层。(3)在还原气氛($H_2/Ar = 5\%/95\%$)下 600℃退火 1h。(4)在氩气条件下 600℃退火 1h 合成 NiSe@C。

11.2 $WSe_2/NiSe@C$ 纳米片的形貌结构分析

图 11－1 描述了双金属异质结 $WSe_2/NiSe@C$ 纳米片的制备过程。采用简单的溶剂热法合成硒化物前驱体，以硼氢化钠为还原剂，在 DMF 溶液中逐步加入钨源、镍源以及硒粉发生氧化还原反应。由于参与反应的物质之间的相互影响，使得硒化物前驱体中 Se 没有被完全还原为负二价以及 WO_3 的杂质峰的出现，并且关于硒化物前驱体的形貌图以及 XRD 图谱的分析分别在图 11－2(a)、(b)和

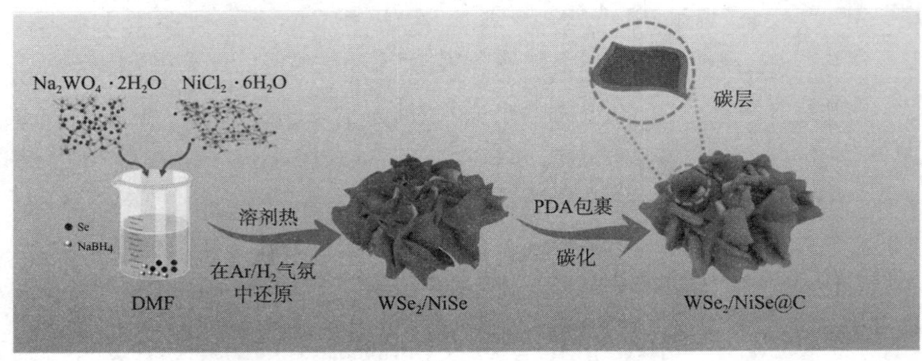

图 11－1 $WSe_2/NiSe@C$ 的制备过程示意图

(c)中显示，基于此数据可以加以分析。为了解决这一问题，将硒化物前驱体在还原气氛下进一步进行了退火处理，从而得到了高纯相的WSe_2/NiSe纳米片，其相应的XRD图谱可以在图11－3中观察到。其次选用盐酸多巴胺热解后的C为碳源，在Tris缓冲溶液中聚合进行包裹，再进一步碳化处理，便得到了WSe_2/NiSe@C纳米片。

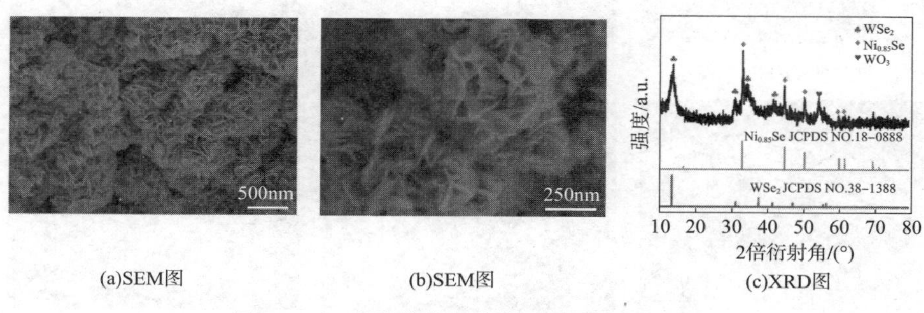

(a)SEM图　(b)SEM图　(c)XRD图

图11－2　硒化物前驱体的SEM和XRD图

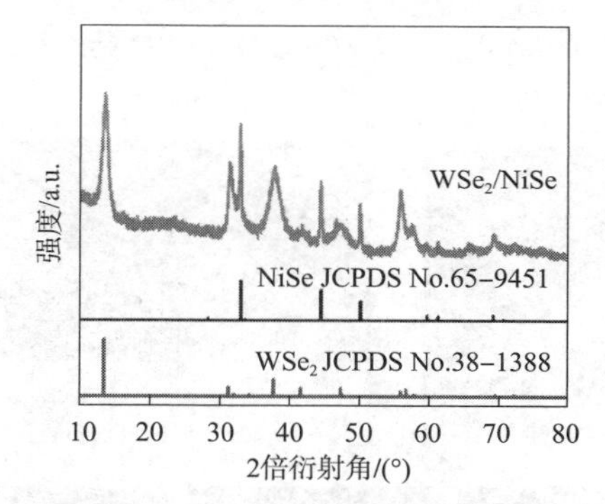

图11－3　WSe_2/NiSe的XRD图

在图11－4(a)～(c)中展示了WSe_2/NiSe的SEM图，通过对比可以明显地发现WSe_2/NiSe@C比WSe_2/NiSe所形成的纳米片更为厚实，这表明碳成功地包裹在WSe_2/NiSe的表面，材料中碳的存在可以有效避免钠离子反复穿插导致的结构破碎，提高了结构稳定性，增强了SIBs的循环寿命。通过扫描电子显微镜可以清楚地观察到WSe_2/NiSe@C纳米片的微观形貌，如图11－4(d)～(f)所示。所制备的WSe_2/NiSe@C是一种片状结构，每个纳米片的厚度约为50nm。另外，还可以发现WSe_2/NiSe@C纳米片更团聚，这是由于碳包裹的过程以及二次退火对其形貌的影响。并且，在图11－5中展示了在扫描电镜下测试的mapping和EDS图。根据图11－5(b)中各元素的原子比可以计算出W、Ni和Se的比为1∶1∶3，这与最终合成的材料的原子比基本一致。与此同时，在图11－5(c)～(g)

中观察到 C、W、Ni 和 Se 元素均匀地分布在材料中，表明材料制备的均匀性。

(a)WSe_2/NiSe纳米片　(b)WSe_2/NiSe纳米片　(c)WSe_2/NiSe纳米片

(d)WSe_2/NiSe@C纳米片　(e)WSe_2/NiSe@C纳米片　(f)WSe_2/NiSe@C纳米片

图 11－4　WSe_2/NiSe 和 WSe_2/NiSe@C 纳米片的 SEM 图

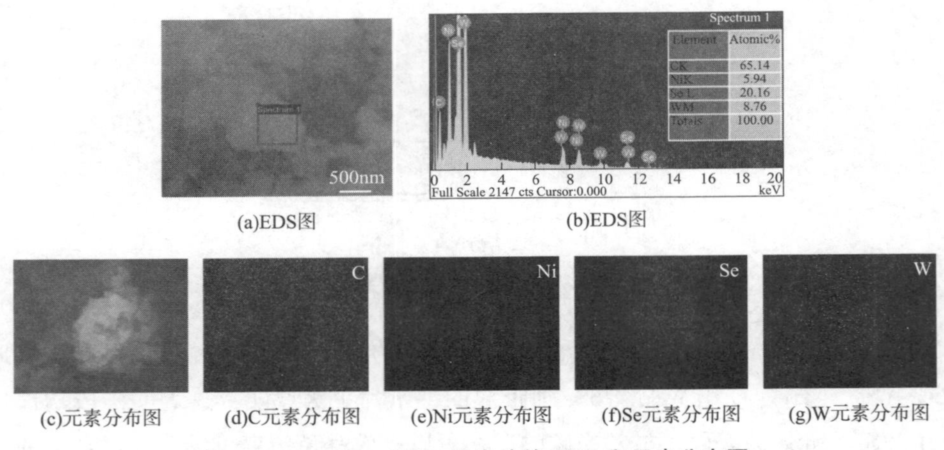

(a)EDS图　(b)EDS图

(c)元素分布图　(d)C元素分布图　(e)Ni元素分布图　(f)Se元素分布图　(g)W元素分布图

图 11－5　WSe_2/NiSe 纳米片的 EDS 和元素分布图

相应地，对比材料 WSe_2@ C 和 NiSe@ C 的 SEM 图也分别展示在图 11－6(b)和(c)及图 11－7(b)和(c)中，同时为了更好地分析包碳过程对物质形貌的影响，WSe_2 和 NiSe 的 SEM 图像分别如图 11－6(a)和图 11－7(a)所示。显然，包裹碳层的外部形态都是相对粗糙的，这与 WSe_2/NiSe@ C 碳包裹后的现象是一致的。

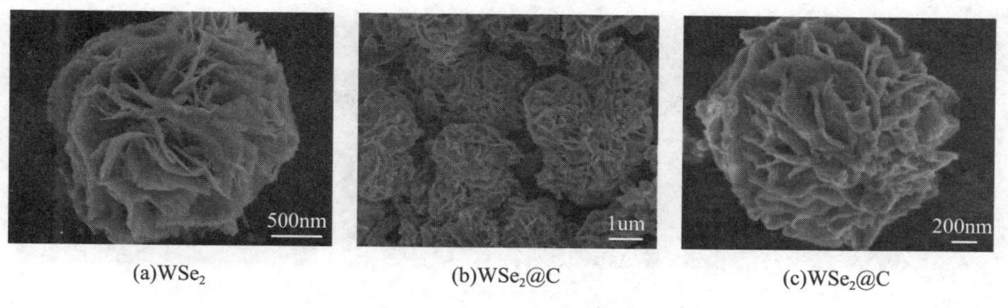

(a)WSe_2　(b)$WSe_2@C$　(c)$WSe_2@C$

图 11－6　WSe_2 和 $WSe_2@C$ 的 SEM 图

(a)NiSe　(b)NiSe@C　(c)NiSe@C

图 11－7　NiSe 和 NiSe@C 的 SEM 图

为了深入探究 $WSe_2/NiSe@C$ 的内部结构，图 11－8(a)展示了 $WSe_2/NiSe@C$ 的 TEM 图。显然，片层结构的表面包裹有碳层，这与 SEM 图像分析的结果相对应。在图 11－8(b)中对 $WSe_2/NiSe@C$ 的 TEM 进行局部放大，可以观察到碳层的厚度约为 10nm。同时，从图 11－8(c)中可以看到 WSe_2 和 NiSe 的晶格条纹，0.65nm 和 0.27nm 的晶格条纹分别对应 WSe_2 的(002)相和 NiSe 的(101)相。更重要的是，在 WSe_2 和 NiSe 之间可以看到明显的异质结界面结构(白线标注)，有力地证明了在最终合成的 $WSe_2/NiSe@C$ 中形成了异质结。异质结的创建可以有效地加速电子/离子的传输，保证快速的动力学。在图 11－8(d)中还显示了 $WSe_2/NiSe@C$ 的 SAED 图。图 11－8(d)中有多个同心衍射环，直接反映了 $WSe_2/NiSe@C$ 的多晶性质。其中绿色标记的衍射环对应于 WSe_2 的(100，103)晶面，蓝色标记的衍射环与 NiSe 的(200)晶面一致。此外，为了清晰地观察不同元素在材料中的分布，进行了元素映射测试，如图 11－8(e)～(j)所示。结果表明，C、Se、Ni 和 W 元素分别均匀地出现在 $WSe_2/NiSe@C$ 片状结构中，说明了物质在形成过程中均匀地发生了反应以及在聚多巴胺进行包裹的过程中纳米片能够均匀地分散在其中，这也与在扫描电镜下测试的结果相匹配。

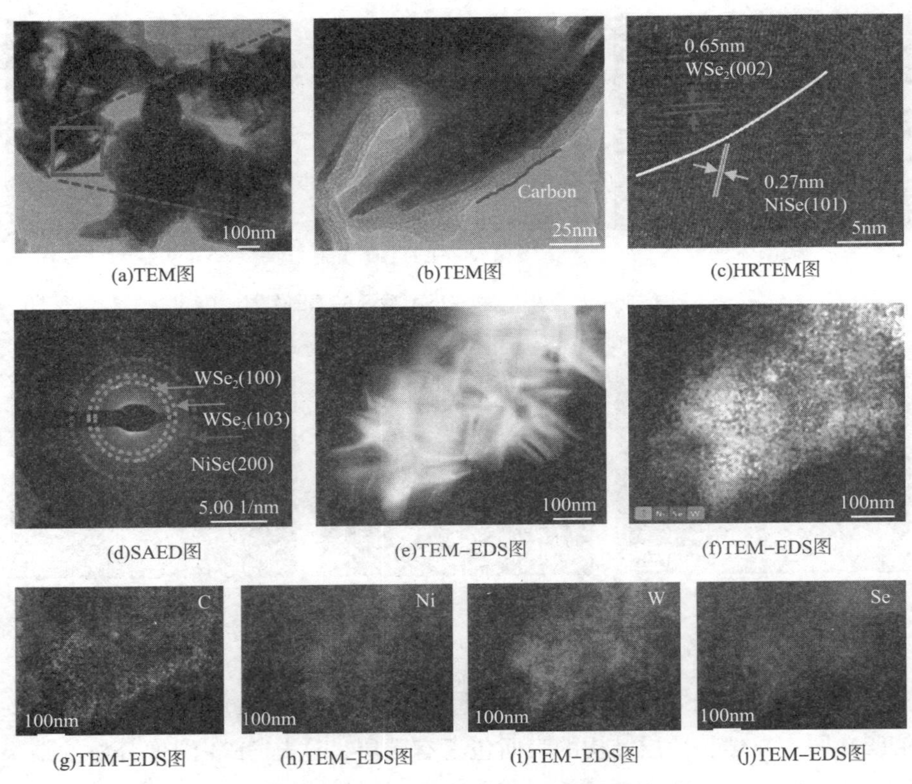

(a)TEM图 (b)TEM图 (c)HRTEM图

(d)SAED图 (e)TEM-EDS图 (f)TEM-EDS图

(g)TEM-EDS图 (h)TEM-EDS图 (i)TEM-EDS图 (j)TEM-EDS图

图 11-8 WSe_2/NiSe@C 纳米片的内部结构分析

WSe_2/NiSe@C、NiSe@C 以及 WSe_2@C 的晶体组成通过 X 射线衍射表征显示在图 11-9(a)中。如图 11-9(a)所示，三种材料的峰形都相对尖锐，出峰明显，表明合成的三种材料均具有良好的结晶性。其中 WSe_2/NiSe@C 所出现的衍射峰分别与 WSe_2(JCPDS No. 38-1388)和 NiSe(JCPDS No. 65-9451)标准卡的衍射峰保持一致，无任何杂质峰，纯度高。并且此 XRD 结果与实测 SAED 结果相对应，充分证明成功制备了 WSe_2/NiSe@C 纳米片。同时，两个对比材料 WSe_2@C 和 NiSe@C 的衍射峰也分别与标准卡的衍射峰完全一致。为了进一步探究碳的存在和缺陷，对 WSe_2/NiSe@C、WSe_2@C 和 NiSe@C 进行了拉曼测试，如图 11-9(b)所示。在三个样品中都分别存在碳的 D 峰($1350cm^{-1}$)和 G 峰($1579cm^{-1}$)，其中 D 峰表示的是无序碳，G 峰代表有序的石墨碳。通过分析发现 WSe_2/NiSe@C 的 I_D/I_G 约为 1.10，高于 WSe_2@C(1.03)和 NiSe@C(0.89)，说明 WSe_2/NiSe@C 中存在很大的缺陷，从而具有更多的活性位点，能够促进 Na^+ 转移。

通过对物质进行热重分析可以深入探究 WSe_2/NiSe@ C 纳米片在空气气氛下的热分解过程，在图 11 - 9(c) 中呈现。从图中可以看到在 300 ~ 375℃范围内的曲线出现上升趋势，这可能是由于 WSe_2/NiSe@ C 被完全氧化为 WO_3、Ni_2O_3 和 SeO_2。400℃后曲线开始下降，产生这种现象的原因主要有两个方面，一是 Ni_2O_3 与 O_2 进一步反应生成 NiO，二是 SeO_2 和 CO_2 的蒸发。当曲线变平时，WO_3 和 NiO 是最后剩下的物质。此外，通过将 WSe_2/NiSe 的 TG 曲线与 WSe_2/NiSe@ C 的 TG 曲线进行比较，可以计算出 WSe_2/NiSe@ C 的碳含量约为 13%。

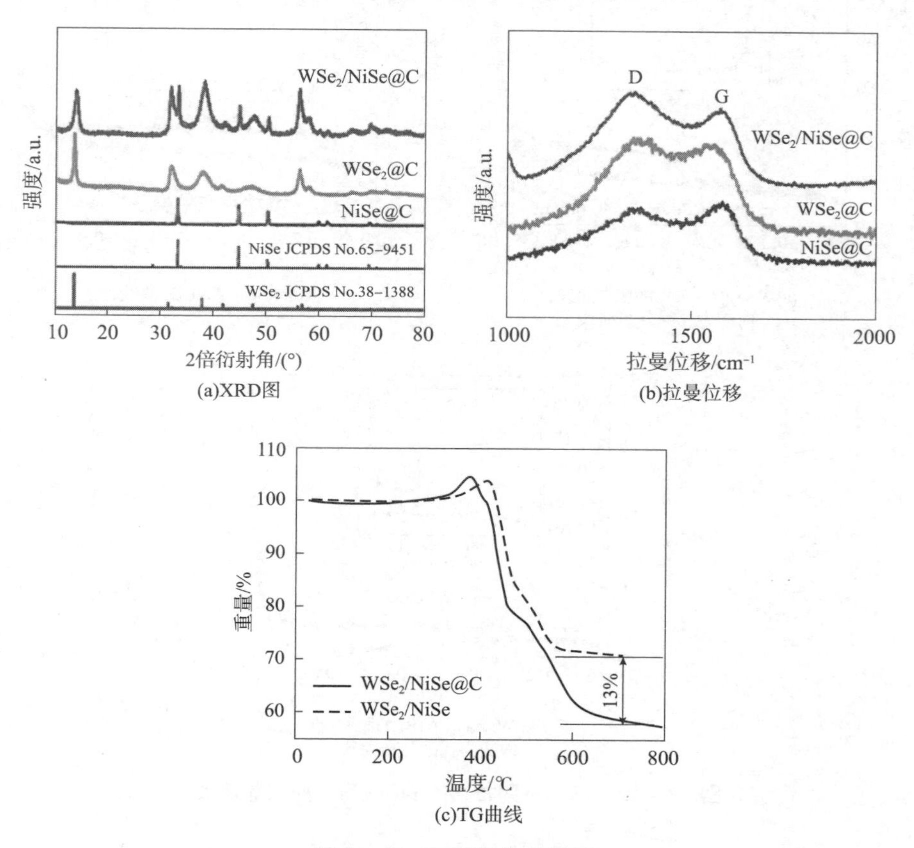

(a)XRD图

(b)拉曼位移

(c)TG曲线

图 11 - 9　不同晶体的表征

此外，对 WSe_2/NiSe@ C，NiSe@ C 和 WSe_2@ C 进行了 BET 表征，以探究材料的比表面积以及孔径结构。在图 11 - 10(a)、(b)以及(c)中分别显示了 WSe_2/NiSe@ C、NiSe@ C 和 WSe_2@ C 的 N_2 吸附 - 脱附等温线。WSe_2/NiSe@ C、NiSe@ C 和 WSe_2@ C 的比表面积分别为 48.5$m^2 \cdot g^{-1}$、70.4$m^2 \cdot g^{-1}$和 7.4$m^2 \cdot g^{-1}$，从这些数据中可以得出 WSe_2/NiSe@ C 的比表面积介于 WSe_2@ C 和 NiSe@ C 的之

间，比表面积的不同与三种材料的形貌结构有着直接的关系。比表面积大有利于增加电解质与活性物质的接触面积，缩短钠离子的迁移路径，提高反应动力学。同时，也对三种材料进行了 BJH 测试，在图 11－10(a)、(b)以及(c)中可以看到插入图中关于三种材料的孔径分布曲线。结果表明，三种材料的平均孔径均小于 2nm，属于微孔结构。

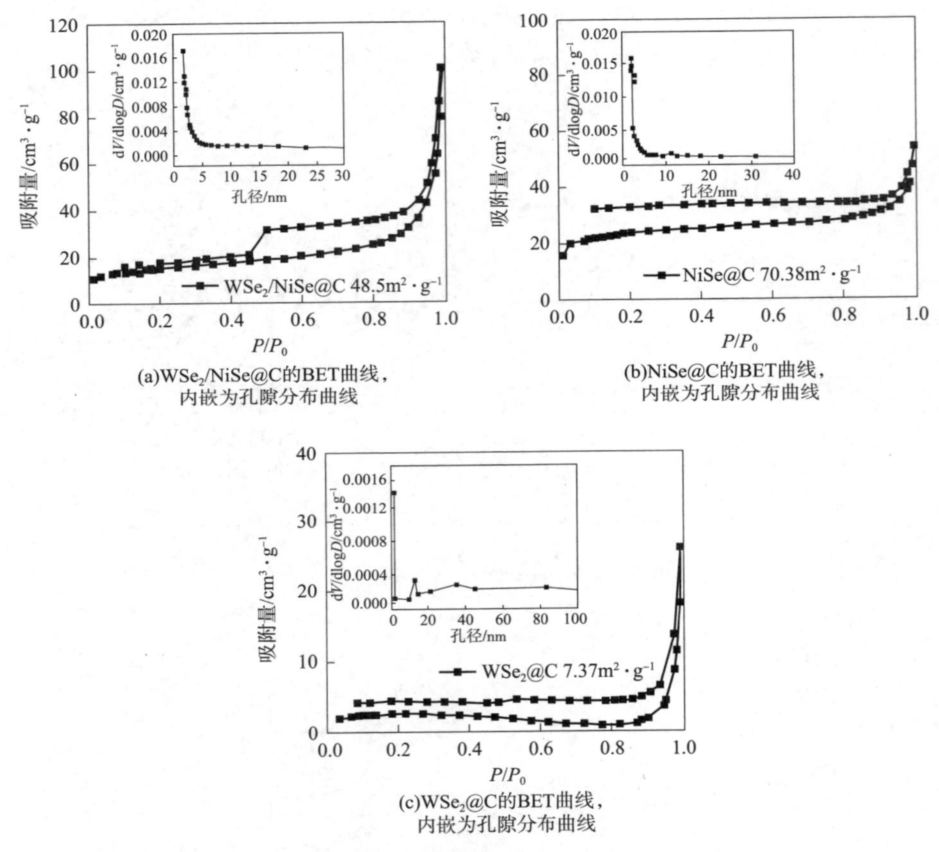

图 11－10　三种不同材料的 N_2 吸附－脱附等温线

为了深入研究 WSe_2/NiSe@C 的表面价态和化学组成，对其进行了 X 射线光电子能谱表征。如图 11－11 所示，全谱显示了 WSe_2/NiSe@C 中存在 Ni、W、C 和 Se 元素，与元素映射图一致，再一次充分证明了物质的成功制备。其中需要注意的是，O 元素的存在被认为是材料表面在空气中发生的氧化。C 1s 的高分辨谱图如图 11－12(a)所示，拟合的两个特征峰分别对应于 C—C 键(284.6eV)和 C—O 键(285.7eV)。W 4f 拟合出了 4 个峰，在图 11－12(b)中呈现。从图中可

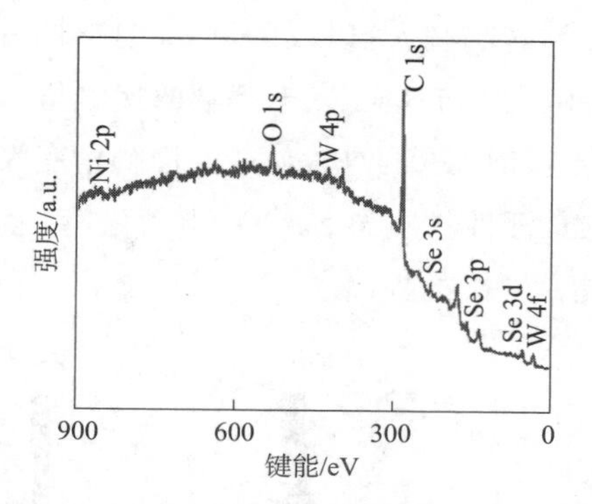

图 11 - 11　WSe_2/NiSe@C 的 XPS 全谱

以看到在 32.1V 和 34.2eV 的峰值分别与 W $4f_{7/2}$和 W $4f_{5/2}$一致。35.2V 和 37.4eV 处的峰归属于 W—O 键，W—O 键是由材料表面的氧化引起的。Se 拟合的 XPS 谱图如图 11 - 12(c) 所示，54.7eV 处的峰为 Se $3d_{5/2}$以及 58.6eV 处存在的是 Se—O 键。Ni 2p 可以拟合四个峰，如图 11 - 12(d) 所示。853.4eV 和 856.2eV 处的峰归因于 Ni $2p_{3/2}$。在 873.3eV 处的峰对应 Ni $2p_{1/2}$，这也是 Ni - Se 键的峰。其余的如 861.2eV 峰属于卫星峰。

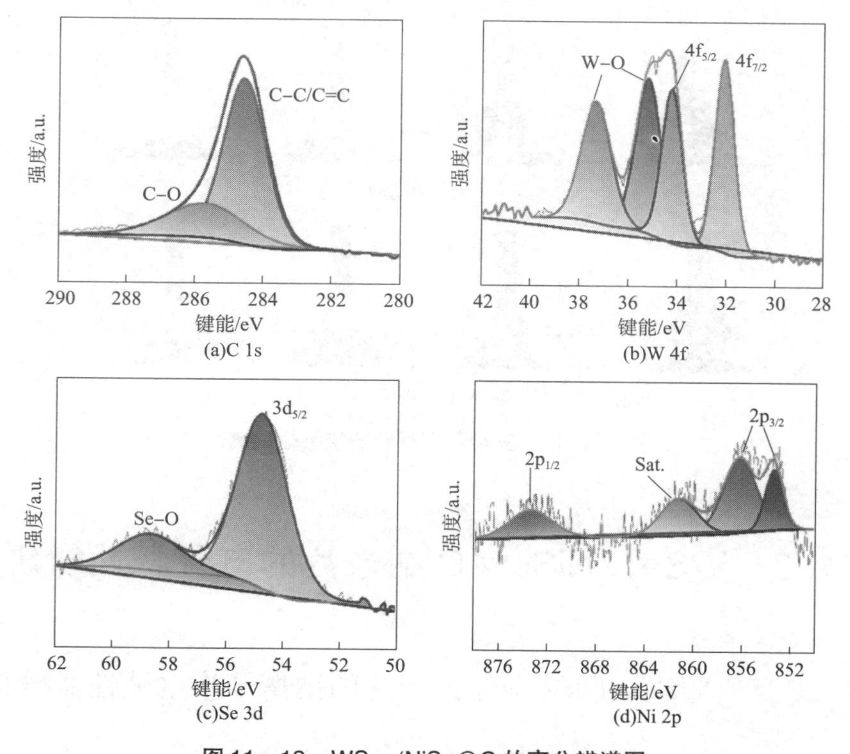

图 11 - 12　WSe_2/NiSe@C 的高分辨谱图

众所周知，电池中活性物质与电解液接触的优异对电池的电化学性能也具有一定的影响，因此在图 11 - 13 中进一步探究了三种材料与 $NaClO_4$ 电解液的表面润湿性能。首先需要使用压片机将粉末样品压成薄片进行测试。当一滴 $NaClO_4$ 电解液滴入样品，$NaClO_4$ 电解液会在样品上铺展开来，图 11 - 13 中截取了

0. 04s(刚滴入)以及静置 3s 时的图片。通过对比即可以发现，WSe_2/NiSe@ C 在 0. 04s 时与 $NaClO_4$ 电解液的接触角为 35. 75°，相比于其他两种材料的较小，并且在 3s 时 WSe_2/NiSe@ C 的接触角变为 19. 29°，接触角变得更小，表明 WSe_2/NiSe @ C 活性物质与 $NaClO_4$ 电解液存在更好的相溶性，表面润湿性能良好，有利于储钠性能的提高。

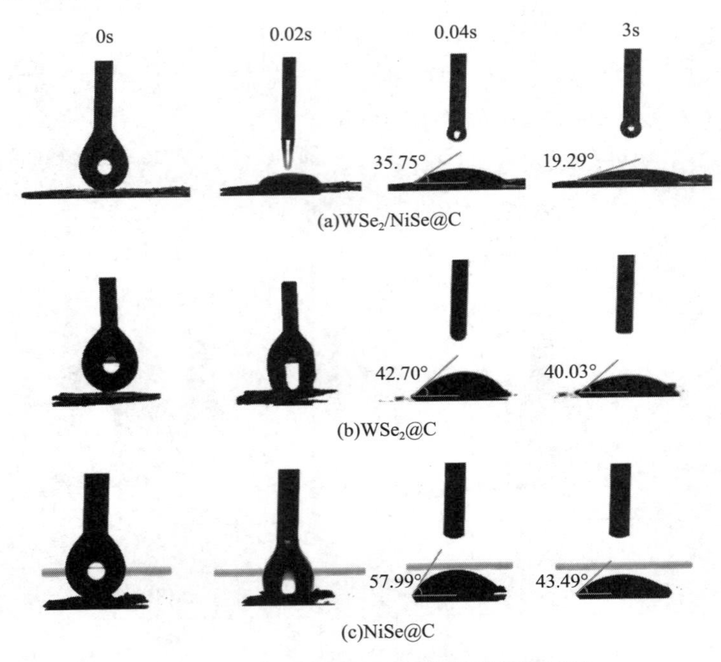

图 11 –13　三种不同材料的接触性能测试

11. 3　WSe_2 /NiSe @C 纳米片的电化学性能研究

11. 3. 1　WSe_2/NiSe @C 纳米片的钠离子半电池性能研究

在真空手套箱中组装一系列 CR2025 型纽扣式的钠离子半电池，从而探究 WSe_2/NiSe@ C、WSe_2@ C 和 NiSe@ C 电化学性能的优异性。在图 11 –14(a)中对 WSe_2/NiSe@ C 进行了循环伏安法的测试，以分析其储钠机制。图中显示的是前 4 圈的 CV 曲线，测试条件设置为 0. 005 ~3V 的电位区间以及 0. 2mV · s^{-1} 的扫描速率。在首圈阴极扫描的过程中，0. 4V 处出现了一个还原峰，这主要是由于转换反应和固体电解质界面(SEI)膜的生成。在随后的阳极扫描中发现了1.84V处的氧化峰，主要原因是钠离子的脱出。值得注意的是，在第二次阴极扫描中发现了多个还原峰，表明存在多相反应机理。因此，为了可以进一步清楚地了解WSe_2/NiSe@C的钠储存机制，在图11－14(b)和(c)中分别给出了NiSe@C和WSe_2@C的CV曲线。结合对比材料的CV曲线以及相关报道分析得出，在1.61和1.38V处的阴极峰对应Na^+插入WSe_2形成Na_xWSe_2[式(11－1)]，以及Na_xWSe_2不可逆地转变为Na_2Se和无定形W[式(11－2)]，在此过程中Na^+也插入NiSe中[式(11－3)]。在0.97V处的阴极峰的存在是由于NiSe转变为Na_2Se和金属Ni[式(11－4)]。在第二次阳极扫描中，虽然氧化峰电位保持不变，但是考虑到WSe_2存在着不可逆转化，使得第二次阳极峰处的存在归因于部分Na_2Se可逆转变为无定形Se[式(11－5)]，部分Na_2Se和Ni可逆转变为Na^+和NiSe[式(11－6)]。具体的充放电过程如下。

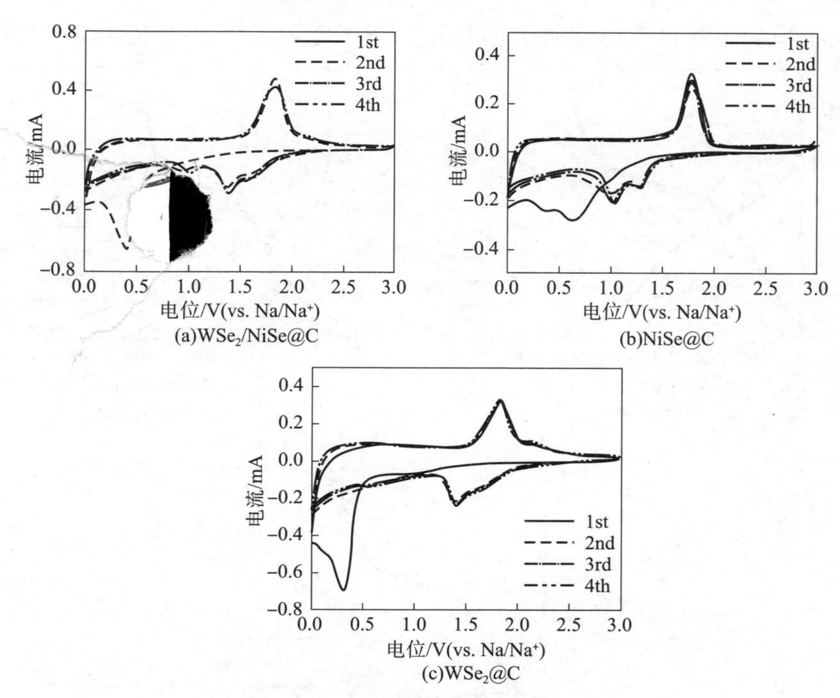

图11－14　三种不同材料的CV曲线

在放电过程中：

$$xNa^+ + WSe_2 + xe^- \rightarrow Na_xWSe_2 \quad (11-1)$$

$$Na_xWSe_2 + (4-x)Na^+ + (4-x)e^- \rightarrow 2Na_2Se + W \quad (11-2)$$

$$xNa^{+} + NiSe + xe^{-} \rightarrow Na_{x}NiSe \quad (11-3)$$

$$Na_{x}NiSe + (2-x)Na^{+} + (2-x)e^{-} \rightarrow Na_{2}Se + Ni \quad (11-4)$$

在充电过程中：

$$Na_{2}Se \rightarrow Se + 2Na^{+} + 2e^{-} \quad (11-5)$$

$$Na_{2}Se + Ni \rightarrow NiSe + 2Na^{+} + 2e^{-} \quad (11-6)$$

此外 WSe_2/NiSe@ C 的 CV 曲线重叠得很好，说明 WSe_2/NiSe@ C 具有良好的循环稳定性和可逆性。

在图 11－15(a)中描述了 0.1A·g^{-1}时的恒流充放电曲线。图中 WSe_2/NiSe @ C 电极的充电平台为 1.79V，放电平台为 1.00V 和 1.45V，与 CV 图中的还原峰和氧化峰的位置大致对应。并且在图中还可以观察到 WSe_2/NiSe@ C 的首次充放电比容量分别为 519.2mA·h·g^{-1}和 663.9mA·h·g^{-1}，具有良好的性能和优越的初始库伦效率(78.1%)。作为对比，NiSe@ C 和 WSe_2@ C 在相同条件下的 GCD 曲线分别如图 11－15(b)和(c)所示。众所周知在初始循环中，由于电解液

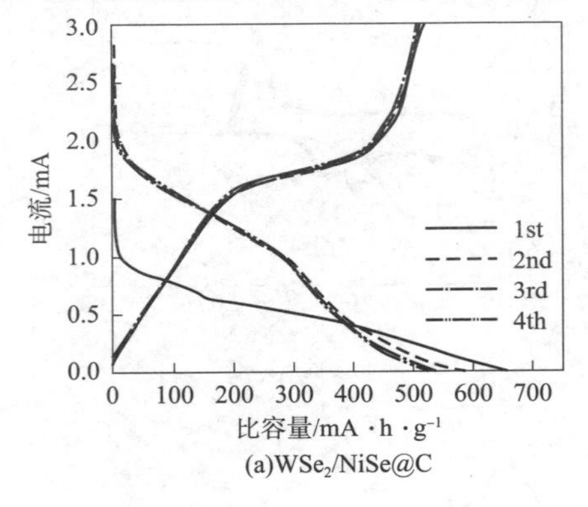

(a)WSe_2/NiSe@C

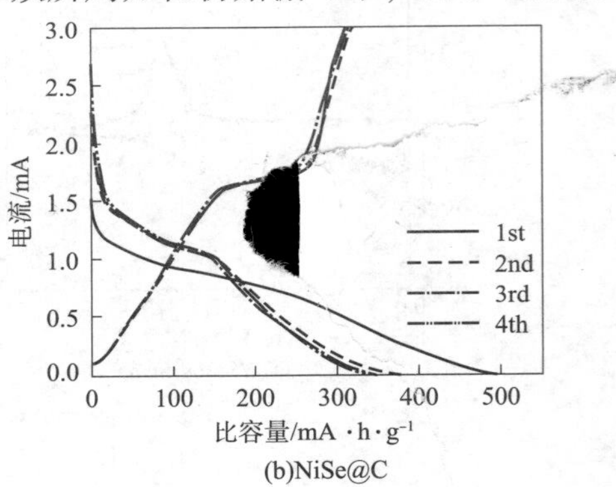

(b)NiSe@C

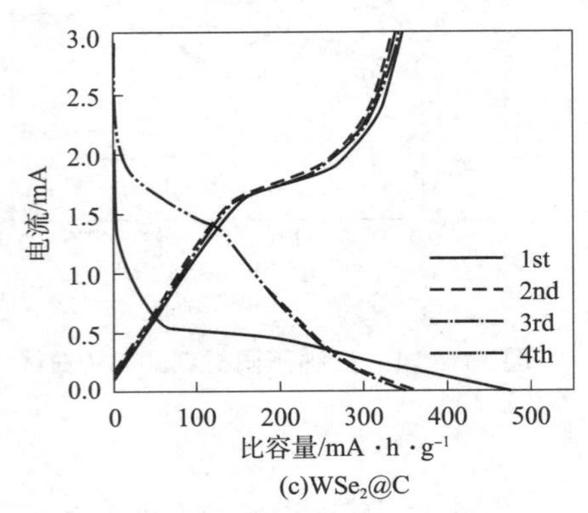

(c)WSe_2@C

图 11－15　三种不同材料的 GCD 曲线

的分解和 SEI 膜的存在，会产生不可逆比容量，因此，WSe_2/NiSe@ C 与 WSe_2@ C(65.6%)和 NiSe@ C(75.4%)相比具有较高的初始库伦效率(ICE)，说明异质结的形成可以极大地增强这一现象。此外，从图 11－15 还可以明显观察到 WSe_2/NiSe@ C 比 WSe_2@ C 和 NiSe@ C 具有更高的放电比容量，充分证明了异质结在提高电化学性能方面起到了关键性的作用。

WSe_2/NiSe@ C，NiSe@ C 和 WSe_2@ C 在 0.5A·g^{-1}时的循环稳定性如图 11－16(a)所示。WSe_2/NiSe@ C 在首圈循环中的放电比容量为 535.2mA·h·g^{-1}，100 圈循环后仍能保持 361.3mA·h·g^{-1}的放电比容量。相比之下，WSe_2@ C 和 NiSe@ C 在初始循环时的放电比容量分别为 378.3mA·h·g^{-1}和 547.9mA·h·g^{-1}，100 次循环后分别下降到 272.6mA·h·g^{-1}和 274.1mA·h·g^{-1}。基于以上数据，强有力地证明了 WSe_2/NiSe@ C 电极与其他两种单相材料相比具有良好的循环性能和突出的比容量，这主要归因于异质结的存在对反应动力学有着促进和加强的作用。与此同时，三种材料的倍率性能在图 11－16(b)中显示。当电流密度为 0.1A·g^{-1}时，WSe_2/NiSe@ C 的放电比容量为 678.1mA·h·g^{-1}，随后电流密度依

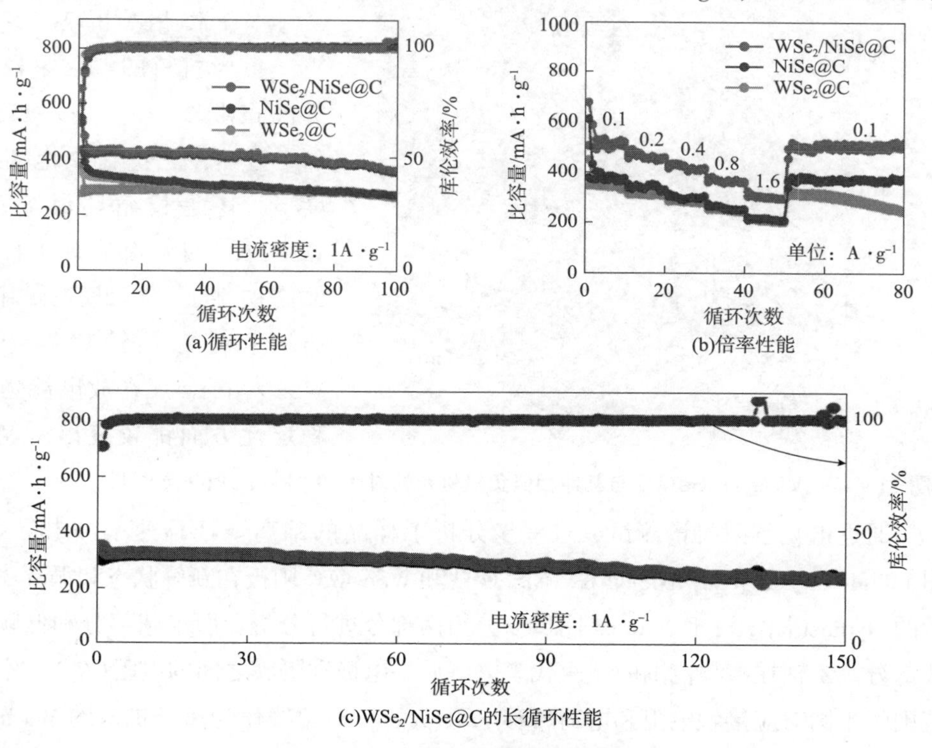

图 11－16　不同材料的稳定性测试图

次增大到 $0.2A \cdot g^{-1}$、$0.4A \cdot g^{-1}$、$0.8A \cdot g^{-1}$ 以及 $1.6A \cdot g^{-1}$ 时，$WSe_2/NiSe@C$ 的放电比容量分别为 $476.1mA \cdot h \cdot g^{-1}$、$437.2mA \cdot h \cdot g^{-1}$、$382.5mA \cdot h \cdot g^{-1}$、$327.3mA \cdot h \cdot g^{-1}$。在 50 次的循环后，电流密度又迅速恢复到 $0.1A \cdot g^{-1}$，$WSe_2/NiSe@C$ 放电比容量也恢复到 $521.7mA \cdot h \cdot g^{-1}$。值得一提的是，在接下来的 20 圈循环后，仍然可以保持 $522.4mA \cdot h \cdot g^{-1}$，表现出突出的速率性能。相比之下，当 $WSe_2@C$ 和 NiSe@C 经过一系列高速率循环后恢复到 $0.1A \cdot g^{-1}$ 时，$WSe_2@C$ 和 NiSe@C 的放电比容量仅分别恢复到 $385.2mA \cdot h \cdot g^{-1}$ 和 $308.5mA \cdot h \cdot g^{-1}$。很显然，$WSe_2/NiSe@C$ 具有出色的可逆性和倍率性能。值得注意的是，进一步证明了异质结对提高钠离子电池的速率能力和循环稳定性的重要性。与此同时，$WSe_2/NiSe@C$ 的高速率循环如图 11－16(c) 所示。$WSe_2/NiSe@C$ 在 $1A \cdot g^{-1}$ 时，首圈表现出 85.9% 的高库伦效率，说明与电解液发生的副反应较小，存在较少的容量损失。而且在 150 次循环后，能稳定保持 $242mA \cdot h \cdot g^{-1}$ 的放电比容量，显示出良好的循环寿命。

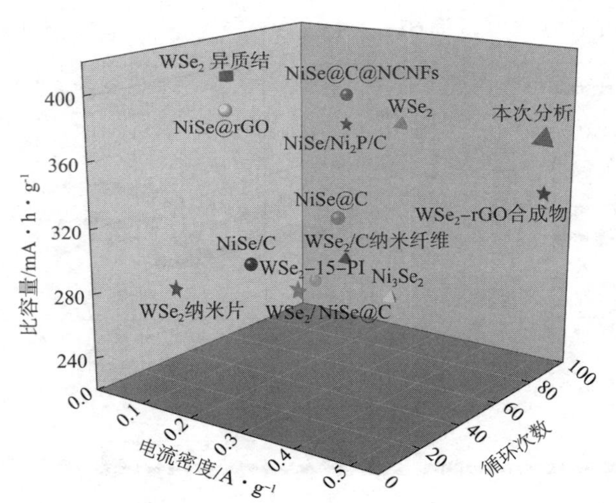

图 11－17　$WSe_2/NiSe@C$ 与其他相似负极材料的对比

此外，也将 $WSe_2/NiSe@C$ 与本工作相关的 WSe_2 和 NiSe 负极材料的电化学性能进行了对比，如图 11－17 所示。显然，无论在大电流密度下，还是长循环放电下，$WSe_2/NiSe@C$ 都表现出极佳的储钠性能。因此，采用异质结和碳涂层策略设计的 $WSe_2/NiSe@C$ 在放电能力和稳定性方面都较突出，表明材料设计的合理性。

通过电化学阻抗谱测试，进一步分析了样品的钠离子迁移速率和电导率。图 11－18(a) 为 $WSe_2/NiSe@C$、NiSe@C 和 $WSe_2@C$ 阳极在新鲜状态和循环 3 次后的 Nyquist 图。对于 Nyquist 图可以分为两部分进行分析，即半圆部分和低频斜线部分。Z' 轴在高频范围的截距代表电解质、电极和隔膜之间的电阻(R_e)，中频范围的半圆对应接触电阻和电荷转移电阻(R_{ct})，对角线作为离子扩散的 Warburg 阻抗(Z_w)。为了更准确地分析 $WSe_2/NiSe@C$ 的阻抗行为，对三种材料进行了电路仿真(图 11－19)，对其不同的阻抗值进行了拟合，如表 11－1 所示。对比表中的 R_e 值可以发现，WSe_2/NiSe@C 在新鲜状态和 3 次循环后的电解质电阻都较小。此外，拟合在新鲜状态下的 WSe_2/NiSe@C 的 R_{ct} 值为 29.09Ω，其电荷转移电阻小于 NiSe@C(32.32Ω)和 WSe_2@C(35.78Ω)。同样，WSe_2/NiSe@C 在 3 个循环后显示出较小的 R_{ct} 值(WSe_2/NiSe@C：41.05Ω，NiSe@C：42.52Ω，WSe_2@C：45.66Ω)。这些都表明了异质结的存在有利于加速离子/电子的转移，提高材料的导电性，在动力学反应中具有绝对优势。

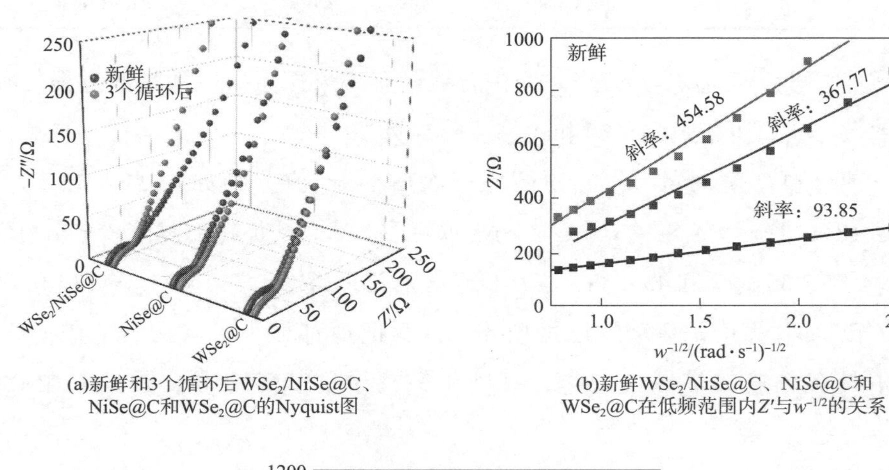

(a)新鲜和3个循环后WSe_2/NiSe@C、NiSe@C和WSe_2@C的Nyquist图

(b)新鲜WSe_2/NiSe@C、NiSe@C和WSe_2@C在低频范围内Z'与$w^{-1/2}$的关系

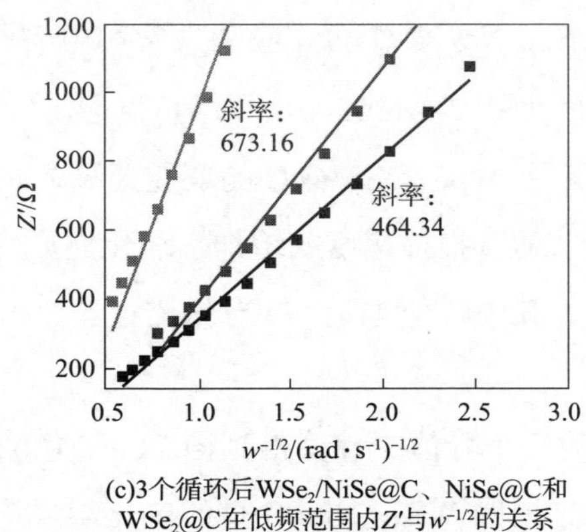

(c)3个循环后WSe_2/NiSe@C、NiSe@C和WSe_2@C在低频范围内Z'与$w^{-1/2}$的关系

图 11－18　三种不同材料的电化学阻抗谱测试图

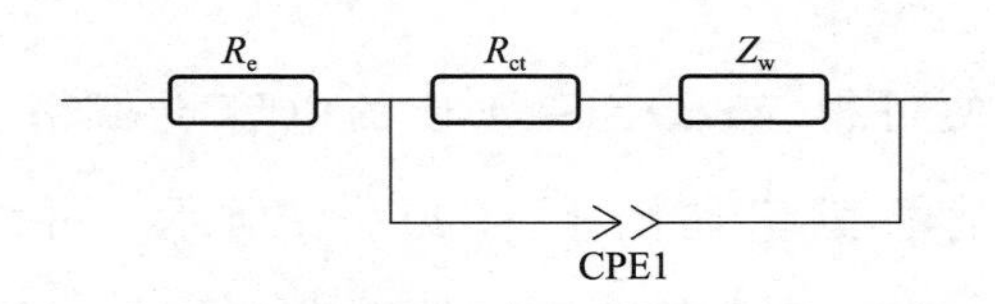

图 11－19　拟合的等效电路图

表 11－1　拟合三种不同材料的阻抗曲线得到的阻抗值　Ω

试样	状态	R_e	R_{ct}
WSe_2/NiSe@ C	新制备	4.25	29.09
	循环三圈	3.66	41.05
NiSe@ C	新制备	4.61	32.32
	循环三圈	4.04	42.52
WSe_2@ C	新制备	5.83	35.78
	循环三圈	4.67	45.66

此外，可以通过 Z' 与 $\omega^{-1/2}$ 之间拟合线的斜率来探索 Na^+ 的扩散过程。Na^+ 扩散系数(D_{Na^+})可按式(3－2)和式(3－3)计算。

三种材料新鲜时的 σ_w 值和循环三次后的 σ_w 值分别如图 11－18(b)和图 11－18(c)所示。WSe_2/NiSe@ C、NiSe@ C 和 WSe_2@ C 在新鲜阶段的 σ_w 值分别为 93.85、367.77 和 454.58，三次循环之后分别为 464.34、673.16 和 1389.7。WSe_2/NiSe@ C 无论是新鲜的还是循环三次后的值都最小，这证明了在钠离子电池中具有更快的扩散动力学，有助于钠离子的快速迁移，提高其电化学性能。

为了进一步探究 WSe_2/NiSe@ C 的反应动力学和电容行为，即对 WSe_2/NiSe@ C 进行了扫描速度梯度为 0.2～1.0mV・s^{-1} 的 CV 测试，在图 11－20 中展示。显然，图中不同扫描速率下 WSe_2/NiSe@ C 的氧化还原峰的位置相似。此外，从图中还可以清楚地看到，随着扫描速度的增加，氧化还原峰发生了移位，这主要归因于极化现象的出现。其中峰值电流(i)与扫描速率(v)的关系式如式(5－1)和式(5－2)所示。

根据 CV 图中存在的三个峰值，计算得到图 11－20(b)中的 b 值。从图中可以看出，b 值为 0.5～1，说明 WSe_2/NiSe@ C 的电化学反应由扩散过程和电容过程共同作用。同时还计算了 WSe_2/NiSe@ C 的电容的贡献率。其公式如式(5－3)和式(5－4)所示。

求出 k_2 的值，便可得 WSe_2/NiSe@ C 的电容贡献率。WSe_2/NiSe@ C 在 0.2mV・s^{-1} 时的电容贡献率如图 11－20(c)所示，可以明显地观察到在 0.2mV・s^{-1} 时，WSe_2/NiSe@ C 的电容贡献率为 71.9%，电容贡献率较高。此

外，还计算了 $WSe_2/NiSe@C$ 在不同扫描速度（$0.2\sim1.0mV\cdot s^{-1}$）下的电容贡献率，如图 11－20（d）所示。从图 11－20（d）可以看出，$WSe_2/NiSe@C$ 的电容贡献率随着扫描速率的增加而提高。更重要的是，$WSe_2/NiSe@C$ 的电容贡献率普遍较高，这进一步说明 $WSe_2/NiSe@C$ 的电容行为在动力学反应中起主导作用。在钠储存过程中的赝电容行为有利于在高电流密度下保持 $WSe_2/NiSe@C$ 的循环稳定性，从而提高 $WSe_2/NiSe@C$ 的钠储存容量。

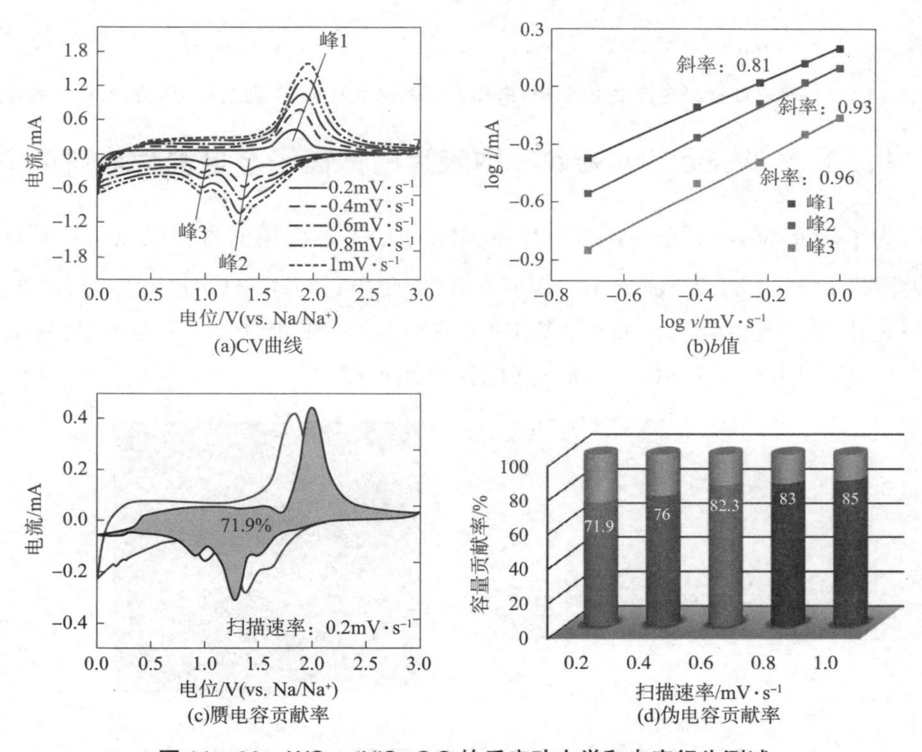

图 11－20　$WSe_2/NiSe@C$ 的反应动力学和电容行为测试

此外，在 $WSe_2/NiSe@C$，$NiSe@C$ 和 $WSe_2@C$ 电极上进行了恒流间歇滴定技术试验，得到 $0.1A\cdot g^{-1}$ 和 0.005～3V 电位区域下对应的 Na^+ 扩散系数（D_{Na^+}）。Na^+ 扩散系数的计算公式如式（3－4）所示。

$WSe_2/NiSe@C$、$WSe_2@C$ 和 $NiSe@C$ 的 GITT 测试结果分别如图 11－21（a）和（b）所示。从图 11－21 可以看出，$WSe_2/NiSe@C$ 的 D_{Na^+} 略大于 $WSe_2@C$ 和 $NiSe@C$ 的。而 D_{Na^+} 较大的材料具有优越的速率性能和快速的反应动力学。

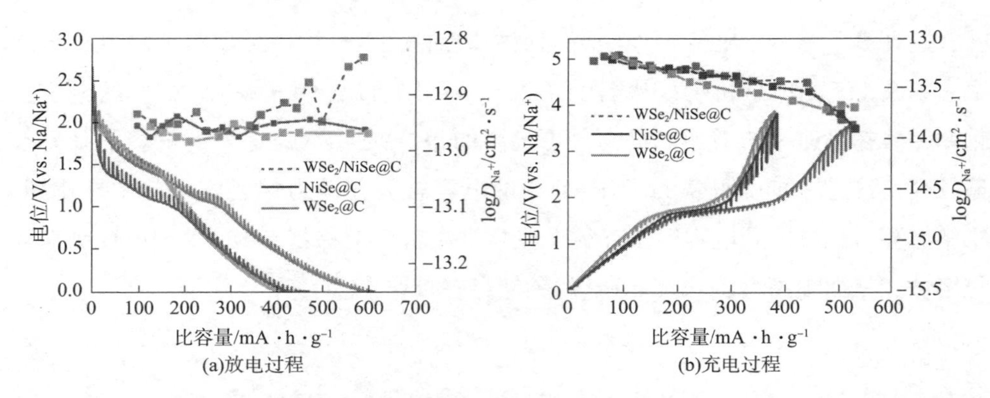

(a)放电过程　　(b)充电过程

图 11－21　三种不同材料在第二次循环放电和充电过程中的 GITT 曲线和相应的 Na^+ 扩散系数

11.3.2　WSe_2/NiSe@C 纳米片的钠离子全电池性能研究

为了研究 WSe_2/NiSe@C 纳米片在 SIBs 中的实际应用前景，以 WSe_2/NiSe@C 为阳极和 $Na_3(VPO_4)_2F_3$@C(NVPF@C)为阴极进行了全电池组装。所选的正极材料由本课题组合成，关于 NVPF@C 的 XRD、SEM 以及电化学性能测试在图 11－22 中进行了展示，体现了其优异的储钠潜力。

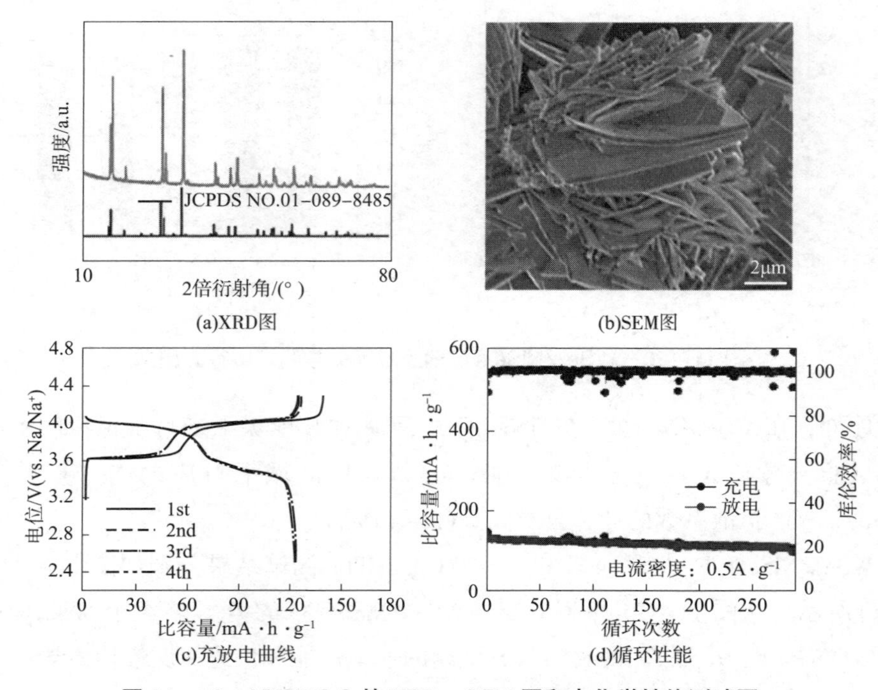

(a)XRD图　　(b)SEM图

(c)充放电曲线　　(d)循环性能

图 11－22　NVPF@C 的 XRD、SEM 图和电化学性能测试图

在充电过程中，Na^+嵌入 WSe_2/NiSe@ C 中进行转化反应，储存 Na^+；相反，在放电过程中，Na^+又从 WSe_2/NiSe@ C 中脱出，向阴极方向移动，外电路的电子朝着与离子迁移相反的方向移动，在之后循环过程中 Na^+重复在正负极之间迁移，就是所谓的“摇椅电池”。

为了估算全电池测试的电压范围，分别测试了第二循环中以 NVPF@ C 为阴极的充放电曲线和以 WSe_2/NiSe@ C 为阳极的充放电曲线，如图 11 – 23(a)和(b)所示。选择正负极各自的充放电平台所处的电压进行差值估算，得到在充电时电压平台为 2. 2 ~ 3. 07V，放电时电压平台为 1. 69V。因此，确定电压范围为 1. 5 ~ 1. 32V。

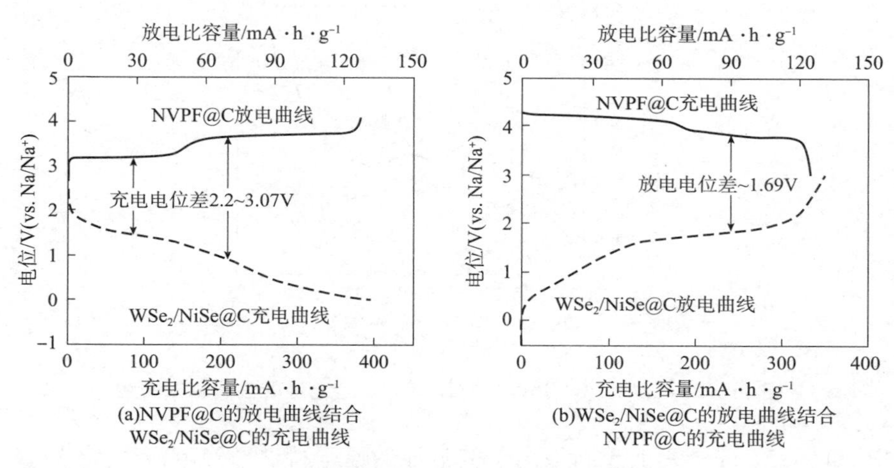

(a)NVPF@C的放电曲线结合 WSe_2/NiSe@C的充电曲线
(b)WSe_2/NiSe@C的放电曲线结合 NVPF@C的充电曲线

图 11 – 23　充放电曲线

WSe_2/NiSe@ C//NVPF@ C 全电池在 0. 5A · g^{-1}电流密度下的充放电曲线如图 11 – 24(a)所示。从图 11 – 24(a)中可以直观地观察到，充电平台出现在 2. 6V 和 4V 左右，放电平台出现在 1. 7V 左右，进一步说明了电压范围设置的合理性。此外，整个电池在初始循环中具有 503. 6mA · h · g^{-1}的充电比容量和 254mA · h · g^{-1}的放电比容量。虽然首圈循环的库伦效率只有 50. 33%，但从接下来的 3 个循环可以看出，库伦效率逐渐提高，说明储钠性能逐渐趋于稳定。同时，在 WSe_2/NiSe@ C//NVPF@ C 上进行全电池的 CV 测试如图 11 – 24(b)所示，可以清楚地观察到峰的位置与充放电平台的位置大致一致。dQ/dV 微分曲线也进一步证明了全电池氧化还原峰的位置，如图 11 – 24(c)所示，与 CV 曲线是相对应的。

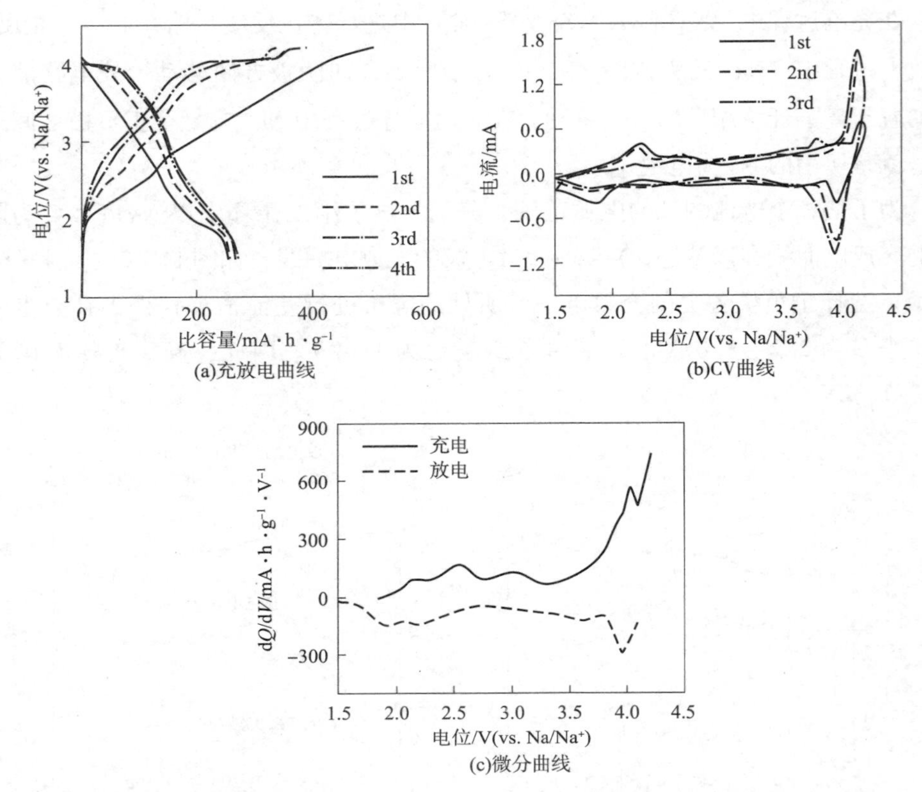

图 11－24　WSe_2/NiSe@C//NVPF@C 全电池的性能测试曲线

图 11－25(a)研究了充满钠离子的电池的速率特性。当电流密度为 0.5A·g^{-1}、1.0A·g^{-1}、2.0A·g^{-1}、4.0A·g^{-1}、8.0A·g^{-1}时，全电池的平均放电比容量分别为 271.2mA·h·g^{-1}、230.4mA·h·g^{-1}、172.1mA·h·g^{-1}、113.7mA·h·g^{-1}和 71.2mA·h·g^{-1}。在经过不同倍率的循环后，电流密度恢复到 0.5A·g^{-1}时，全电池的放电比容量增加到了 230.7mA·h·g^{-1}，表明 WSe_2/NiSe@C//NVPF@C 全电池具有良好的循环能力。同时考察了 WSe_2/NiSe@C 在全电池中的循环性能，如图 11－25(b)所示。在电流密度为 0.5A·g^{-1}的情况下，放电比容量在循环 200 次后仍能保持在 105mA·h·g^{-1}。更值得注意的是其较高的库伦效率，大部分库伦效率约为 97%，反映了其良好的循环稳定性和较大的容量保持率。在相同条件下，对 WSe_2@C 和 NiSe@C 的电池全循环性能进行了测试，如图 11－25(b)所示。显然，NiSe@C 和 WSe_2@C 在整个循环中都不能保持良好的库伦效率，且在 200 次循环后分别衰减到 23.7mA·h·g^{-1}和 43.4mA·h·g^{-1}。形成鲜明对比的是，WSe_2@C 和 NiSe@C 在比容量和循环性

能方面都表现不佳，这进一步凸显了异质结策略的引入对 WSe_2/NiSe@ C 的储钠性能起到了重要作用。令人惊讶的是，图 11 –25(b)中插入的照片显示，钠离子全电池点亮了 16 个 LED 灯泡，这进一步说明 WSe_2/NiSe@ C//NVPF@ C 钠离子全电池具有一定的实用性。

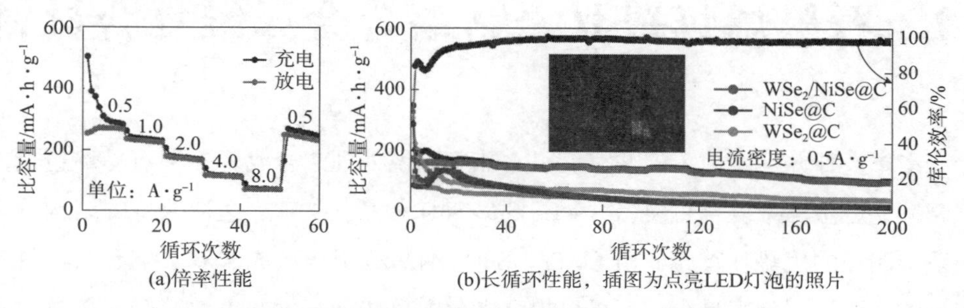

(a)倍率性能

(b)长循环性能，插图为点亮LED灯泡的照片

图 11 –25 全电池的倍率性能和长循环性能测试

11.4 本章小结

总之，基于异质结以及碳包裹的双重策略机制，成功设计合成了一种由异质结双金属硒化物和碳层组成的纳米片结构(记为 WSe_2/NiSe@ C)。一方面，异质结结构的形成缩短了电子转移路径，加快了离子迁移速率，为提高钠储存反应动力学提供了可能。另一方面，碳包覆策略有助于缓解 Na^+嵌入和脱出过程中体积粉碎的问题，提高循环稳定性以及电化学性能。且整个制备过程采用简单的溶剂热和退火的方法。正如所预期的那样，WSe_2/NiSe@ C 表现出了优异的钠储存性能。在钠离子半电池中，WSe_2/NiSe@ C 在电流密度为 0.5A · g^{-1}时提供了持续的放电比容量(535.2mA · h · g^{-1})，出色的速率性能，突出的初始库伦效率(78.1%)和良好的循环容量(100 次循环后 361.3mA · h · g^{-1})。更令人惊讶的是，当 WSe_2/NiSe@ C 应用于钠离子全电池时，在电流密度为 0.5A · g^{-1}，200 圈循环后仍能保持 105mA · h · g^{-1}，表现出显著的实际应用价值。此外，本工作为未来探索过渡金属硒化物作为钠离子电池负极材料提供了思路和方向。

12 石墨烯包覆双壳钴锡合金三维复合材料

本章设计并运用简单的共沉淀、水热和高温处理法合成了一种石墨烯包覆的双壳钴锡合金三维复合材料（DS－Co_3Sn_2/SnO_2@C@GN）。这种独特的结构具有一系列明显的优势：首先，由 Co_3Sn_2/SnO_2 纳米粒子所形成的双层空心结构具有较大的空腔体积和大量介孔，可以提高电化学反应动力学并有效减轻充放电过程中的体积效应；其次，无定形碳包覆和石墨烯复合的“双碳修饰”可以有效地提高活性材料的导电性并维持材料结构的完整性；再次，Co_3Sn_2 合金本身良好的导电特性和与 SnO_2 形成的异质结对于提高复合材料的导电性从而加速电化学反应动力学有着不可忽略的作用；最后，Co_3Sn_2/SnO_2 的双层空心结构并不是通过简单的物理堆叠所形成，而是通过纳米粒子之间的化学键组装而成，这种结构极大地提高了电极材料的稳定性。得益于以上优点，DS－Co_3Sn_2/SnO_2@C@GN 三维复合材料与相同实验条件下的对照试验产物对比，显示出更优异的电化学性能。

12.1 DS－Co_3Sn_2/SnO_2@C@GN 三维复合材料的制备

实验中所用的 GO 主要是采用改良 Hummers 法制备。GO 的具体制备过程为：(1)将 1g 石墨溶解于装有 92mL 浓 H_2SO_4 和 24mL 浓 HNO_3 混合溶液的三颈烧瓶(250mL)中，在冰浴状态下回流搅拌 15min。(2)在搅拌状态下缓慢加入 6g $KMnO_4$ 粉末，调温至 18℃并持续搅拌 20min。(3)调温至 35℃进行低温氧化过程，继续搅拌 50min 后，再将反应温度升高至 85℃进行高温氧化过程，30min 后，溶液变为土黄色。(4)停止加热，待反应温度降至室温后，加入 92mL 去离子水，再升温至 85℃持续搅拌 30min 直至溶液变为亮黄色，关闭加热装置使体系温度降至室温。(5)加入 10mL 30% 的 H_2O_2 并搅拌 30 ~ 40min 至不冒气泡。(6)将反应体系静置陈化 1d，取下层沉淀物用 7% 的稀盐酸溶液反复离心洗涤直至检测不出 SO_4^{2-}。(7)去离子水和无水乙醇对其离心和洗涤 3 ~ 5 次后，冷冻干燥并研磨待用。

DS - Co_3Sn_2/SnO_2@C@GN 三维复合材料的制备：(1)将 1mmol $CoCl_2 \cdot 6H_2O$ 和 1mmol $Na_3C_6H_5O_7 \cdot 2H_2O$ 溶解在 30mL 去离子水中并搅拌 10min。(2)加入 5mL 1mmol $SnCl_4 \cdot 5H_2O$ 的乙醇溶液继续搅拌 10min。(3)逐滴加入 5mL 2mol/L 的 NaOH 溶液并持续搅拌 1h，用去离子水和无水乙醇离心、洗涤 3 ~ 5 次后，在 60℃下真空干燥可得到实心 $CoSn(OH)_6$ 纳米立方体。(4)加入 20mL 8M 的 NaOH 溶液并搅拌 15min 对实心 $CoSn(OH)_6$ 纳米立方体进行内部刻蚀后，经去离子水和无水乙醇离心、洗涤和 60℃真空干燥即可得到单层空心 $CoSn(OH)_6$ 纳米立方体[SS - $CoSn(OH)_6$]。(5)将 0.1g 空心 $CoSn(OH)_6$ 纳米立方体、1mmol $CoCl_2 \cdot 6H_2O$ 和 1mmol $Na_3C_6H_5O_7 \cdot 2H_2O$ 溶解在 30mL 去离子水中。(6)重复与上述完全相同的 $SnCl_4 \cdot 5H_2O$ 和两次 NaOH 的加入过程，即可得到双层空心 $CoSn(OH)_6$ 纳米立方体前驱体[DS - $CoSn(OH)_6$]。

无定形碳的包覆是使用葡萄糖作为碳源实现的。具体步骤如下：(1)取 0.1g DS - $CoSn(OH)_6$ 前驱体和 0.8g 葡萄糖溶于 5mL 去离子水和 2mL 乙二醇的混合溶剂中，超声 30min 使溶质分散均匀。(2)将溶液转入水热釜中在 180℃下反应 2h。(3)待冷却至室温后，将产物取出离心、洗涤并在 60℃的真空干燥箱中烘干。(4)将烘干的产物溶于 10mL 去离子水中，并逐滴加到经超声处理均匀分散的 10mL GO(30mg)溶液中搅拌 30min。(5)逐滴加入 5mL 十六烷基三甲基溴化铵(CTAB，2mg)溶液并持续搅拌 2h。(6)将离心、洗涤并真空干燥后的产物放入恒温管式炉中，在 Ar 气氛中以 1℃ · min^{-1}的速率升温至 560℃并保持 4h 即可得到 DS - Co_3Sn_2/SnO_2@C@GN 三维复合材料。同时，以单层空心(SS -)和蛋黄壳(YS -)$CoSn(OH)_6$[YS - $CoSn(OH)_6$ 的合成过程与 DS - $CoSn(OH)_6$ 完全相同，只是其以实心 $CoSn(OH)_6$ 作为生长基底]为前驱体进行无定形碳包覆、石墨烯复合和高温处理制得了对比材料 SS - Co_3Sn_2/SnO_2@C@GN 和 YS - Co_3Sn_2/SnO_2@C@GN 三维复合材料。DS - Co_3Sn_2/SnO_2@C@GN 三维复合材料的制备过程如图 12 - 1 所示。

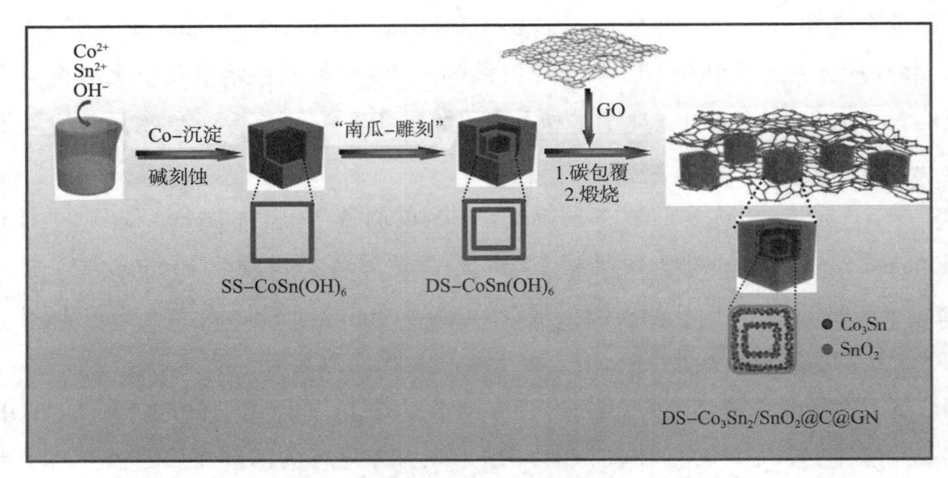

图 12－1 DS－Co_3Sn_2/SnO_2@C@GN 三维复合材料的制备过程示意图

12.2 DS－Co_3Sn_2/SnO_2@C@GN 三维复合材料的结构和形貌分析

为了确定复合材料的组成和结晶度，即分别对目标产物 DS－Co_3Sn_2/SnO_2@C@GN 以及对比材料 SS－Co_3Sn_2/SnO_2@C@GN 和 YS－Co_3Sn_2/SnO_2@C@GN 进行了 XRD 测试和分析。如图 12－2(a)的 XRD 图谱所示，3 种材料的衍射信号并没有明显差异，位于26.6°的衍射宽峰是属于无定形碳和石墨烯的特征峰，剩余的其他衍射峰都与 Co_3Sn_2(JCPDS No. 02－0724)和正方金红石结构的 SnO_2(JCPDS No. 41－1445)一一对应，3 种材料的谱图中均未见杂峰出现且各组分都显示出较为尖锐的特征峰，说明了复合材料较高的纯度和较好的结晶度。

为了确定复合材料中各组分的含量，即对 DS－Co_3Sn_2/SnO_2@C@GN 进行了空气气氛下的热重分析检测。如图 12－2(b)所示，在 110℃之前轻微的质量损失(0.87%)是由材料表面的物理吸附水和自由水失重引起的。110～310℃轻微的质量增重(1.47%)是由 Co_3Sn_2 的氧化所引起的，对应的化学反应方程式为：$Co_3Sn_2 + 4O_2 = Co_3O_4 + 2SnO_2$，很显然，这是一个增重过程。如图 12－2(c)所示，即通过对热重测试后的残余物进行 XRD 检测，检测结果证明了以上分析的正确性。接着，310～550℃明显的质量损失(16.99%)是由无定形碳和石墨烯氧化为 CO 或 CO_2 引起的。基于以上结果分析，结合 DS－Co_3Sn_2/SnO_2@C 的热重分析结果[图 12-2(d)]，通过计算，即得出在 DS-Co_3Sn_2/SnO_2@C@GN 复合材料中，Co_3Sn_2/SnO_2、无定形碳和石墨烯的质量分数分别为 72.3%、11.4% 和 16.3%。

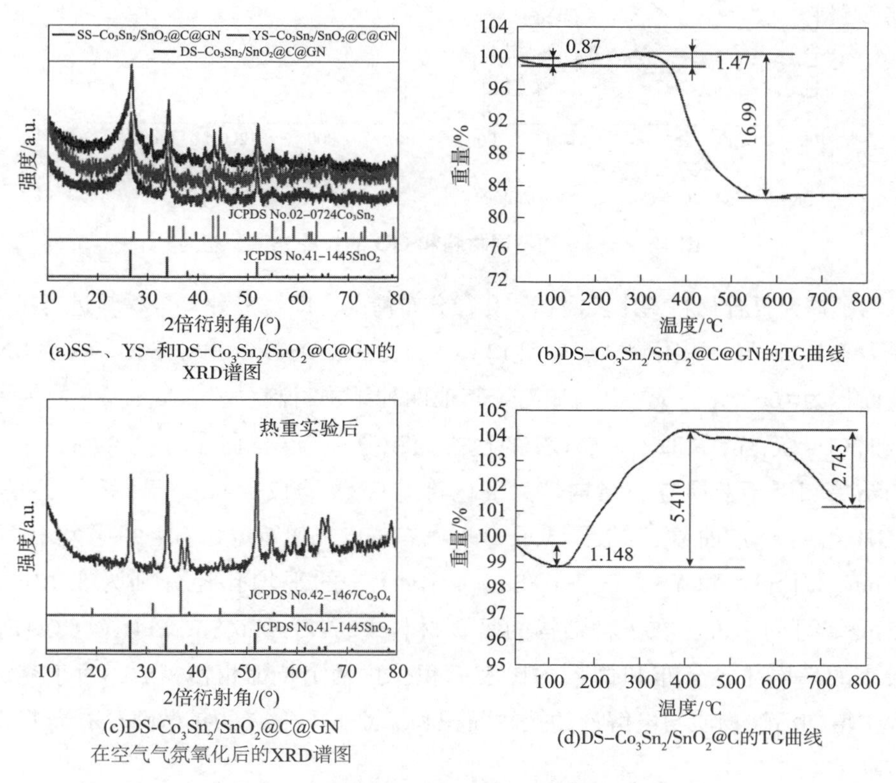

(a)SS-、YS-和DS-Co_3Sn_2/SnO_2@C@GN的XRD谱图

(b)DS-Co_3Sn_2/SnO_2@C@GN的TG曲线

(c)DS-Co_3Sn_2/SnO_2@C@GN在空气气氛氧化后的XRD谱图

(d)DS-Co_3Sn_2/SnO_2@C的TG曲线

图 12-2 不同材料的 XRD 测试和分析

为了确定复合材料中 GO 的还原程度，即分别对三种不同形貌的 Co_3Sn_2/SnO_2@C@GN 和 GO 进行了 Raman 光谱测试和分析。如图 12-3(a)所示，位于 660cm^{-1}处的弱峰来源于 SnO_2 的 A_{tg}模式，三种不同形貌的 Co_3Sn_2/SnO_2@C@GN 均在 1380cm^{-1}和 1590cm^{-1}处出现了明显的宽峰，分别可以归因于碳材料中由缺陷以及无序诱导产生的 D 峰和由 sp^2 混成轨域的 E_{2g}模式振动产生的 G 峰。由图中可以看出，三种复合材料的 D 峰和 G 峰强度比(I_D/I_G)并没有明显差别，这个结果说明了三种材料中碳材料的缺陷和无序性基本相同。图 12-3(b)显示了 GO 的 Raman 光谱图，其 I_D/I_G 为 0.98，与三种复合材料相比，GO 更大的 I_D/I_G 说明了其在高温处理过程中成功地还原为 GN。

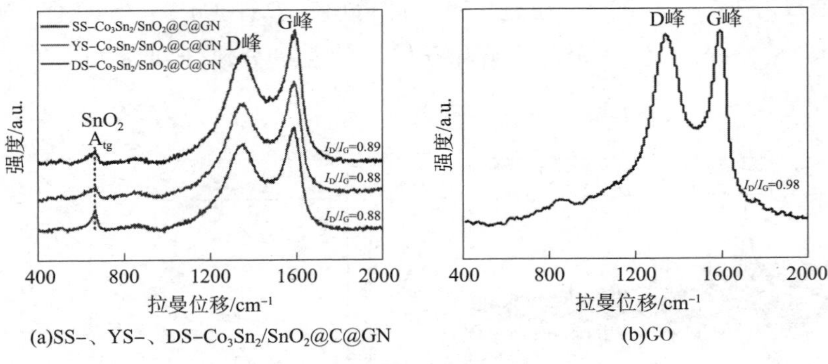

(a)SS-、YS-、DS-Co_3Sn_2/SnO_2@C@GN (b)GO

图 12-3 三种不同材料和 GO 的拉曼光谱分析

为了探究复合材料的比表面积和孔径分布情况，即对三种复合材料进行了 77K 条件下的 N_2 吸附-脱附测试。如图 12-4(a)所示，DS-Co_3Sn_2/SnO_2@C@GN 的比表面积为 166.3$m^2 \cdot g^{-1}$，明显高于其他两种结构材料(SS-Co_3Sn_2/SnO_2@C@GN 和 YS-Co_3Sn_2/SnO_2@C@GN 的比表面积分别为 91.15 和 158.89$m^2 \cdot g^{-1}$)，这个结果归因于双层空心结构较大的内部空腔。图 12-4(b)显示了三种材料的 BJH 孔径分布曲线，结果显示 DS-Co_3Sn_2/SnO_2@C@GN 的平均孔径为 6.88nm，而 SS-和 YS-Co_3Sn_2/SnO_2@C@GN 的平均孔径分别为 8.13nm 和 7.03nm。总的来说，在三种结构的复合材料中，DS-Co_3Sn_2/SnO_2@C@GN 具有最小的平均孔径分布和最大的比表面积，这两个特征相辅相成，对于充放电过程中增加活性物质与电解液的接触面积和缩短 Li^+/Na^+ 的扩散路径有着很重要的贡献。

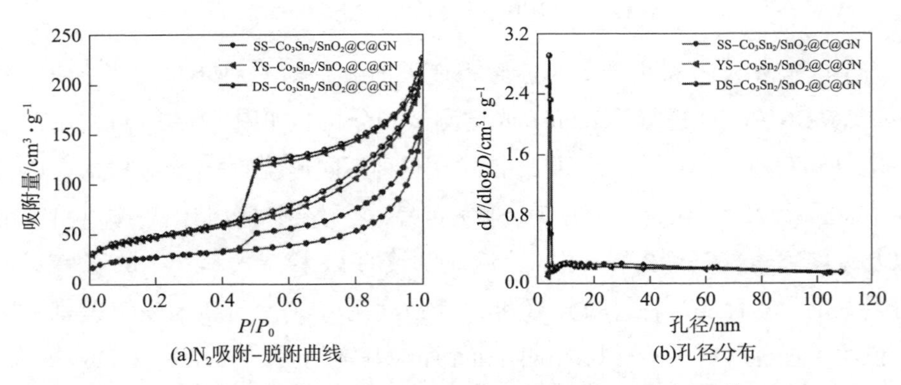

(a)N_2吸附-脱附曲线 (b)孔径分布

图 12-4 SS-、YS-和 DS-Co_3Sn_2/SnO_2@C@GN 的 N_2 吸附-脱附曲线及对应的孔径分布曲线

为了探究复合材料的化学组成和 Co、Sn、C 元素所处的化学价态，即对 DS－Co_3Sn_2/SnO_2@C@GN 进行了 XPS 表征测试。图 12－5(a)～(d)分别是 DS－Co_3Sn_2/SnO_2@C@GN 的 XPS 全谱、Sn 3d、Co 2p 和 C 1s 的高分辨谱图。在图 12－5(a)的全谱图中，Sn 3d、Co 2p、C 1s、O 1s、O 2s 和 O KL1 的信号均可以被检测出来，这个结果说明在复合材料中 Sn、Co、C 以及 O 元素是同时存在的。在图 12－5(b)的 Sn 3d 高分辨谱图中，位于 483.9eV 和 492.3eV 处存在两个特征峰，根据 ESCA 标准光谱图可知，其 8.4eV 的峰分裂与 Sn^{4+} 的结合能情况完全一致，说明这两个特征峰是 SnO_2 的 Sn $3d_{5/2}$ 和 Sn $3d_{3/2}$ 轨道，而其与标准谱图相比轻微的峰位左移则主要是由于表面包覆的无定形碳对 SnO_2 有些许的还原作用。除此之外，位于 482.0eV 和 490.6eV 处的两个弱的特征峰则是 Co_3Sn_2 中 Sn^0 的信号。在图 12－5(c)的 Co 2p 高分辨谱图中主要可以观察到四个特征峰，位于 778.3eV 和 794.8eV 处的两个特征峰分别属于 Co $2p_{3/2}$ 和 Co $2p_{1/2}$ 轨道，而剩余两个特征峰则是 Co 的“卫星峰”。在图 12－5(d)的 C 1s 高分辨谱图中主要可以观察到三个分别位于 284.6eV、285.8eV 和 288.9eV 处的特征峰，其分别对应于 sp^2 杂化的石墨碳原子、sp^3 杂化的碳原子和 GN 的官能团，如 C ═O。

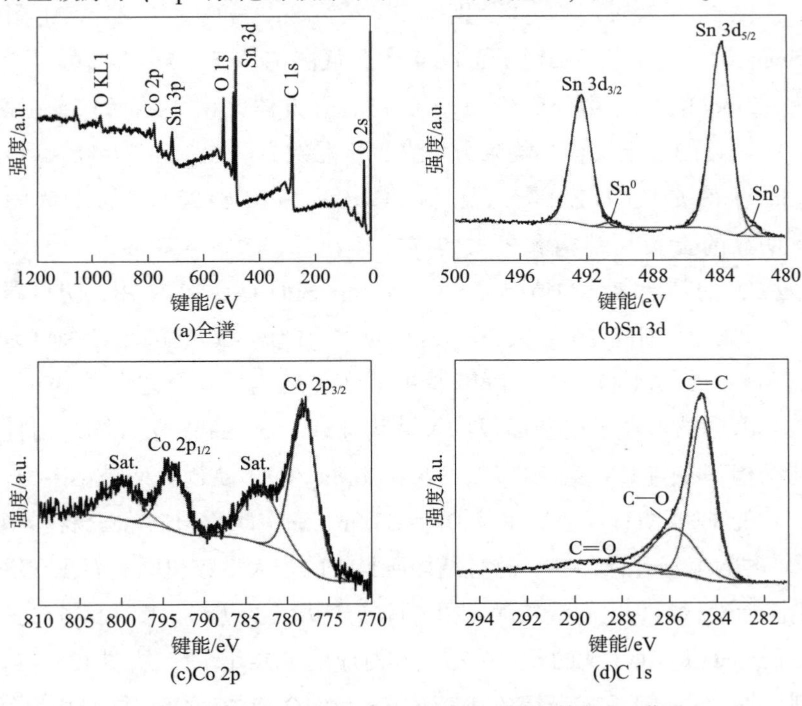

图 12－5　DS－Co_3Sn_2/SnO_2@C@GN 的 XPS 谱图

此外，还对GO进行了XPS测试，如图12－6所示，其C 1s谱图与复合材料相比，特征峰的峰位并没有发生明显变化，主要的不同之处在于其含氧官能团的峰强度明显增强，且sp^2杂化的石墨碳原子的峰形显著变宽，这个现象说明经过热还原之后，GO上的绝大部分含氧官能团已经被成功去除。

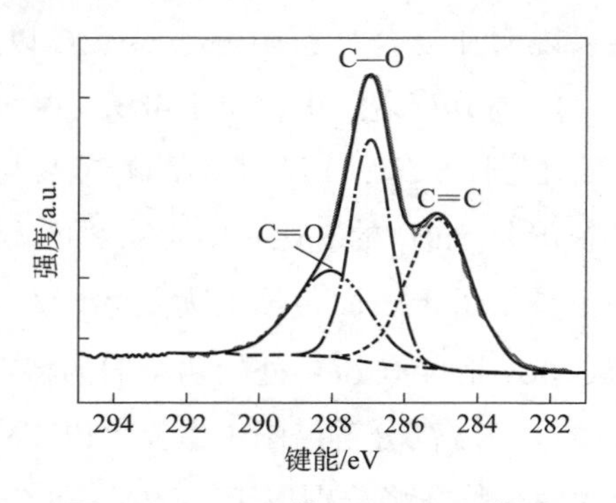

图12－6　GO的C 1s XPS谱图

为了对复合材料的形貌和微结构进行分析，即分别对DS－Co_3Sn_2/SnO_2@C@GN以及两种对比材料SS－和YS－Co_3Sn_2/SnO_2@C@GN进行了SEM和TEM表征测试。图12－7(a)～(c)分别为SS－Co_3Sn_2/SnO_2@C的SEM图、SS－Co_3Sn_2/SnO_2@C@GN的SEM图和TEM图，从图12－7(a)～(c)可以看到，平均粒径为250nm的SS－Co_3Sn_2/SnO_2@C空心立方体是由小纳米粒子组装而成，因而显示出明显的多空结构且均匀分散在GN框架中。图12－7(d)～(f)分别为YS－Co_3Sn_2/SnO_2@C的SEM图以及YS－Co_3Sn_2/SnO_2@C@GN的SEM图和TEM图，除了明显的蛋黄壳结构和更大的立方体粒径(350～400nm)，YS－Co_3Sn_2/SnO_2@C@GN的其他微结构情况与SS－Co_3Sn_2/SnO_2@C@GN并无明显差异。图12－7(g)～(h)分别是DS－Co_3Sn_2/SnO_2@C和DS－Co_3Sn_2/SnO_2@C@GN的SEM图，从图12－7(g)～(h)可以看出，在进行GN复合之前，DS－Co_3Sn_2/SnO_2@C为由小纳米粒子组装而成的尺寸为400～450nm的立方体结构且具有明显的多孔结构，在与GN复合之后，DS－Co_3Sn_2/SnO_2@C表面被GN均匀包覆。图12－7(i)的TEM图直观地显示了DS－Co_3Sn_2/SnO_2@C@GN复合材料中的双层空心以及小纳米粒子组装结构，这种结构所具有的较大空腔和比表面积在缓冲体积膨胀和提高活性材料与电解液接触面积方面有着极大的优势。图12－7(j)～(l)为DS－Co_3Sn_2/SnO_2@C@GN的元素分布图和对应的EDX谱图，从图12－7(j)～(l)可以看到，Co、Sn、O和C元素在DS－Co_3Sn_2/SnO_2@C@GN中同时均匀分布。

(a)SS-Co_3Sn_2/SnO_2@C的SEM图
(b)SS-Co_3Sn_2/SnO_2@C@GN的SEM图
(c)SS-Co_3Sn_2/SnO_2@C@GN的TEM图
(d)YS-Co_3Sn_2/SnO_2@C的SEM图
(e)YS-Co_3Sn_2/SnO_2@C@GN的SEM图
(f)YS-Co_3Sn_2/SnO_2@C@GN的TEM图
(g)DS-Co_3Sn_2/SnO_2@C的SEM图
(h)DS-Co_3Sn_2/SnO_2@C@GN的SEM图
(i)DS-Co_3Sn_2/SnO_2@C@GN的TEM图
(j)DS-Co_3Sn_2/SnO_2@C@GN的元素分布图
(k)DS-Co_3Sn_2/SnO_2@C@GN的元素分布图
(l)DS-Co_3Sn_2/SnO_2@C@GN的对应的EDX谱图

图 12－7 复合材料的形貌表征

12.3 DS－Co_3Sn_2/SnO_2@C@GN三维复合材料的电化学性能研究

为了探究DS－Co_3Sn_2/SnO_2@C@GN三维复合材料在储锂方面的潜力，即分别将SS－、YS－和DS－Co_3Sn_2/SnO_2@C@GN三维复合材料作为负极材料组装成纽扣电池，并对其进行了一系列电化学性能测试。图12－8(a)为DS－Co_3Sn_2/SnO_2@C@GN电极在扫描速率为0.2mV・s^{-1}时前3圈循环伏安曲线，从图12－8(a)可以看到，在首次放电过程中，位于1.0～1.3V处出现了一个较弱的还原峰，这主要对应于SnO_2的还原过程，其对应的电化学反应为：$SnO_2+4Li^++4e^-\rightarrow Sn+2Li_2O$；位于0.03V处出现了一个明显的宽峰，这主要对应于Sn和Li之间的合金化过程，其对应的电化学反应为：$xLi+Sn\rightarrow Li_xSn$；而位于0.76V处且在随后的扫描过程中消失的峰则对应于SEI膜的形成。值得一提的是，由于Co对于Li的电化学惰性，使其并不参与储锂过程，而是作为缓冲层来控制SEI膜的厚度，并对小纳米粒子的结构起稳定作用。在首次充电过程中，在0.57V和1.27V处出现了两个非常明显的氧化峰，前者对应于Li_xSn的脱合金化反应，后者则对应于由Sn氧化为SnO_2的部分可逆反应；此外，位于2.1V处的氧化峰对应于Li_xSn与Co反应再次生成Co_3Sn_2的过程。在随后的第二次和第三次充放电循环过程中，其CV曲线几乎完全重合，说明了DS－Co_3Sn_2/SnO_2@C@GN作为锂离子电池负极材料时优越的循环性能和电化学可逆性。值得注意的是，相比首次放电，在随后的放电过程中，位于0.03～1.0V处的还原峰强度明显减小，这个现象说明Co_3Sn_2成功地控制了SEI膜的厚度。图12－8(b)为在电流密

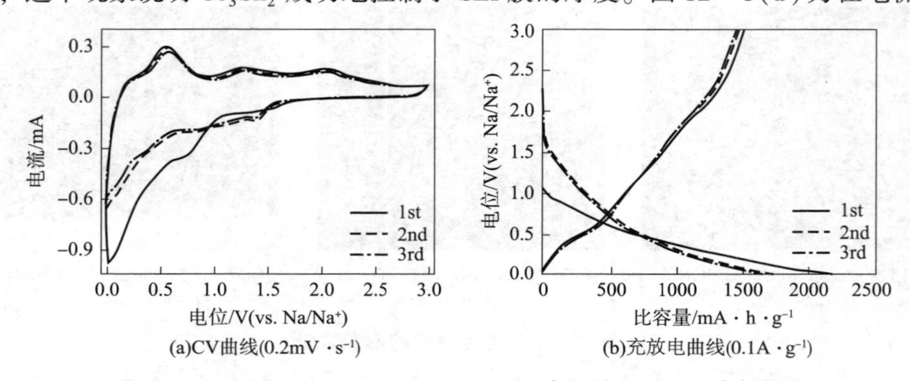

(a)CV曲线(0.2mV・s^{-1})　(b)充放电曲线(0.1A・g^{-1})

图12－8　DS－Co_3Sn_2/SnO_2@C@GN电极的CV和充放电曲线

度为0.1A·g^{-1}时，DS－Co_3Sn_2/SnO_2@C@GN电极前三个循环的充放电曲线，从图中可以看到，DS－Co_3Sn_2/SnO_2@C@GN电极的首次充放电比容量分别为1511和2171mA·h·g^{-1}，首次库伦效率为69.9%，其较低的首次库伦效率主要是由于在电极/电解液界面不可逆SEI膜的形成和电解液的分解造成的。在随后的第2圈和第3圈充放电循环中，其库伦效率逐渐提高。

为了进一步证实DS－Co_3Sn_2/SnO_2@C@GN电极在储锂方面的优越性，即分别对其进行了循环以及倍率性能测试，并与DS－Co_3Sn_2/SnO_2@C以及SS－和YS－Co_3Sn_2/SnO_2@C@GN电极进行了对比。图12－9(a)为4种材料的循环性能对比图，从图中可以看到，尽管由于SEI膜的形成和电解液的分解，4种材料在前几次循环过程中都不可避免地有较为明显的容量损失，但DS－Co_3Sn_2/SnO_2@C@GN电极相比其他3种对比材料依然具有非常明显的优势。在循环充放电100次之后，DS－Co_3Sn_2/SnO_2@C@GN电极可以保持744mA·g^{-1}的可逆比容量，而DS－Co_3Sn_2/SnO_2@C以及SS－和YS－Co_3Sn_2/SnO_2@C@GN电极在循环100次之后的可逆比容量分别为360mA·g^{-1}、455mA·g^{-1}和541mA·g^{-1}。图12－9(b)为4种材料的倍率性能对比图，从图12－9(b)可以看到，当在0.1A·g^{-1}、0.2A·g^{-1}、0.4A·g^{-1}、0.8A·g^{-1}、1.6A·g^{-1}和3.2A·g^{-1}的不同电流密度下进行充放电循环时，DS－Co_3Sn_2/SnO_2@C@GN电极的可逆比容量分别为1693mA·h·g^{-1}、1140mA·h·g^{-1}、811mA·h·g^{-1}、620mA·h·g^{-1}、489mA·h·g^{-1}和376mA·h·g^{-1}，当电流密度回到0.1A·g^{-1}时，其可逆比容量依旧可以回到1190mA·h·g^{-1}，明显高于其他3种对比材料。

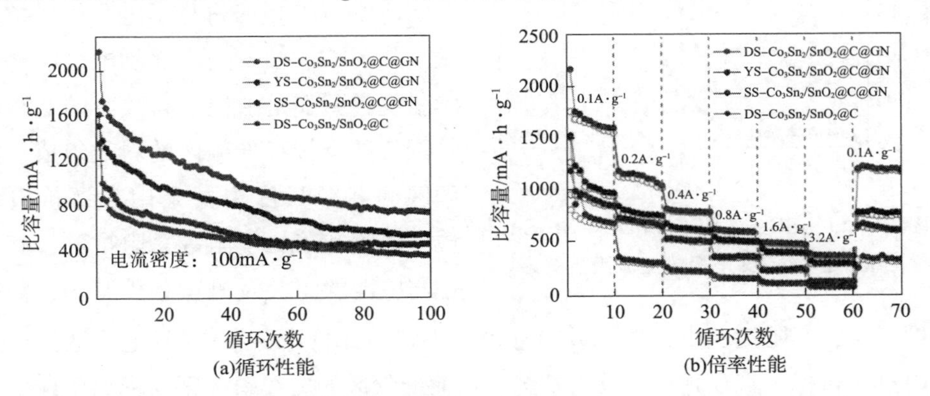

图12－9 DS－Co_3Sn_2/SnO_2@C@GN、DS－Co_3Sn_2/SnO_2@C、SS－和YS－Co_3Sn_2/SnO_2@C@GN电极的循环性能和倍率性能

此外，还通过对DS－Co_3Sn_2/SnO_2@C@GN电极进行长循环测试来评价其优

越的电化学性能。如图 12-10 所示，当在 $100mA \cdot g^{-1}$的电流密度下循环充放电 300 次时，DS-Co_3Sn_2/SnO_2@C@GN 电极可以维持 $605mA \cdot h \cdot g^{-1}$的稳定可逆比容量。其优越的循环和倍率性能主要归结于以下原因：①Co_3Sn_2 和 SnO_2 之间的异质结界面可以形成内间电场，从而加速锂离子和电子通过其界面的动力学速率；②多级空心结构所具有的较大的内部空腔可以在一定程度上减小壳的厚度，从而提高活性材料的利用率；③壳层所具有的合适的孔径以及小纳米粒子作为其组成单元对于缩短锂离子和电子的扩散路径、加快充放电速率，并最终提高电化学反应动力学具有极大的优势。

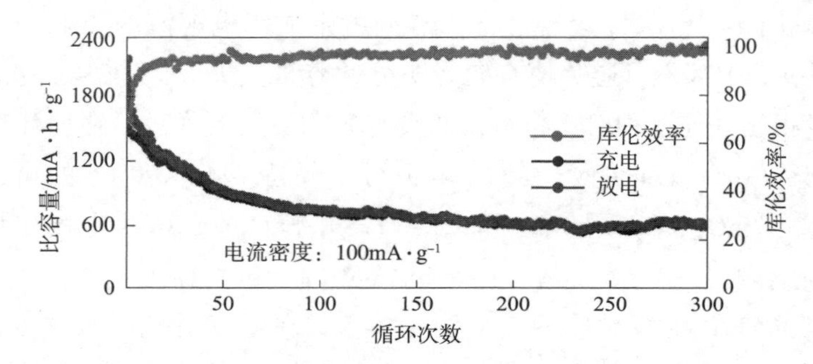

图 12-10　DS-Co_3Sn_2/SnO_2@C@GN 电极的长循环图

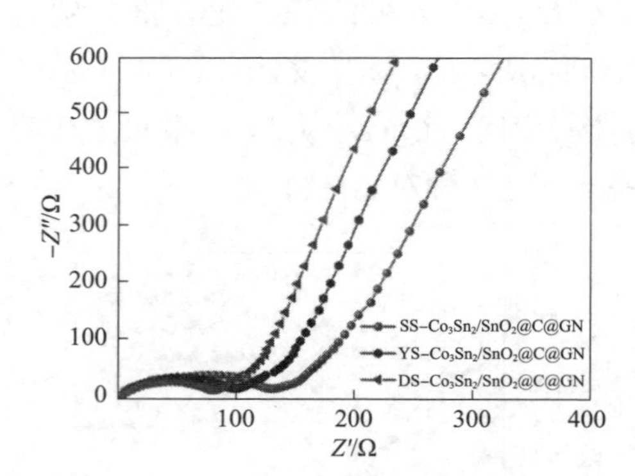

图 12-11　SS-、YS-和 DS-Co_3Sn_2/SnO_2@C@GN 电极的交流阻抗图谱

为了进一步探究 DS-Co_3Sn_2/SnO_2@C@GN 电极具有优异电化学性能的原因，即对 SS-、YS-和 DS-Co_3Sn_2/SnO_2@C@GN 电极进行了电化学阻抗测试。如图 12-11 所示，3 种电极的电化学阻抗谱图都是由位于高频区的截距和半圆弧以及位于低频区的斜线组成。高频区的截距长度主要是用来评价电解质、隔膜和接触电阻等总阻抗的，其大小与电池的组装及测试条件有关，截距长度越小，其阻抗越小；半圆弧的直径大小则是评价电荷在电极/电解液界面穿梭阻抗的指标，直径越小，其阻抗越小；而低频区的斜线斜率则与锂离子在电极中的扩散速率有关，斜率越大，其阻抗越小。显然，3 种电极在高频区的截距并没有明显差异，这说明 3 种电池的组装环境和测试条件都是相同的，而 DS-Co_3Sn_2/SnO_2@C@GN 电极的半圆弧直径明显小于 SS-和 YS-Co_3Sn_2/SnO_2@C@

GN 电极的，斜率大于 SS－和 YS－Co_3Sn_2/SnO_2@C@GN 电极的，这说明无论在电荷转移方面还是离子转移方面，DS－Co_3Sn_2/SnO_2@C@GN 电极因其独特的双层空心结构相较另外两种对比材料均表现出明显的优势，这主要是由于所贡献的。

为了进一步探究充放电循环之后 DS－Co_3Sn_2/SnO_2@C@GN 材料在晶体结构和形貌方面的稳定性，将循环后的电池解剖并进行了 ex－situ XRD 和 SEM 测试。如图 12－12(a)所示，当经历首次放电之后，在 XRD 测试中可以检测到 Co(JCPDS No. 01－1255)和 Li_7Sn_2(JCPDS No. 212－0837)的信号，说明了 DS－Co_3Sn_2/SnO_2@C@GN 此时已完全放电。当经历 300 次充电之后，从图 12－12(b)中不仅可以观察到 SnO_2(JCPDS No. 41－1445)和 Co_3Sn_2(JCPDS No. 02－0724)的衍射峰，还可以观察到 Sn(JCPDS No. 05－0390)的信号，这个现象说明由 Li－Sn 合金到 SnO_2 的反应可逆程度较低，且在经历多次循环充放电之后活性材料中的主要晶相是 Sn 和 Co_3Sn_2。图 12－12(c)和(d)分别为 300 次放电和充电循环过后的材料 SEM 图，从图 12－12(c)和(d)可以看到，活性材料依然保持了较完整的立方体结构，这个现象说明 DS－Co_3Sn_2/SnO_2@C@GN 具有较好的结构稳定性。

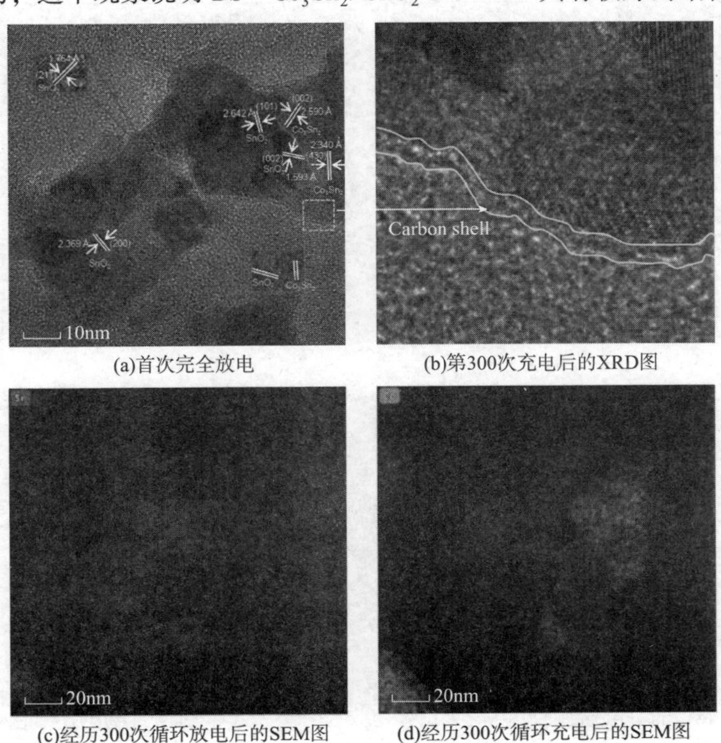

(a)首次完全放电　　(b)第300次充电后的XRD图

(c)经历300次循环放电后的SEM图　　(d)经历300次循环充电后的SEM图

图 12－12　DS－Co_3Sn_2/SnO_2@C@GN 电极材料的稳定性测试

为了进一步深入探究 DS－Co_3Sn_2/SnO_2@C@GN 电极储存电荷的本质，即对其进行了不同扫描速率的 CV 测试。如图 12－13(a)所示，当扫描速率从 0.2mV·s^{-1} 增大到 2.0mV·s^{-1} 时，其 CV 曲线形状没有发生明显变化，只是氧化还原峰电流逐渐增大并发生轻微的峰位偏移，这主要是由于随着电流密度的增大，电化学反应的过电位也不断增大。利用公式 $i = av^b$ 可以深入探究电流与扫描速率之间的关系，在公式中，i 和 v 分别是氧化还原峰电流和扫描速率，a 和 b 是通过计算可得的参数，当 b 值为 0.5 时，说明储锂过程是由扩散行为控制的，当 b 值为 1 时，说明电容行为控制了储锂过程。如图 12－13(b)所示，对于 0.57V 处的氧化峰和 1.4V 处的还原峰而言，其 b 值分别为 0.58 和 0.74，这个结果进一步证实了电容和扩散行为对于 DS－Co_3Sn_2/SnO_2@C@GN 电极在储锂过程的双重控制，且还原反应中更大的 b 值说明还原反应主要是由电容行为控制的，这对于提高电池的倍率性能有很大的作用。为了探究电容和扩散行为对于储锂过程的具体贡献，即利用公式 $i(V) = k_1v^{1/2} + k_2v$ 对二者的所占的具体比例进行了计算研究，其中 k_1 和 k_2 均为计算可得的常数项，$k_1v^{1/2}$ 和 k_2v 分别代表扩散和电容行为的贡献。

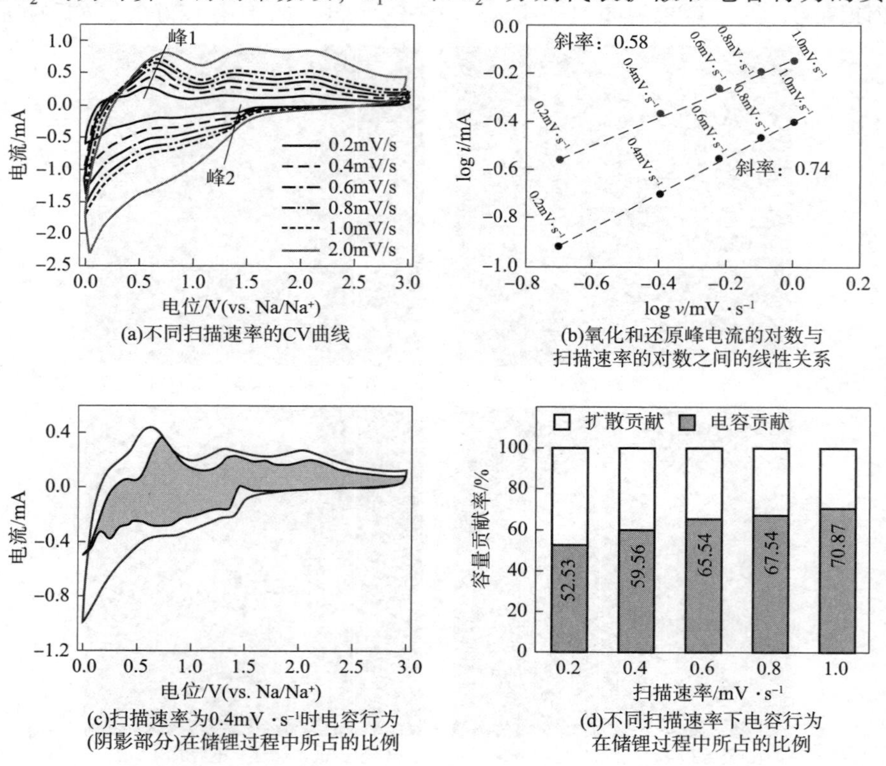

图 12－13　DS－Co_3Sn_2/SnO_2@C@GN 电极性能测试

如图 12 - 13(c)所示，当扫描速率为 0.4mV · s^{-1}时，电容行为占总储锂过程的 59.56%，这说明在此扫描速率下，电容行为对于储锂过程起主要控制作用。图 12 - 13(d)显示了不同扫描速率下电容行为所占的贡献比例，由图可知，随着扫描速率的不断增大，电容行为所占的比例不断增大，这个结果与 DS - Co_3Sn_2/SnO_2@ C@ GN 电极优异的倍率性能相对应。

得益于 DS - Co_3Sn_2/SnO_2@ C@ GN 电极材料在储锂方面的优秀性能，还探究了其作为材料的储钠性能。如图 12 - 14(a)所示，当对其在 0.2mV · s^{-1}的扫描速率下进行循环伏安测试时，在首次放电过程中，位于 0.12 ~ 1.0V 处的宽峰主要对应于 SnO_2 的还原反应，其化学反应方程式为：$SnO_2 + 4Na^+ + 4e^- \longrightarrow Sn + 2Na_2O$，位于 0.65V 处的还原峰则对应于 Na_xSn 合金的生成，其化学反应方程式为：$xNa^+ + Sn + xe^- \longrightarrow 4Na_xSn$。在随后的放电过程中，其还原曲线并没有发生明显的变化，这说明主要在首次放电过程中发生了不可逆的反应并形成了电极表面的 SEI 膜。在首次充电过程中，位于 1.35V 处的氧化峰主要对应于从 Na_xSn 到 Sn 的相转化反应。在随后的充电过程中，氧化曲线基本重合，这说明 DS - Co_3Sn_2/SnO_2@ C@ GN 电极具有良好的反应可逆性。此外，相比储锂过程，储钠反应的氧化还原峰不太尖锐，这主要是由于 Na^+更大的离子半径进而引起更迟缓的反应动力学。图 12 - 14(b)为 DS - Co_3Sn_2/SnO_2@ C@ GN 电极在钠离子电池中，在电流密度为 0.05A · g^{-1}时的前 3 圈充放电曲线，从图 12 - 14(b)可以看到，其首次充电和放电比容量分别为 371mA · h · g^{-1}和 733mA · h · g^{-1}，首次库伦效率为 50.64%，其不可逆的容量损失主要是由首次充放电循环过程中 SnO_2 与 Na^+之间反应较低的可逆程度和 SEI 膜的形成造成的。在随后两圈的充放电中，DS - Co_3Sn_2/SnO_2@ C@ GN 电极的充放电曲线几乎完全重合，这个现象说明了其良好的反应可逆性。图 12 - 14(c)为 DS - Co_3Sn_2/SnO_2@ C@ GN 电极在钠离子电池中，在电流密度为 0.05A · g^{-1}时的循环性能图，其容量在前几个循环中衰减较快，而从第 8 圈开始衰减较慢，经过 150 圈循环之后，其可逆比容量可以稳定在 218.2mA · h · g^{-1}，并维持 99% 以上的库伦效率，说明了 DS - Co_3Sn_2/SnO_2@ C@ GN 电极优异的循环稳定性。图 12 - 14(d)为 DS - Co_3Sn_2/SnO_2@ C@ GN 电极在新鲜电池和循环充放电 3 次之后的 EIS 图谱，循环充放电 3 次之后，电荷在电极/电解液界面的穿梭阻抗明显变小，这主要是由于循环之后电极与电解液之间更好的电化学接触。

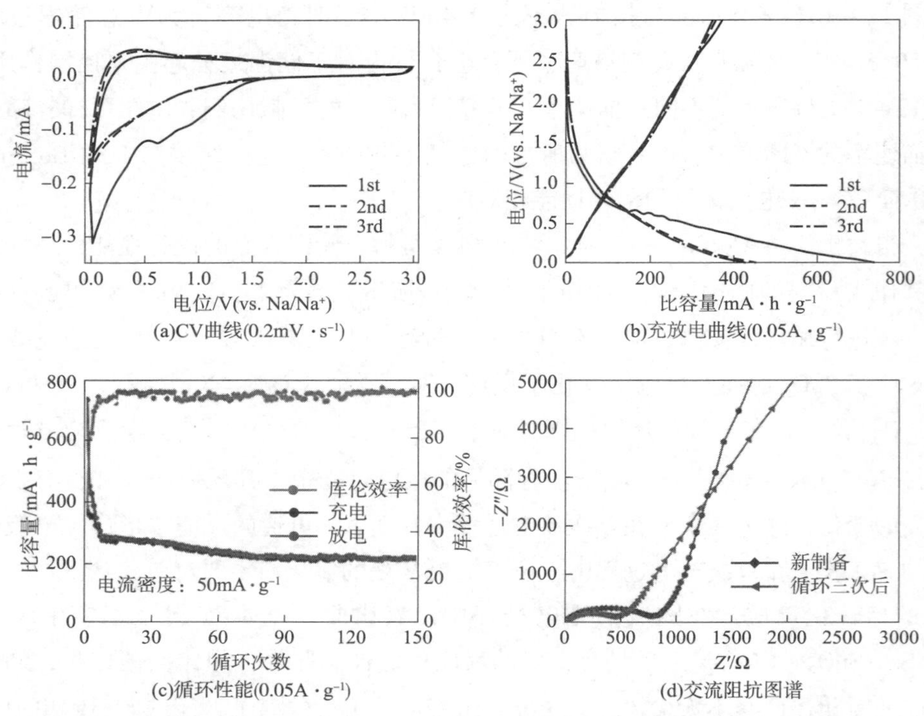

图 12－14　DS－Co_3Sn_2/SnO_2@C@GN 电极的储钠性能测试

12.4　本章小结

在本章中，即通过简单的共沉淀、水热和高温处理法合成了一种 DS－Co_3Sn_2/SnO_2@C@GN 三维复合材料，并利用 SEM 和 TEM 手段对其内部组成和微观结构进行了详尽表征。当用作锂/钠离子电池负极材料时，DS－Co_3Sn_2/SnO_2@C@GN 三维复合材料表现出明显优于 SS－、YS－Co_3Sn_2/SnO_2@C@GN 和 DS－Co_3Sn_2/SnO_2@C 的电化学性能。在锂离子电池中，当在 0.1A · g^{-1}的电流密度下进行充放电循环 300 次后，DS－Co_3Sn_2/SnO_2@C@GN 电极可以维持 605mA · h · g^{-1}的可逆比容量；在钠离子电池中，当在 0.05A · g^{-1}的电流密度下进行充放电循环 150 次后，其可逆比容量可以稳定在 218.2mA · h · g^{-1}。其优异的电化学性质主要是因为：①双层空心结构所具有的较大内部空腔有利于缩短 Li^+/Na^+/e^-的传输路径，并提高材料的整体稳定性；②无定形碳包覆活性材料并与石墨烯复合形成的三维结构有利于提高材料的稳定性，并维持材料的机械稳定性；③Co_3Sn_2 与 SnO_2 复合不仅可以在二者界面处形成异质结，从而加快 Li^+/Na^+/e^-的传输动力学，Co_3Sn_2 本身的合金特质也可以显著提高材料的导电性；④Co_3Sn_2/SnO_2 小纳米粒子之间通过化学键组装而成的双层空心结构对于维持材料的结构稳定性具有显著效果。得益于以上精心设计，这类功能材料才被拓展到更广泛的应用领域。

参考文献

[1]Bianchini M, Brisset N, Fauth, F, et al. $Na_3V_2(PO_4)_2F_3$ revisited: A high – resolution diffraction study[J]. Chemistry Materials, 2014, 26, 4238 – 4247.

[2]Liu Q, Wang D, Yang X, et al. Carbon – Coated $Na_3V_2(PO_4)_2F_3$ nanoparticles embedded in a mesoporous Carbon matrix as a potential cathode material for sodium – ion batteries with superior rate capability and long – term cycle life[J]. Journal of Materials Chemistry A, 2015, 3, 21478 – 21485.

[3]Kalluri S, Yoon M, Jo M, et al. Feasibility of cathode surface coating technology for high – energy lithium – ion and beyond – lithium – ion batteries[J]. Advanced Materials, 2017, 29(48): 13870 – 13878.

[4]Kim S W, Seo D H, Ma X, et al. Electrode materials for rechargeable sodium – ion batteries: potential alternatives to current lithium – ion batteries[J]. Advanced Energy Materials, 2012, 2(7): 710 – 721.

[5]Feng Y T, Xu M Z, He T, et al. CoPSe: A new ternary anode material for stable and high – rate sodium/potassium – ion batteries[J]. Advanced Materials, 2021, 33: 2007262.

[6]Liang Z Y, Tu H Y, Zhang K, et al. Self – supporting $NiSe_2$@BCNNTs electrode for High – Performance sodium ion batteries[J]. Chemical Engineering Journal, 2022, 437: 135421.

[7]Jiao X, Liu X, Wang B, et al. A controllable strategy for the self – assembly of WM nanocrystals/nitrogen – doped porous carbon superstructures(M = O, C, P, S, and Se) for sodium and potassium storage[J]. Journal of Materials Chemistry A, 2020, 8(4): 2047 – 2065.

[8]Li J, Han S, Zhang J, et al. Synthesis of three – dimensional free – standing WSe_2/C hybrid nanofibers as anodes for high – capacity lithium/sodium ion batteries[J]. Journal of Materials Chemistry A, 2019, 7(34): 19898 – 19908.

[9]Han J H, Liu P, Ito Y, et al. Bilayered nanoporous graphene/molybdenum oxide for high rate lithium ion batteries[J]. Nano Energy, 2018, 45: 273 – 379.

[10]Li M L, Zhang Z P, Ge X, et al. Enhanced electrochemical properties of carbon coated Zn_2GeO_4 micron – rods as anode materials for sodium – ion batteries[J]. Chemical Engineering Journal, 2018, 331: 203 – 210.

[11]Li L, Meng F, Jin S. High – capacity lithium – ion battery conversion cathodes based on iron fluoride nanowires and insights into the conversion mechanism[J]. Nano Lett, 2012, 12: 6030 – 6037.

[12]Zuo X, Zhu J, Müller – Buschbaum P, et al. Silicon based lithium – ion battery anodes: A

chronicle perspective review[J]. Nano Energy, 2017, 31: 113 – 143.

[13] Li X Y, Xiao S H, Niu X B, et al. Efficient stress dissipation in well – aligned pyramidal SbSn alloy nanoarrays for robust sodium storage [J]. Advanced Functional Materials, 2021, 31 (37): 2104798.

[14] Zhang M, Wang T, Cao G. Promises and challenges of tin – based compounds as anode materials for lithium – ion batteries[J]. International Materials Reviews, 2015, 60(6): 330.

[15] Lee W, Kim J, Yun S, et al. Multiscale factors in designing alkali – ion(Li, Na, and K) transition metal inorganic compounds for next – generation rechargeable batteries[J]. Energy & Environmental Science, 2020, 13(12): 4406 – 4449.

[16] Wang F, Wang B, Li J, et al. Prelithiation: a crucial strategy for boosting the practical application of next – generation lithium ion battery[J]. ACS Nano, 2021, 15(2): 2197 – 2218.

[17] Yi H, Lin L, Ling M, et al. Scalable and economic synthesis of high performance $Na_3V_2(PO_4)_2F_3$ by a solvothermal – ball – milling method[J]. ACS Energy Letters, 2019, 4: 1565 – 1571.

[18] Mukherjee A, Sharabani T, Sharma R, et al. Effect of crystal structure and morphology on $Na_3V_2(PO_4)_2F_3$ performances for Na – ion batteries[J]. Batteries & Supercaps 2020, 3: 510 – 518.

[19] 谷振一，郭晋芝，杨洋，等. NASICON结构正极材料用于钠离子电池的研究进展[J]. 无机化学学报，2019，35(9)：1535 – 1550.

[20] Zhang G, Ou X W, Yang J H, et al. Molecular coupling and self – assembly strategy toward WSe_2/carbon micro – nano hierarchical structure for elevated sodium – ion storage [J]. Small Methods, 2021, 5: 2100374.

[21] Li X Y, Han Z Y, Yang W H, et al. 3D ordered porous hybrid of ZnSe/N – doped carbon with anomalously high Na^+ mobility and ultrathin solid electrolyte interphase for sodium – ion batteries [J]. Advanced Functional Materials, 2021: 2106194.

[22] Zhang X, Weng W, Gu H, et al. Versatile preparation of mesoporous single – layered transition – metal Sulfide/Carbon composites for enhanced sodium storage[J]. Advanced Materials, 2022, 34 (2): e2104427.

[23] Xiao S, Li Z, Liu J, et al. Se – C bonding promoting fast and durable Na^+ storage in yolk – shell $SnSe_2$@Se – C[J]. Small, 2020, 16(41): e2002486.

[24] Wu Y T, Nie P, Wu L Y, et al. 2D MXene/SnS_2 composites as high – performance anodes for sodium ion batteries[J]. Chemical Engineering Journal, 2018, 334: 932 – 938.

[25] Sahoo M, Ramaprabhu S. One – pot environment – friendly synthesis of boron doped graphene – SnO_2 for anodic performance in Li ion battery[J]. Carbon, 2018, 127: 627 – 635.

[26] Lee C W, Kim J C, Park S, et al. Highly stable sodium storage in 3 – D gradational Sb – NiSb – Ni heterostructures[J]. Nano Energy, 2015, 15: 479 – 489.

[27]Liu J, Yang Z, Wang J, et al. Three – dimensionally interconnected nickel – antimony intermetallic hollow nanospheres as anode material for high – rate sodium – ion batteries[J]. Nano Energy, 2015, 16: 389 –398.

[28]Cui C Y, Xu J T, Zhang Y Q, et al. Antimony nanorod encapsulated in cross – linked carbon for high – performance sodium ion battery anodes[J]. Nano Letters, 2019, 19(1): 538 –544.

[29]Li Q H, Zhang W, Peng J, et al. Metal – organic framework derived ultrafine Sb@ porous carbon octahedron via in situ substitution for high – performance sodium – ion batteries[J]. ACS Nano, 2021, 15(9): 15104 –15113.

[30]乔永明. 锂离子电池负极材料的现状及发展趋势[J]. 高科技与产业化, 2014, 10(2): 56 –61.

[31]Zhou Y, Wang C H, Lu W, et al. Recent advances in fiber – shaped supercapacitors and lithium – ion batteries[J]. Advanced Materials, 2020, 32(5): 1902779.

[32]莫英, 肖逵逵, 吴剑芳, 等. 锂离子电池隔膜的功能化改性及表征技术[J]. 物理化学学报, 2021, 38(6): 2107030.

[33]Wang Q, Meng T, Li Y, et al. Consecutive chemical bonds reconstructing surface structure of silicon anode for high – performance lithium – ion battery[J]. Energy Storage Materials, 2021, 39: 354 –364.

[34]Chen H, Ke G, Wu X, et al. Carbon nanotubes coupled with layered graphite to support SnTe nanodots as high – rate and ultra – stable lithium – ion battery anodes[J]. Nanoscale, 2021, 13(6): 3782 –3789.

[35]Li J, Cheng J, Chen Y, et al. Effect of K/Zr co – doping on the elevated electrochemical performance of $Na_3V_2(PO_4)_3$/C cathode material for sodium ion batteries[J]. Ionics, 2021, 27(1): 181 –190.

[36]刘韬, 邱大平, 夏建年, 等. 离子电池正极材料的结构与性能[J]. 储能科学与技术, 2019, 8(S1): 1 –17.

[37]Lao M, Zhang Y, Luo W, et al. Alloy – based anode materials toward advanced sodium – ion batteries[J]. Advanced Materials, 2017, 29(48): 1700622.

[38]Liu M, Zhang S, Dong H, et al. Nano – SnO_2/carbon nanotube hairball composite as a high – capacity anode material for lithium Ion batteries[J]. ACS Sustainable Chemistry&Engineering, 2019, 7: 4195.

[39]Wang H E, Zhao X, Li X C, et al. rGO/SnS_2/TiO_2 heterostructured composite with dual – confinement for enhanced lithium – ion storage[J]. Journal of Materials Chemistry A, 2017, 5: 25056 –25063.

[40]Ye H J, Li H Q, Jiang F Q, et al. In situ fabrication of nitrogen – doped carbon – coated SnO_2/SnS heterostructures with enhanced performance for lithium storage[J]. Electrochimica Acta,

2018, 266: 170 - 177.

[41] Shiva K, Rajendra H B, Bhattacharyya A J. Electrospun SnSb Crystalline Nanoparticles inside Porous Carbon Fibers as a High Stability and Rate Capability Anode for Rechargeable Batteries [J]. Chempluschem, 2015, 80: 516 - 521.

[42] Birrozzi A, Maroni F, Raccichini R, et al. Enhanced stability of SnSb/graphene anode through alternative binder and electrolyte additive for lithium ion batteries application[J]. Journal of Power Sources, 2015, 294: 248 - 253.

[43] Yue L C, Zhao H T, Wu Z G, et al. Recent advances in electrospun one - dimensional carbon nanofiber structures/heterostructures as anode materials for sodium ion batteries[J]. Journal of Materials Chemistry A, 2020, 8: 11493.

[44] Saurel D, Orayech B, Xiao B W, et al. From charge storage mechanism to performance: A roadmap toward high specific energy sodium - ion batteries through carbon anode optimization[J]. Advanced Energy Materials, 2018, 8(17): 1703268.

[45] Lei Z, Lee J M, Singh G, et al. Recent advances of layered - transition metal oxides for energy - related applications[J]. Energy Storage Materials, 2021, 36: 514 - 550.

[46] Hua X, Allan P K, Gong C, et al. Non - equilibrium metal oxides via reconversion chemistry in lithium - ion batteries[J]. Nature Communications, 2021, 12(1): 1 - 11.